普通高等教育公共基础课系列教材·计算机类

大学计算机基础

何黎霞　刘波涛　主　编

向　华　王桃群

罗爱军　徐杏芳　副主编

科学出版社

北　京

内 容 简 介

本书根据普通高等学校非计算机专业对计算机知识的基本要求、教育部全国计算机等级考试基础内容，由多年在教学一线从事计算机基础系列课程教学的教师团队编写而成。

本书围绕计算机相关知识，从计算机的发展历史讲起，逐步引入操作系统、计算机网络、多媒体、数据库等概念，以帮助学生建立一个完整的计算机立体形象。为了帮助学生更直观地感受计算机的交互方式，方便学生更便捷地理解学习，本书详细介绍了当前流行的操作系统 Windows 10 及办公软件 Office 2016 的操作方法，部分案例提供了操作演示视频，并且每章的习题都给出了答案，学生均可通过扫描二维码观看。同时，为了让学生具备使用计算机解决计算问题的基本能力，本书以 Python 为例简要介绍了程序设计的基本原理及方法，为学生学习程序设计打下了基础。

本书可作为普通高等学校非计算机专业学生的教学用书，还可作为计算机从业人员或计算机爱好者的参考用书。

图书在版编目（CIP）数据

大学计算机基础/何黎霞，刘波涛主编. —北京：科学出版社，2020.8
（普通高等教育公共基础课系列教材·计算机类）
ISBN 978-7-03-065254-6

Ⅰ.①大… Ⅱ.①何… ②刘… Ⅲ.①电子计算机-高等学校-教材 Ⅳ.①TP3

中国版本图书馆 CIP 数据核字（2020）第 088904 号

责任编辑：戴 薇 吴超莉 / 责任校对：赵丽杰
责任印制：吕春珉 / 封面设计：东方人华平面设计部

科学出版社 出版
北京东黄城根北街 16 号
邮政编码：100717
http://www.sciencep.com

三河市良远印务有限公司印刷
科学出版社发行 各地新华书店经销

*

2020 年 8 月第 一 版　　开本：787×1092　1/16
2020 年 8 月第一次印刷　　印张：20 1/2
字数：512 000

定价：59.00 元
（如有印装质量问题，我社负责调换〈良远〉）

销售部电话 010-62136230　编辑部电话 010-62135319-2030

前　言

随着计算机信息技术的发展和普及，计算机技术已经应用到社会的各个领域。不仅计算机专业人员需要学习计算机技术，非计算机专业人员也需要学习计算机技术，且后者更迫切学习计算机的相关知识，以便将计算机技术更好地应用在日常的学习、研究和工作中。

本书根据教育部高等学校大学计算机课程教学指导委员会制定的《大学计算机基础课程教学基本要求》编写，目的是希望大学生通过学习能够理解计算机学科的基本知识和方法，掌握基本的计算机应用能力，同时具备一定的计算思维和信息素养。

全书共分为 8 章。其中，第 1 章是计算机基础知识，主要介绍了计算机的发展与分类、计算机的特点与应用、计算机系统基础，以及计算机中信息的表示；第 2 章是操作系统基础，主要介绍了操作系统基础知识、操作系统的功能、Windows 10 操作系统的基础知识等内容；第 3 章是 Office 2016 办公基础与应用，主要介绍了几个组件的基本操作和案例应用，包括文字处理软件 Word、电子表格处理软件 Excel 和演示文稿制作软件 PowerPoint；第 4 章是计算机网络基础，主要介绍了计算机网络的发展及分类、计算机网络的体系结构、TCP/IP 模型、网络设备及网络安全；第 5 章是计算机多媒体技术，主要介绍了多媒体相关的概念与基本技术；第 6 章是程序设计基础，主要介绍了计算与计算思维的基本理论、算法及 Python 语言的基础知识；第 7 章是数据库设计基础，主要介绍了数据库的基本知识及 Access 的基本使用；第 8 章是计算机热点技术，主要介绍了云计算、边缘计算、大数据、区块链和人工智能的基本知识。

参与本书编写的人员全部是从事一线教学工作的教师，具有丰富的教学经验。与本书配套的《大学计算机基础实训教程》配有大量的实验，以供读者参考，同时读者也可登录"学银在线"（http://www.xueyinonline.com/），搜索教师名"何黎霞"，单击"大学计算机基础"课程链接，在弹出的页面中单击"加入课程"按钮即可进入课程学习相关视频内容；或者登录网址 http:www.abook.cn 下载。

本书由何黎霞和刘波涛担任主编，向华、王桃群、罗爱军和徐杏芳担任副主编。本书的具体编写分工如下：第 1 章由罗爱军和何黎霞编写，第 2 章和第 4 章由刘波涛、王桃群和何黎霞编写，第 3 章由何黎霞编写，第 5 章由徐杏芳编写，第 6 章由向华编写，第 7 章由王桃群编写，第 8 章由向华编写。本书由何黎霞统稿，崔艳荣、李新玉参与了本书的审校。

由于本书涉及的知识面广，知识点多，加上编者水平有限，书中难免有疏漏和不妥之处，敬请广大读者和专家批评指正。

编　者

目　录

第 1 章　计算机基础知识

计算机的出现和发展极大地推动了人类社会前进的步伐,现在计算机已被广泛地应用于社会各行各业,正在改变着人们的工作、学习与生活的方式。在 21 世纪,掌握以计算机为核心的信息技术的基础知识,并具有一定的应用能力,是现代大学生必备的基本素质。

本章主要介绍计算机的基础知识,包括计算机的发展与分类、计算机的特点与应用、计算机软硬件系统的基础知识等。通过本章的学习,我们可以了解计算机的历史与发展脉络。

1.1　计算机的发展与分类

1946 年 2 月,电子数字积分计算机(electronic numerical integrator and computer,ENIAC)在美国宾夕法尼亚大学研制成功,它被公认为世界上第一台通用电子数字计算机。ENIAC 的结构复杂,体积庞大,占地 170m^2,重达 30t,使用了约 18000 个电子管,功率高达 150kW。虽然它每秒只能进行 5000 次加减法或 400 次乘法运算,在性能方面完全无法与今天的计算机相比,但是,ENIAC 的研制成功在计算机发展史上具有划时代的意义,它标志着电子计算机时代的到来,人类的计算工具和世界文明进入了一个崭新的时代。

英国科学家阿兰·图灵(Alan Turing, 1912—1954)和美籍匈牙利科学家冯·诺依曼(John von Neumann, 1903—1957)是计算机科学发展史上的两位关键人物。图灵的主要贡献在于,建立了"图灵机"的理论模型,并提出图灵测试理论,为现代计算机体系结构和人工智能奠定了理论基础。美国计算机协会以其名字命名的图灵奖,是目前计算机领域的最高成就奖。冯·诺依曼被称为"计算机之父",他和他的同事们研制了 ENIAC 电子计算机,提出"存储程序控制"原理的数字计算机体系结构,在后来研制的 EDVAC(electronic discrete variable automatic computer)中采用了这一原理,并首次采用了二进制。冯·诺依曼体系结构一直沿用至今,对计算机的发展产生了深远的影响。

1.1.1　计算机的发展

从第一台电子数字计算机诞生至今,计算机技术获得了突飞猛进的发展,给人类社会带来了巨大的变化。根据组成计算机电子元器件的不同,计算机的发展可分成 4 个阶段。

第 1 阶段:电子管计算机(1946~1957 年)。其主要特点是采用电子管作为基本电子元器件,体积大、能耗高、寿命短、可靠性差、成本高;存储器采用水银延迟线。在这个时期,计算机没有系统软件,主要使用机器语言进行编程,只能在少数尖端领域中得到应用。

第 2 阶段:晶体管计算机(1958~1964 年)。其主要特点是采用晶体管作为基本电子元器件,体积减小、质量减小、能耗降低、成本下降,计算机的运算速度和可靠性均得到提高;存储器采用磁芯和磁鼓;出现了系统软件(监控程序),提出了操作系统的概念,并且出现了高级语言,如 FORTRAN 语言等。在这一时期,计算机应用扩大到了数据和事务处理。

第 3 阶段：集成电路计算机（1965～1971 年）。其主要特点是采用中、小规模集成电路作为基本电子元器件，从而使计算机体积更小、质量更小、能耗更低、寿命更长、成本更低，运算速度有了更大的提高；采用半导体存储器取代磁芯存储器作为主存储器，存储器的容量和存取速度都取得了革命性的突破，进一步增强了系统的处理能力；系统软件也有了较大发展，出现了多种高级语言，如 BASIC、Pascal 等。

第 4 阶段：大规模、超大规模集成电路计算机（1972 年至今）。其主要特点是采用大规模、超大规模集成电路作为基本电子元器件，使计算机的体积、质量、成本均大幅度降低，计算机的性能空前提高，操作系统和高级语言的功能越来越强大，并且出现了微型计算机。

1.1.2 计算机的发展趋势

计算机的发展趋势是趋于巨型化、微型化、网络化、智能化和多媒体化。

（1）巨型化

巨型化并不是指计算机的体积大，而是相对于大型计算机而言的一种运算速度更高、存储容量更大、功能更完善的计算机。

（2）微型化

由于大规模和超大规模集成电路的飞速发展，计算机的微型化发展十分迅速。微型计算机的发展以微处理器的发展为特征。微处理器将运算器和控制器集成在一块大规模或超大规模集成电路芯片上，以微处理器作为中央处理单元，再加上存储器和接口芯片，便构成了微型计算机。微型计算机的体积小、功能强、携带方便、可靠性高、适用范围广。

（3）网络化

利用计算机网络，把分散在不同地理位置上的计算机通过通信设备连接起来，实现互相通信和资源共享，可以让计算机发挥更大的作用。网络计算机的设计理念已被广泛应用于计算机软硬件设计开发中。新一代的微型计算机硬件在设计时已经将网络接口集成到主板上，实现了计算机技术与网络技术的真正结合。每一次操作系统版本的升级，都会将计算机网络的更多应用集成到系统中，使人们与网络的联系更加紧密。

（4）智能化

计算机智能化要求计算机具备人工智能的能力，即使计算机能够进行图像识别、定理证明、研究学习、探索、联想、启发和理解人的语言等，它是新一代计算机要实现的目标。目前，正在研究的智能计算机是一种具有类似人类的思维能力、能"说""看""听""想""做"、能替代人类进行一些体力劳动和脑力劳动的计算机。人工智能的发展，使计算机正朝着智能化的方向发展，并越来越广泛地应用于工作、生活和学习中，这将对社会和生活起到不可估量的作用。

（5）多媒体化

多媒体技术是指利用计算机来综合处理文字、图形、图像、声音等媒体数据，形成一种全新的声频、视频、动画等信息的传播形式。目前，多媒体化已成为计算机发展的一个最重要的方向。

1.1.3　计算机的分类

集成电路技术的迅速发展推动计算机类型不断分化，形成了各种不同种类的计算机。按照计算机的结构原理，计算机可分为模拟计算机、数字计算机和混合式计算机。按照计算机的用途，计算机可分为专用计算机和通用计算机。在众多的分类方法中，较为普遍的是按照计算机的运算速度、字长、存储容量等综合性能指标进行分类，其可分为巨型机、大型机、小型机、微型计算机等。

（1）巨型机

巨型机也称为超级计算机，它的体积庞大、价格昂贵、浮点运算能力强，可达到每秒千万亿次，是功能最强大的计算机。目前，超级计算机主要应用于战略武器设计、生命科学、航空航天、地球物理勘探、海洋环境模拟、天气预报等国家高科技领域和尖端技术研究。超级计算机直接关系到国计民生和国家安全，是国家科技发展水平和综合国力的重要标志。2009 年，我国国防科技大学发布峰值性能为 1.206 千万亿次/s 的"天河一号"超级计算机，成为继美国之后第二个可以独立研制千万亿次超级计算机的国家。

（2）大型机

大型机一般指 System/360 开始的一系列 IBM 计算机，其最大的特点是强大的 I/O（input/output，输入/输出）处理能力和非数值计算能力、高可靠性、高可用性和高服务性。大型机主要应用于政府机构、银行、大型跨国企业，以及规模较大的高校和科研机构。

（3）小型机

在我国，小型机一般指 UNIX 服务器。它采用精简指令集处理器，性能和价格介于微型服务器和大型主机之间。小型机主要用于金融、证券和交通等要求业务的单点运行具有高可靠性的行业。

（4）微型计算机

大规模及超大规模集成电路的发展是微型计算机得以产生的前提。通过集成电路技术将计算机的核心部件——运算器和控制器集成在一块超大规模集成电路芯片，即中央处理器（central processing unit，CPU）上。CPU 是微型计算机的核心部件，是微型计算机的心脏。目前，微型计算机已广泛应用于办公、学习、娱乐等社会生活的方方面面，是发展最快、应用最为普及的计算机。日常使用的台式计算机、笔记本式计算机、掌上电脑等都是微型计算机。

（5）工作站

工作站通常配有高分辨率的大屏幕显示器及大容量的存储器，主要面向专业应用领域，具备强大的数据运算与图形、图像处理能力。工作站主要是为满足工程设计、动画制作、科学研究、软件开发、金融管理、信息服务、模拟仿真等专业领域而设计开发的高性能微型计算机。

（6）服务器

服务器是在网络环境下为网上多个用户提供信息资源共享和其他各种服务的一种高性能计算机，在服务器上需要安装网络操作系统、网络协议和各种网络服务软件。服务器主要为网络用户提供文件、数据库应用及通信等方面的服务。

（7）嵌入式计算机

顾名思义，嵌入式计算机是一种嵌入在对象体系中实施智能控制的专用计算机。嵌入式计算机系统是以应用为中心，以计算机技术为基础，并且软硬件可根据应用的需要进行裁剪，适用于应用系统对功能、可靠性、成本、体积、功耗有严格要求的专用计算机系统。它一般由嵌入式微处理器、外围硬件设备、嵌入式操作系统及用户应用程序等 4 个部分组成，用于实现对其他设备的控制、监视或管理等功能。例如，日常生活中使用的电冰箱、全自动洗衣机、空调、电饭煲、数码产品等都采用了嵌入式计算机技术。

1.2 计算机的特点与应用

1.2.1 计算机的特点

计算机能够按照事先编制并存储在内存中的程序，自动高速地进行大量数值计算和信息处理，完成各种复杂的处理任务。与其他计算设备相比，计算机主要具有以下几方面的特点。

（1）运算速度快

运算速度是计算机的一个重要性能指标。计算机的运算速度通常用每秒执行定点加法的次数或平均每秒执行指令的条数来衡量。即便是一台微型计算机，其计算速度也能达到每秒亿次以上。计算机具有的高速运算能力，是其他计算工具望尘莫及的。过去人工计算需要花费几年或几十年，甚至看起来无法完成的计算任务，现在借助于计算机都可以轻松地完成。

（2）计算精度高

一般的计算工具只有几位有效数字，往往不能满足尖端科学技术所需要的计算精度要求。而计算机只要其内部用于表示数值的位数足够多，可以达到数十位、上百位，甚至可以达到任意的计算精度要求。

（3）记忆能力强

借助存储设备，计算机可以方便、可靠地存取大量的数据。随着半导体技术和光电子技术的发展，计算机中单台存储设备的容量越来越大，单位存储成本越来越低。现在，一台普通微型计算机的内存容量就可以达到 8GB 甚至更高，而外部存储设备的容量也是越来越大，计算机能够存储和处理更多的程序和数据。

（4）具有逻辑判断能力

解决问题主要依靠思维能力，而其本质是一种逻辑判断能力。计算机不仅具有快速的算术运算能力，还具有强大的逻辑判断能力，这是其他的计算工具不具备的功能。

（5）自动化程度高，通用性强

计算机可以按照人们事先编制好的程序完成指定的任务，整个过程不需要人工参与和干预。这也是计算机区别于其他计算工具的最本质特征。

1.2.2 计算机的应用

从第一台计算机诞生至今，计算机已经渗透到了各行各业，计算机技术给人们的生产和生活方式带来了翻天覆地的变化，并不断地催生出一些新的行业。特别是 21 世纪初近 20 年的时间里，人类社会相继经历了互联网时代、大数据时代，并正在进入人工智能时代。总体而言，计算机的应用领域主要有以下几个方面。

（1）科学计算

由于计算机具有运算速度快、计算精度高及逻辑判断能力强的特点，科学计算至今仍然是计算机应用的一个重要领域，计算机在高能物理、工程设计、地震预测、气象预报、航天技术等方面运用广泛。伴随着计算机技术的发展，先后产生了计算力学、计算物理、计算化学、生物控制论等一批新的学科。

（2）过程控制

过程控制是利用计算机对工业生产过程中的某些信号自动进行检测，并把检测到的数据存入计算机的存储器中，再根据控制要求对这些数据进行处理，以实现工业生产自动化。过程控制在冶金、机械、石油、电力、建材等行业的应用十分广泛，能提高控制精度，降低生产成本，缩短生产周期，提高生产效率和产品质量，为企业和社会带来了可观的经济效益。

（3）信息管理

信息管理是目前计算机应用最广泛的一个领域，借助计算机强大的数据处理能力来加工、管理与操作任何形式的数据资料，如企业管理、物资管理、报表统计、账目管理、信息情报检索等。国内许多机构纷纷建设了自己的管理信息系统（management information system，MIS），生产企业也开始采用企业资源计划（enterprise resource planning，ERP），商业流通领域则逐步使用电子数据交换（electronic data interchange，EDI），即无纸贸易。

（4）辅助系统

计算机辅助系统是指利用计算机辅助进行工程设计、产品制造、性能测试，辅助完成不同任务的系统。常见的计算机辅助系统有计算机辅助教学（computer aided instruction，CAI）、计算机辅助设计（computer aided design，CAD）、计算机辅助工程（computer aided engineering，CAE）、计算机辅助制造（computer aided manufacturing，CAM）、计算机辅助测试（computer aided test，CAT）、计算机辅助翻译（computer aided translation，CAT）、计算机集成制造（computer integrated manufacturing，CIM）等系统。

（5）人工智能

人工智能通过计算机来模拟人的感知、判断、理解、学习、识别等智能活动，使计算机具有一定的自适应学习和逻辑推理功能。人工智能经过近 70 年时间的发展，尽管经历了近 10 年的发展瓶颈，但已经在机器学习、计算机视觉、知识工程、自然语言处理、语音识别等方面取得了大量前所未有的成就。现在，大量人工智能产品已经成功应用于金融贸易、教育医疗、科学研究、工业交通、远程通信、玩具游戏、音乐艺术等诸多方面。

（6）多媒体技术

多媒体技术利用计算机把文字、图片、照片、声音、动画和影片等多种媒体信息数字化，并整合到交互式界面上，使计算机具有交互展示不同媒体形态的能力。多媒体技术的发展，拓展了计算机的适用空间，在工业生产管理、教育培训、信息咨询、商业广告、军事指挥与训练，以及家庭生活与娱乐等方面都得到了广泛应用。

（7）大数据

大数据是指无法在一定时间范围内用常规软件工具进行捕捉、管理和处理的数据集合，具有大量、高速、多样、低价值密度、真实性等 5 个方面的特点。大数据要求采用新的处理模式才能具有更强的决策力、洞察发现力和流程优化能力。大数据技术已经被用于预测犯罪、预测疫情散布、预测选举结果、城市规划、智能电网、商品零售、医疗数据分析等方面。

1.3　计算机系统基础

一个完整的计算机系统，包括硬件系统和软件系统两部分。硬件系统是组成计算机系统的各种物理设备的总称，是各种计算机软件运行的基础；软件系统是指挥计算机工作的各种程序的集合，是操作和控制计算机硬件的灵魂。计算机系统通过执行程序而运行，计算机工作时软硬件协同工作，二者缺一不可。计算机系统的基本组成如图 1-1 所示。

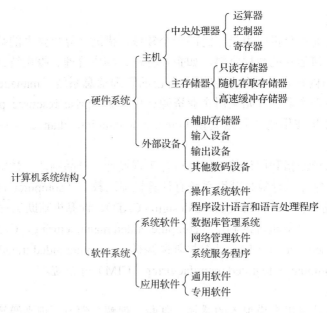

图 1-1　计算机系统的基本组成

1.3.1　计算机的硬件系统

经过半个多世纪的发展，现代计算机系统在硬件结构上发生了很大的变化，但大部分计算机仍然采用冯·诺依曼提出来的计算机体系结构理论，被称为冯·诺依曼型计算机，其主要特点可以归纳为以下几点。

1）程序和数据以二进制表示。

2）采用存储程序方式。

3）计算机由 5 个基本部分组成，分别是运算器、控制器、存储器、输入设备、输出设备。

冯·诺依曼计算机硬件结构，如图 1-2 所示。计算机硬件系统的 5 个基本组成部分通过系统总线完成指令所传达的操作。计算机接收指令后，由控制器指挥，将数据从输入设备传送到存储器存储，再由控制器将需要参加运算的数据传送到运算器，由运算器进行处理，处理后的结果输出到输出设备。

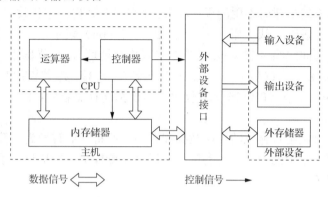

图 1-2　冯·诺依曼计算机硬件结构

（1）运算器

运算器主要执行各种算术运算和逻辑运算任务，也被称为算术逻辑单元（arithmetic logic unit，ALU）。算术运算主要是指加、减、乘、除等各种数值运算。逻辑运算是进行逻辑判断的非数值运算，如与、或、非、比较、移位等。运算器的核心部件是加法器和若干个寄存器，加法器用于运算，而寄存器用于存储参加运算的各种数据及运算后的结果。运算器根据指令规定的方式从存储设备取出数据进行计算，并把计算结果送回指令指定的存储设备。

（2）控制器

控制器是计算机的神经中枢和指挥中心，它负责指挥和协调计算机各部件按照指令的功能要求完成特定任务。控制器由指令寄存器、程序计数器和操作控制器 3 个部件组成。其中，指令寄存器是用于保存当前执行或即将执行的指令的一种寄存器。程序计数器又称指令计数器，指明程序中下次要执行的指令地址。操作控制器根据指令操作码和时序信号，产生各种操作控制信号，完成取指令和执行指令的控制。

运算器和控制器通常合称为 CPU，是整个计算机系统的核心部件。

（3）存储器

存储器是计算机系统中用于存储程序和数据的器件，分为主存储器（内存）和辅助存储器（外存）两种类型。

主存储器主要包括随机存储器（random access memory，RAM）和只读存储器（read only memory，ROM）两类。RAM 中的内容可以随机读写，断电后存储内容立即消失。RAM 根据实现原理和器件的不同，又分为动态随机存储器（dynamic RAM，DRAM）和静态随机存储器（static RAM，SRAM）两类。DRAM 集成密度高，主要用于大容量存储器，而 SRAM 存取速度快，主要用于高速缓冲存储器。ROM 中的内容只能读出，不能由用户修改，信息可长期保存。根据编程方式的不同，ROM 可分为可一次编程只读存储器（programmable ROM，PROM）、可擦除可编程只读存储器（erasable programmable ROM，EPROM）、电擦除可编程只读存储器（electrically erasable programmable ROM，E^2PROM）等。

由于主存储器需要直接与 CPU 交换数据，系统对其读写速度和存储容量都有较高的要求。但内存空间受到各种因素的限制，并不能无限制地增加。与主存储器相比，尽管辅助存储器的读写速度较慢，但其存储空间大，并且信息可以长期保存。因此，辅助存储器可以用于存储计算机系统中暂时不用的程序和数据，在需要时将程序和数据送入主存储器中。

计算机中一个二进制 0 或 1 用一个"位"或比特（bit）表示，比特是最小存储单位。然而，计算机内存空间按照字节（byte）来编号（内存地址），字节是计算机内存的基本存储单位，1 字节包括 8 个二进制位。此外，还有千字节（KB）、兆字节（MB）、吉字节（GB）及太字节（TB）和拍字节（PB）作为存储单位用于描述存储容量。

（4）输入设备

输入设备用于接收用户输入的原始数据和程序，并将它们转换为计算机能识别的二进制形式并存入内存。常用的输入设备有键盘、鼠标、摄像头、扫描仪、手写输入板、游戏杆、语音输入装置等。

（5）输出设备

输出设备用于将存储在内存中的计算机处理结果转变为人们能接受的形式输出。常用的输出设备有显示器、打印机、绘图仪、影像输出系统、语音输出系统等。

1.3.2 计算机的软件系统

软件是一系列按照特定顺序组织的计算机数据和指令的集合。在整个计算机系统中，计算机硬件是所有软件运行的物质基础，软件是对硬件功能的扩充，二者缺一不可。计算机系统的软硬件关系，如图 1-3 所示。系统软件运行在裸机之上，是对计算机硬件的首次扩充，同时它也是其他应用软件运行的基础。

图 1-3　计算机系统的软硬件关系

1. 系统软件

系统软件是指控制和协调计算机及外部设备，支持应用软件开发和运行的系统，其主要功能是调度、监控和维护计算机系统，并管理各种独立的硬件设备协调工作。系统软件介于计算机硬件和应用软件之间，计算机用户和应用软件不需要考虑底层硬件的工作原理。

（1）操作系统

操作系统（operating system，OS）是计算机系统中最基本也是最为重要的基础性系统软件，负责对计算机系统中的全部软、硬件资源进行控制和管理。操作系统主要包括处理器管理、存储管理、设备管理、文件管理、作业管理等 5 大功能。同时，操作系统在硬件设备与用户之间建立了一座桥梁，为用户提供友好的人机界面，方便用户在无须了解计算机硬件的基础上正常使用计算机系统的各种功能。常用的操作系统有 DOS、Windows、OS/2、UNIX、Linux 等。

（2）程序设计语言和语言处理程序

程序设计语言一般分为机器语言、汇编语言、高级语言 3 类。其中，机器语言和汇编语言属于低级编程语言，是直接面向机器的。常用的高级语言种类繁多，如 C、C++、C#、Java、Python 等。由于高级语言语法比较接近于人类自然语言的语法，学习和使用高级语言编程比机器语言或汇编语言更便捷，在一定程度上降低了人们学习和使用计算机的门槛，这在另一方面也推动了计算机技术的发展。不过，用各种高级语言编写的源程序并不能被计算机直接执行，必须把它们转换为对应的机器语言程序，机器才能识别及执行。

语言处理程序负责将源程序转换成为机器指令，不同编程语言的转换方式不完全一样，主要分为"编译"和"解释"两种。其中，编译方式以整个源程序文件为单位进行处理，只要源程序中存在一处错误，编译就会失败，无法得到相应的机器语言代码，造成程序无法执行，如 C/C++语言就属于编译型的编程语言；而解释方式则是以源程序文件中的代码行为单位进行处理，解释一行执行一行，遇到错误后停止执行，如 Python 等语言采用解释方式执行。

（3）数据库管理系统

数据库是按一定方式组织起来的相关数据的集合。数据库系统（database system，DBS）主要由数据库（database，DB）和数据库管理系统（database management system，DBMS）组成。数据库管理系统是用户与数据库之间的接口，它提供了用户管理数据库的一套命令，对数据库进行有效的管理和操作。为了有效地对现实世界的客观事物及其之间的联系进行数据描述，在数据库中必须要确定研究事务的数据模型。数据库常用的数据模型有层次模型、网络模型和关系模型 3 种，其中关系模型最为常用。采用关系模型的数据库就是关系数据库，常见的关系型数据库管理系统有 Oracle、MySQL、SQL Server、DB2、Sybase、Informix 等。

（4）设备驱动程序

设备驱动程序是一种用于计算机与设备（如声卡、显卡、网卡等）之间进行通信的特殊程序，相当于硬件接口。操作系统通过这个接口控制硬件设备的工作，只有在系统中安装并配置了适当的驱动程序以后计算机才能使用该设备。例如，没有串口驱动程序，就不能使用调制解调器与网络连接。在计算机启动时，所有已启用设备的设备驱动程序都会自动加载，并在后台运行。

（5）服务程序

服务程序是指帮助用户使用与维护计算机，提供服务性手段并支持其他软件开发的一类辅助性程序。服务程序主要包括工具软件、编辑程序、软件调试程序及诊断程序等几种，它们既可以在操作系统的控制下运行，也可以独立运行。

2. 应用软件

除系统软件之外的软件都属于应用软件，它们通常是为了解决某个实际问题而编制的程序和相关资料。任何一种应用软件的开发都基于某一种操作系统平台，需要系统软件提供支撑环境。

应用软件具有很强的实用性、专业性，正是由于这些特点，计算机的应用才日益渗透到社会的各行各业。根据软件的适用范围，应用软件可分为应用软件包和用户程序。应用软件包是软件公司为解决某类通用性问题而开发并提供给用户使用的程序，所有具有应用需求的用户都可以在获得软件使用许可后在工作中使用这些软件。软件包的种类繁多，如

Office 办公软件套件、WPS Office 软件、杀毒软件、视频播放软件、图像视频处理软件、各种辅助设计软件等。用户程序是特定用户为解决特定问题而开发的软件，通常由自己开发或委托他人开发。

1.3.3 计算机的工作原理

计算机之所以能够完成很多工作，是因为人们预先为其编制好了相关的程序，告诉计算机第一步做什么，第二步做什么……直到最终完成任务。指令就是构成程序的基本单位，一条指令规定了 CPU 从内存中的哪个位置取数据，对数据执行什么操作，然后把结果送到内存中的某一个位置等步骤。

计算机能够识别的一组不同指令构成的集合，称为该计算机的指令集或指令系统。微型计算机的指令系统主要使用单地址和二地址指令。其中，第 1 个字节是操作码，规定计算机要执行的基本操作，第 2 个字节是操作数。计算机指令包括以下类型：数据处理指令（加、减、乘、除等）、数据传送指令、程序控制指令、状态管理指令，整个内存被分成若干个存储单元，每个存储单元可以存放数据或程序代码。为了能有效地存取存储单元内的内容，系统为每个存储单元都分配了一个唯一的编号用于标识，即内存地址。

当前广泛使用的计算机系统大多数采用冯·诺依曼体系结构，其基本工作原理是存储程序和程序控制。按照冯·诺依曼存储程序控制的原理，计算机在执行程序时须先将要执行的相关程序和数据放入内存储器中，CPU 根据当前程序指令寄存器中的内容取出一条指令并执行，然后取出下一条指令并执行，其工作过程就是不断地取指令和执行指令的过程，最后将计算结果存储到指令指定的存储单元。计算机工作过程中涉及的计算机硬件主要有内存储器、指令寄存器、指令译码器、控制器、运算器和 I/O 设备等。

1.3.4 微型计算机系统

微型计算机是大规模或超大规模集成电路和计算机技术结合的产物。目前，微型计算机以其体积小、功能强、价格低和使用方便等优点迅猛发展，现在已成为应用最为广泛、最普及的一类计算机。微型计算机系统也同样由硬件系统和软件系统两部分组成。

1. 微型计算机的硬件系统

计算机硬件系统指计算机系统中的机械器件、电子线路等看得见摸得着的物理装置和设备。对于微型计算机而言，其硬件系统的基本构成包括主机箱、键盘、鼠标和显示器等。在主机箱内安装有主板、硬盘驱动器、CD-ROM 驱动器、电源和显示适配器等。主板上的各种部件通过总线结构进行连接，计算机运行过程中的各种控制信号与数据信号都通过总线进行传输。

（1）主板

主板是微型计算机系统主机与外部设备之间传输控制信号和数据信号的平台。CPU、内存和 I/O 设备通过主板提供的微处理器插槽、内存插槽、总线扩展插槽、I/O 接口电路等有机地结合，构成一个完整的微型计算机系统。主板的性能很大程度上决定了微型计算机系统的整体运行速度和稳定性。因此，在选配计算机时，应注意主板与 CPU、内存、显卡、硬盘等的兼容性、主板芯片型号、可扩展性（是否有比较丰富的接口）及生产厂商（最好选择知名的大厂商）。

有些厂商直接在主板上集成了显卡、声卡和网卡等部件，称为集成主板，其中以集成显卡为重要特征。由于主板上集成的显卡和声卡等需要占用一些系统资源（如计算资源、内存资源），导致其性能不及非集成主板，但其价格低、安装简便，并且可以通过优化设置来提高它的性能，因此也比较常见。

1）CPU 插槽。CPU 是整个计算机系统的核心，安置在主板上专门的 CPU 插槽上。CPU 插槽主要分为 Socket、Slot 两种标准，目前微型计算机的 CPU 插槽采用 Socket 结构。不同类型的 CPU，其接口类型不同，插孔数、体积、形状都不一样，不能互相接插。在选配微型计算机时，应注意主板与 CPU 的兼容性问题。

2）芯片组。芯片组是固定在主板上的一组超大规模集成电路芯片，是主板的核心组成部分。芯片组性能决定主板性能，如果芯片组不能与 CPU 良好地协同工作，将严重影响计算机系统的整体性能。对于微型计算机而言，芯片组通常采用南、北桥芯片组结构。其中，北桥芯片提供对 CPU 类型和主频、系统高速缓存、主板系统总线频率、内存管理（内存类型、容量和性能）、显卡插槽规格等的支持；南桥芯片则主要提供对外部设备接口的支持，提供对键盘控制器、实时时钟控制器、通用串行总线、数据传输方式和高级电源管理等的支持，决定扩展插槽、扩展接口的类型和数量（如 USB 3.0/2.0、IEEE 1394、串口、并口、VGA 接口）等。目前，生产芯片组的主流厂家有 Intel、AMD、NVIDIA、Server Works、VIA、SiS 等，其中以 Intel、AMD 最为常见。

3）内存插槽。内存插槽是连接内存储器与主板的接口，它决定了主板所支持的内存储器的类型和容量。微型计算机主板上的内存插槽通常为 2~4 个。主板内存插槽如图 1-4 所示。

图 1-4　主板内存插槽

不同类型的内存接口类型各不相同，所采用的针脚数也不一样。笔记本式计算机内存一般采用 144Pin 或 200Pin 接口，而台式计算机内存则通常使用 168Pin、184Pin 或 240Pin 接口。另外，为提高内存的性能，在使用时尽量选择将其安装在主板上靠近 CPU 的内存插槽中。

4）串行接口和并行接口。主板上配置的串行接口和并行接口插座，包括 RS-232 串行口插座、USB 插座及标准并行口插座，分别用于连接键盘、鼠标、打印机等外部设备。串行接口通信线路简单，只要一对传输线就可以实现双向通信，大大降低了成本，适合远距离通信，但其传送速度较慢，每次只能传输 1 位数据。并行接口采用并行传输方式传输数据，数据以字节为单位进行传送，其传输速度快，但当传输距离较远、位数又多时，其通信线路复杂且成本较高。现在，这两种接口都已经被 USB 接口所取代。

5）总线扩展插槽。总线扩展插槽主要用于连接各种外部扩展接口卡（如显卡、声卡、网卡及各类数据采集卡等），也是 CPU 与外部设备联系的通道。此前相当长的一段时间里，主板上总线扩展插槽主要预留有 PCI（peripheral connection interface，外设互连接口）插槽、AGP（accelerated graphics port，加速图形接口）插槽等。当时 PCI 接口在微型计算机中的使用十分广泛，也是主板数量最多的插槽类型，支持具有"即插即用"功能的设备。32 位的 PCI 总线最大数据传输率为 132MB/s，64 位的 PCI 总线数据传输率可达 264MB/s。AGP 插槽是专用的图形显示扩展插槽，用于安装 AGP 显卡。AGP 接口是为缓解视频带宽紧张而制定的总线结构，它将显示卡与主板芯片组直接相连进行点对点传输，其工作频率为 66MHz，数据传输率为 533MB/s。随着显卡性能的不断提升，AGP 插槽已经不能满足显卡对传输数据速度的要求。2004 年，Intel 公司发布了一种高速串行计算机扩展总线标准——PCI Express（PCIe）接口，其数据传输率达 GB/s 数量级，已经逐步取代了 PCI 接口和 AGP 接口，成为当前主板上的主流扩展接口标准。常见的总线扩展插槽如图 1-5 所示。

（a）PCI 插槽

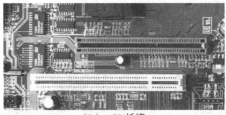

（b）AGP 插槽

（c）PCI Express 插槽

图 1-5　常见的总线扩展插槽

6）CMOS 芯片。CMOS（complementary metal oxide semiconductor，互补金属氧化物半导体）芯片是一块可读写的 RAM 芯片，主要用于保存通过 BIOS（basic input output system，基本输入输出系统）设置的计算机系统重要的系统配置信息，包括基本 I/O 程序、系统设置信息、自检和系统自举程序、电源管理、CPU 参数调整、系统监控、PnP（即插即用）、病毒防护等。CMOS 芯片由安装在主板上的电池供电，保证关机后 CMOS 信息不会丢失。

（2）CPU

CPU 也称为微处理器，是微型计算机的核心部件，它是一个大规模集成电路芯片，通过专门的 CPU 插槽安置在主板上。微处理器主要包括运算器、逻辑控制单元（或称控制器）和内部寄存器组，它们通过内部总线连接在一起。Intel CPU 外观及其插座如图 1-6 所示。

（a）Intel CPU 正面　　　　　（b）Intel CPU 背面　　　　　（c）Intel CPU 插座

图 1-6　Intel CPU 外观及其插座

运算器的主要部件是算术逻辑单元，其核心功能是实现数据的算术运算和逻辑运算；内部寄存器包括通用寄存器和专用寄存器，其功能是暂时存放数据（包括参加运算的运算数、运算结果等）；控制逻辑单元主要完成指令的分析、指令及操作数的传送、产生控制信号和协调整个 CPU 需要的时序逻辑等。

微型计算机的运行速度与 CPU 主频存在一定的关系。主频是 CPU 的时钟频率，单位为 GHz。CPU 的主频不能代表 CPU 的速度，但提高主频对于提高 CPU 运算速度至关重要，同一档次的 CPU，主频越高，微型计算机的运算速度越快。那么，能否无限制地提高 CPU 的主频以提高计算机的计算性能呢？答案是否定的，因为 CPU 的主频还受制于集成电路生产工艺水平。

外频是 CPU 的基准频率，是 CPU 与主板之间同步运行的速度；倍频是主频与外频的比值，即主频=外频×倍频，主要用来解决 CPU 与低速设备之间的同步问题。由于受到生产工艺的限制，要提高 CPU 主频（超频），只能从外频入手，通过设置主板的跳线开关或在 BIOS 中设置软超频，达到提升计算机总体性能的目的。因此，在选配计算机时，要尽量注意 CPU 的外频。

（3）内存

内存是 CPU 能直接访问的存储器，计算机中所有要运行的程序都必须进入内存。因此，内存的容量大小和读写速度直接影响程序运行。

目前，大多数的微型计算机系统中的内存采用 DDR（double data rate）SDRAM 内存，即双倍速率 SDRAM，其数据传输速度为系统时钟频率的 2 倍。DDR 内存经过近 20 年的发展，先后出现了 DDR1、DDR2、DDR3、DDR4 共 4 代产品，目前主流产品是 DDR4。

每代内存产品的频率不同，DDR1 的频率主要为 266MHz、333MHz、400MHz，DDR2 的频率主要为 533MHz、667MHz、800MHz，DDR3 的频率主要为 1066MHz、1333MHz、1600MHz、1866MHz、2133MHz，DDR4 的频率主要为 2133MHz、2400MHz、2800MHz、3000MHz。

DDR4 技术将内存工作电压降到 1.2V，既降低了能耗，也大幅降低了内存工作产生的热能，提升了高强度持续工作的稳定性。DDR3 内存和 DDR4 内存的外观如图 1-7 所示。

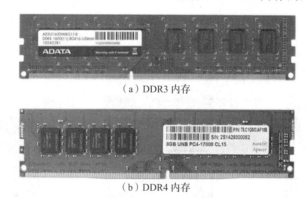

（a）DDR3 内存

（b）DDR4 内存

图 1-7　DDR3 内存和 DDR4 内存的外观

从图 1-7 中可以看出，DDR3 内存和 DDR4 内存的金手指上凹槽位置明显不同。而且，不同主板支持不同的内存产品，DDR3 内存只能在有 DDR3 插槽的主板上使用，同样，DDR4 内存只能在有 DDR4 插槽的主板上使用，彼此之间不能兼容。

（4）高速缓冲存储器

高速缓冲存储器也称 Cache，是位于主存与 CPU 之间的一级存储器，由 SRAM 组成，其容量比较小，但速度比主存高得多，接近于 CPU 的速度。顾名思义，缓存就是起缓冲作用的存储器。在微型计算机中，不同类型的设备其工作频率不一样，尤其像 CPU 这种高速设备，与其他低速设备之间存在巨大的速度差异，如果没有缓冲机制，则低速设备会严重降低系统整体性能。Cache 就是为了缓解 CPU 与主存储器间的数据传输速率差异而设计的，它通过高速总线与 CPU 连接。一般情况下，Cache 的容量越大，计算机系统的总体性能越好。现代微型计算机中的 Cache 一般分为两级：L1 Cache（一级缓存）和 L2 Cache（二级缓存）。L1 Cache 通常集成在 CPU 内部，负责 CPU 内部寄存器与 L2 Cache 之间的缓冲，最大容量为 64KB；而 L2 Cache 一般集成在主板上或是 CPU 上，速度比 L1 Cache 要慢，主要弥补 L1 Cache 容量过小的不足，负责整个 CPU 与内存之间的缓冲，容量通常为 512KB～2MB。

（5）外存储器

外存储器也称为辅助存储器，它既可以作为输入设备又可以作为输出设备，用于存放等待运行或处理的程序或数据。由于 CPU 并不能直接访问存放在外存储器中的程序和数据，因此外存储器主要用于和内存储器交换信息。与内存相比，外存储器的存储容量大，价格低廉，信息可以长期保存，但存取速度慢。常用的外存储器主要有硬盘、固态硬盘（solid state drive，SSD）和光盘存储器等 3 类。

1）硬盘。微型计算机中使用的硬盘大多采用温彻斯特盘结构，其特点是，硬盘由多个盘片组成，盘片的每一面都有一个读写磁头。磁头、盘片及执行机构都被密封在一个腔体内。硬盘的内部结构如图 1-8 所示。

图 1-8 硬盘的内部结构

使用硬盘时，先将盘片格式化成若干个磁道，并给这些磁道从外到内进行编号。每个磁道划分出若干个扇区，所有盘面上的同一个磁道构成一个柱面。硬盘的存储容量计算公式为：存储容量=磁头数×柱面数×扇区数×每扇区字节数（512B）。当然，现在市面上已经有一些硬盘产品支持更大容量扇区（如 2KB、4KB）。

除了存储容量，存取速度也是衡量硬盘性能的一个重要性能指标，由平均寻道时间、数据传输率、盘片的旋转速度和缓冲存储器容量等因素共同决定。硬盘的转速用 r/min（即盘片每分钟旋转的次数）描述，如常见的硬盘产品转速为 5400r/min、7200r/min 等几种。通常情况下，转速越高的硬盘的寻道时间越短，而且数据传输率也越高。

台式计算机一般采用 3.5 英寸［1in（英寸）=2.54cm）］硬盘，笔记本式计算机则主要采用 2.5 英寸硬盘，接口以 SATA 接口为主，存储容量一般为 320GB～8TB，转速为 7200r/min。不同接口类型的硬盘如图 1-9 所示。

（a）IDE 接口硬盘   （b）SATA 接口硬盘

图 1-9 不同接口类型的硬盘

使用硬盘时应该注意防震、防尘，为防止发生意外故障，还应该经常对硬盘数据进行备份。

2）固态硬盘。固态硬盘是用固态电子存储芯片阵列而制成的硬盘，由控制单元和存储单元（Flash 芯片、DRAM 芯片）及缓存单元组成。整个固态硬盘结构无机械装置，全部由电子芯片及电路板组成。固态硬盘的内部结构主要由主控芯片、闪存颗粒、缓存单元构成。与机械硬盘相比，固态硬盘具有能耗低、无噪声、抗震动、低散热、体积小和读写速度快等优势。大部分基于 SATA 接口的固态硬盘的读写速度在 500MB/s 以上。

随着技术的不断进步，固态硬盘的成本越来越接近于机械硬盘，大有取代传统机械硬盘的趋势。常见的固态硬盘分为 mSATA、M.2（SATA）和 M.2（NVMe 协议）等 3 种不同接口类型。不同的固态硬盘传输协议会影响传输性能。在选用固态硬盘时，应根据计算机主板所支持的固态硬盘接口类型选择对应的产品。不同接口类型的固态硬盘如图 1-10 所示。

（a）mSATA

（b）M.2（SATA）

（c）M.2（NVMe 协议）

图 1-10　不同接口类型的固态硬盘

3 种不同接口类型的固态硬盘不单单在外观上存在差异，最主要的是在读写速度上也存在一定的差别。采用 M.2（NVMe 协议）接口的固态硬盘通过高速 PCIe 通道传输数据，其顺序读写速度可以达到 2000MB/s 和 1100MB/s。相比之下，采用 SATA 接口的固态硬盘，无论是 mSATA 还是 M.2（SATA）接口，其顺序读写的速度分别只有 520MB/s 和 500MB/s 左右。

3）光盘存储器。用于计算机系统的光盘有 3 类：只读型光盘、一次写入型光盘和可擦写型光盘。只读型光盘（compact disk-read only memory，CD-ROM）是一种小型光盘只读存储器，用户对光盘中存储的数据只能读取，不能修改和写入。CD-ROM 的容量通常为 650MB 左右，适合于存储容量固定、信息量庞大的内容。

CD-ROM 的数据传输速率用"倍速"描述。倍速是一个固定的数值，它描述的数据传输速率为 150KB/s。例如，36 倍速描述的数据传输速率为 150KB/s×36≈5.4MB/s。

无论是磁盘存储器还是光盘存储器，都必须通过相应的驱动器完成数据的存取访问操作，如硬盘驱动器、磁带驱动器和光盘驱动器等。

（6）总线与接口

1）总线。微型计算机硬件系统普遍采用总线结构，总线（bus）是计算机系统中为多个部件共享的一组公共信息传输线路。按照总线的功能和传输信息的种类可以分为 3 类：数据总线（data bus，DB）、地址总线（address bus，AB）和控制总线（control bus，CB）。

数据总线是 CPU 同各部分交换信息的通路，它的宽度与 CPU 的位数相同；地址总线用于传输地址信号，它的宽度决定了 CPU 能访问的内存空间大小；控制总线则用于传输 CPU 发给其他部件的控制信号，以及其他部件发给 CPU 的信号。

总线的性能通过总线宽度和总线频率来表征。总线宽度表示一次传输的数据位数，而总线频率表示总线每秒传输数据的次数。因此，总线的宽度越宽，工作频率越高，则总线的传输速度越快。例如，某总线宽度为 64 位，工作频率为 66MHz，则该总线上的数据传输率为 64 位×66MHz=4224Mb/s。

此外，根据总线所连接部件的不同，还可将其划分为内部总线、外部总线和系统总线等 3 种类型。其中，内部总线用于同一部件内部的连接，外部总线主要负责 CPU 与外部设备之间的通信，而系统总线则用于连接同一台计算机的各个部件。

微型计算机总线具有标准化和开放性的特点，常见的总线标准有 ISA 总线、PCI 总线、AGP 总线等。

2）接口。接口是指计算机系统中在两个硬件设备之间起连接作用的逻辑电路，是各组成部分之间进行信息交换的功能部件，也称为 I/O 接口。接口可以解决微型计算机系统中设备多样化、CPU 与外部设备速度不匹配、数据缓冲和信息转换等问题。

目前，微型计算机上广泛采用了 USB（universal serial bus，通用串行总线）将不同的外部设备连接到计算机主机。该接口提供电源，支持热插拔，具有即插即用功能，现已成为最受欢迎的总线接口标准。

2.　微型计算机常用的输入和输出设备

微型计算机中，常用的输入设备有键盘、鼠标和扫描仪等；常用的输出设备有显示器、打印机和绘图仪等。

（1）键盘

键盘是微型计算机中必备的标准输入设备，用于向计算机输入命令和数据。根据按键结构，键盘可分为机械式（触点式）、电容式（无触点式）与薄膜式键盘。键盘通常可以分为 5 个区域：主键盘区、功能键区、指示灯区、编辑键区和数字键盘区（14 英寸及以下尺寸的笔记本式计算机通常没有数字键盘区），如图 1-11 所示。

图 1-11　常见键盘的结构

其中，主键盘区主要包括字母、常用符号及控制键（Ctrl、Shift、Alt、Caps Lock、Tab、

Space、Backspace、Windows 键等），通常用于输入字符，以及通过控制键与字母组合构成快捷操作键，如 Ctrl+C、Ctrl+V、Ctrl+P 等。功能键区主要由 F1～F12 等 12 个按键组成，这些键可以在不同应用程序中定义成不同功能，如 F1 通常用于获取应用程序帮助信息，F5 通常用于刷新网页页面或桌面内容。指示灯区分别用于显示 Caps Lock、Num Lock 和 Scroll Lock 的状态。例如，Caps Lock 灯亮，表示当前大写字母状态打开，直接按字母键输入对应的大写字母；Num Lock 灯亮时，表示数字键盘区可用；而 Scroll Lock 灯亮，则表示滚动文档内容时光标处于锁定状态。编辑键区主要由 PgUp、PgDn、Home、End、Insert 和 Delete 等键组成，分别表示向上/下翻页、光标移动到行首/尾、插入及删除。其中，Insert 键是一个开关按键，可以在"插入"和"改写"两种状态之间循环切换，通常情况下编辑文档使用"插入"功能，如果不小心切换成了"改写"状态，只需再次按 Insert 键即可。数字键盘区主要包括数字 0～9、Num Lock、+、-、*、/、. 等，只有 Num Lock 灯亮起时该键盘才可以输入。

在使用计算机的过程中，大部分字符和操作命令的输入由键盘完成。要熟练使用计算机，需要先熟悉常用按键及它们的功能。常用按键的功能如表 1-1 所示。

表 1-1　常用按键的功能

按键	功能
Enter	结束当前输入的内容，或开始执行命令，或转换到下一行
Space	输入空格
Tab	将光标移动一个制表位，或跳转到下一个表格单元中
Backspace	删除光标左侧的字符或图片
Shift	当一个键面上有两个符号时，按 Shift 键的同时按下该键，可输入其上方的一个字符。按 Shift 键的同时按字母键，可输入对应的大写字母
Ctrl	按 Ctrl 键的同时，按下其他键，可以构成组合键
Alt	可以激活窗口菜单，或按 Alt 键的同时，按下其他键构成组合键
Esc	取消某个操作，或强行退出
Print Screen	将当前屏幕内容全部复制到剪贴板中
PgUp（PgDn）	向上（下）翻屏，与 Ctrl 键一起使用，则每次向上（下）翻一整页
Home（End）	光标移到行首（尾），与 Ctrl 键一起使用，则回到文档起始（最末）位置
Insert	在"插入"与"改写"两种状态之间切换
Caps Lock	大写字母锁定，在大写字母与小写字母两种状态之间切换
Scroll Lock	滚动条锁定，窗口滚动条锁定与可用两种状态之间切换
Num Lock	数字键盘锁定，在数字键盘锁定与可用两种状态之间切换
Delete	删除选中的内容，或删除光标右侧的字符

笔记本式计算机键盘上通常没有单独设置数字键盘区，而是将这些数字键和其他的字符共用了某些按键。笔记本式计算机键盘中的数字键盘区如图 1-12 所示，数字字符 0～9 分别和 M、J、K、L、U、I、O、7、8、9 共用了按键，当需要从数字键盘区输入数字时，一般通过键盘右上方的 NmLk（也就是台式计算机键盘上的 Num Lock 键）按键来进行切换。有时，在操作键盘时可能会不小心误触到 NmLk 键，导致想要输入字母时实际输入的却是一个数字的情况发生，这时只需要再次按下 NmLk 键即可。

图 1-12　笔记本式计算机键盘中的数字键盘区

　　尽管在 Windows 这一类窗口操作系统中，鼠标已经可以协助人们完成大部分的工作，但是如果能够掌握一些常用的快捷键，这必然会让工作事半功倍。例如，在处理文档时、在处理图像时、在编写程序时、在不方便使用鼠标的某些场合……

　　键盘作为微型计算机中使用最频繁的输入设备，在选购键盘时，一方面要保证使用性能，同时也要考虑使用的舒适性，尽量选购符合人体工程学原理的产品。

　　（2）鼠标

　　鼠标作为辅助的输入设备，以其按键少、移动速度快、使用方便的特点受到越来越多计算机用户的喜欢。它通过 RS-232C 或 PS/2 或 USB 接口与计算机连接，可以完成定位光标、选择菜单项、选定屏幕上的目标等功能。当移动鼠标时，它把移动距离及方向信息转换为脉冲信号输入计算机，计算机再将脉冲信号转换为光标处的坐标数据，达到指示位置的目的。鼠标主要包括机械鼠标和光电鼠标两类，目前最常见的是光电鼠标，分为有线和无线两类。常用的鼠标如图 1-13 所示。有线鼠标接口通过 USB 或 PS/2 接口与计算机连接，而无线光电鼠标通过蓝牙与计算机连接。

（a）有线鼠标（USB）　　　　（b）有线鼠标（PS/2）　　　　（c）无线鼠标（蓝牙）

图 1-13　常用的鼠标

　　（3）扫描仪

　　扫描仪是一种利用光电技术和数字处理技术，以扫描方式将文字、图形或图像信息转换为数字信号的装置。目前，普遍使用的是电荷耦合器件（charge coupled device，CCD）阵列组成的电子扫描仪，其主要技术指标有分辨率、灰度级、色彩数、扫描幅面和扫描速度。

　　（4）显示器

　　显示器是微型计算机必不可少的输出设备，负责将计算机处理的数据计算结果的内部信息转化为人们习惯接收的信息形式，如字符、图形、图像等。按原理不同，显示器可以分为阴极射线管（cathode ray tube，CRT）显示器和液晶显示器（liquid crystal display，LCD）。按显示器屏幕的对角线尺寸，显示器可分为13.3英寸、14英寸、15英寸、17英寸和21英寸等几种。常见的显示器如图1-14所示。

（a）CRT显示器　　　　　　　　（b）液晶显示器　　　　　　　（c）曲面液晶显示器

图1-14　常见的显示器

显示器通过显示适配器（显卡）连接到主板上，不同的显卡能支持的屏幕分辨率、颜色种数不同。分辨率是衡量显示器性能的一项重要技术指标，其数值是显示器屏幕上水平像素和垂直像素数量的乘积。例如，某显示器的分辨率为1280×800像素，是指显示器屏幕上水平方向有1280个像素，垂直方向有600个像素。分辨率越高，显示屏可显示的像素就越多，图像就越清晰。对于不同的显示器，常用的分辨率有640×480像素、800×600像素、1024×768像素、1280×768像素、1280×1024像素等，应根据不同的屏幕大小，选择合适的分辨率。颜色位数表明显示器还原色彩的能力，显示的颜色数量越多，还原色彩的能力越强。在微型计算机系统中，通常用RGB颜色模式进行显示，其中R、G和B分别用1字节表示，这种方法可以实现2^{24}种颜色，被称为"真彩色"。

（5）打印机

打印机是计算机的标准输出设备，用于将程序的内容和运行结果等打印在纸上，以便阅读和保存。打印机的种类很多，按工作原理可分为击打式打印机和非击打式打印机。微型计算机系统中使用的针式打印机属于击打式打印机；喷墨打印机和激光打印机属于非击打式打印机。这些打印机各有优势，能满足各种用户的不同需求：针式打印机可以实现多联纸打印，适用于商场、超市票据打印；喷墨打印机价格低廉，可以输出彩色图形，适合家庭使用；激光打印机打印速度快，输出精度高，工作噪声低，多用于办公系统。此外，还有现在热门的3D打印技术，适合小规模的个性化打印需求。

（6）绘图仪

绘图仪可以在绘图软件的支持下，将计算机的输出信息以图形的形式输出，可以绘制各种管理图表和统计图、大地测量图、建筑设计图、电路布线图、机械图与计算机辅助设计图等，常用于计算机辅助设计系统中。

（7）其他用于存储或输入/输出的设备

1）U盘。U盘是指采用快闪存储器（flash memory）为存储介质，通过USB接口与计算机连接而无须物理驱动器的微型大容量移动存储产品。目前，U盘的存储空间有8GB、16GB、32GB、64GB等不同大小，可重复读写次数达100万次以上。根据功能不同，U盘可分为无驱型、加密型、启动型等，日常使用的 U 盘都支持"即插即用"，无须安装专门的驱动程序，属于无驱型 U 盘。U 盘具有防潮、耐高/低温、抗震、防电磁波、容量大、携带方便等特点，受到广大用户的欢迎。

2）移动硬盘。移动硬盘通常由硬盘体加上带有 USB/IEEE 1394 控制芯片及外围电路的硬盘盒构成，通过 USB 接口与计算机连接。它具有容量大、体积小、使用方便、安全可靠等特点。

目前，市场上的移动硬盘能提供 320GB、500GB、1TB、2TB、4TB 等不同容量，最高可达 12TB 的容量，能满足不同用户的需求。随着技术的发展，移动硬盘容量将越来越大，体积也会越来越小，与同类产品相比有许多出色的特性。

在选购 U 盘、移动硬盘等存储设备时，可能会发现这样一个奇怪的现象：产品的标称存储容量与计算机上显示的实际存储容量有一定的误差。例如，某个存储设备的标称存储容量为 16GB，然而计算机上却显示只有 14.8GB。这到底是什么原因造成的呢？原来，存储器生产厂商的存储容量计算方法与计算机操作系统的计算方法不一致。在生产商那里，1GB=1000MB=1000000KB=1000000000B，而在操作系统中，1GB=1024MB=1048576KB=1073741824B，对于一个 16GB 的存储设备，计算机算出来只有 14.8GB 就不足为奇了！感兴趣的读者可以自行计算验证一下。

3）数字相机。数字相机是集光学、机械、电子一体化的产品。它集成了影像信息的转换、存储和传输等部件，具有数字化存取模式、与计算机交互处理和实时拍摄等特点。按用途，数字相机可分为单反相机、微单相机、卡片相机、长焦相机和家用相机等。数字相机的主要性能指标是像素（即 CCD 所能表现的点）、分辨率、存储容量、变焦性能和接口类型等。

1.3.5 微型计算机的性能指标

微型计算机性能的高低，并非由某个单项指标来决定，而是由其系统结构、指令系统、硬件组成、软件配置等多方面因素综合确定。对于大多数用户而言，可以通过以下几个指标来衡量一台微型计算机的性能。

（1）CPU 类型

CPU 类型是指微型计算机系统所采用的 CPU 芯片型号，它决定了微型计算机系统的档次。目前，在微型计算机领域，CPU 基本上分属于 Intel 和 AMD 两大阵营，二者可谓各有千秋。以 Intel Core 系列微型计算机 CPU 为例加以说明，目前主要有 i3、i5 和 i7 这 3 个系列，分别定位于低、中、高 3 种不同的档次。一般而言，新一代处理器性能通常会优于前一代产品，对于同一代产品（如同属于第 8 代 Core），i7 处理器性能优于 i5，i5 处理器性能又优于 i3。而对于同一个系列的产品（如同属于第 8 代 Core i5 处理器），则要根据具体产品编号才能确定。

（2）字长

计算机在同一时间内处理的一组二进制数称为一个计算机的"字"，而这组二进制数的位数就是"字长"。一般计算机的字长取决于它的通用寄存器、内存储器、算术逻辑单元的位数和数据总线的宽度。当其他指标相同时，字长越长，一个字能够表示的数据精度就越高，数据的处理速度就越快，性能也就越好。早期的微型计算机的字长一般为 8 位和 16 位，目前计算机的字长大多是 64 位，128 位已经逐渐普及。

（3）运算速度

运算速度是衡量计算机性能的一个重要指标，通常所说的计算机运算速度（平均运行速度），是指计算机每秒能执行的指令条数，一般用"百万条指令每秒"（million instructions per second，MIPS）来描述，同一台计算机，执行不同的运算所需要的时间可能不同，因而对于运算速度的描述常采用不同的方法，常用的有 CPU 时钟频率（主频）、每秒平均执行指令数。微型计算机一般采用主频描述数据传输速度。

（4）内存储器容量

内存储器是 CPU 可以直接访问的存储器，程序运行所需要的指令和数据都存放在内存储器中。内存储器的容量大小，直接反映了微型计算机存储信息的能力。随着操作系统的升级，应用软件的不断丰富及功能的不断扩展，人们对计算机内存储器容量的需求也不断提高。内存储器的容量越大，系统功能就越强大，能处理的数据量就越庞大。

（5）外存储器容量

外存储器容量通常是指硬盘容量，包括内置硬盘和移动硬盘等。存储器容量越大，可存储的信息就越多，可安装的应用软件也就越丰富。

（6）外部设备扩展能力

微型计算机可配置外部设备的数量及其类型，对整个微型计算机系统的性能也有重大的影响。例如，显示器的分辨率、接口数量及类型、打印机型号等，都是选购微型计算机时要考虑的问题。

（7）软件配置

软件配置情况直接影响微型计算机的使用和性能的发挥，通常应配置的软件有操作系统、计算机语言及工具软件等，另外还可配置数据库管理系统和各类应用软件。

1.4　计算机中信息的表示

在日常生活中，两个人第一次见面，都会礼貌性地向对方说一句"您好！"。如果人们对计算机说出同样的话语，计算机完全"听"不懂这样的语言。因为在计算机的世界里，只有 0 和 1 组成的二进制形式，即机器语言。无论是数字、文字、图形、图像、声音和视频等各种不同的信息，计算机都不能直接识别，必须转换成二进制形式，才能被计算机存储、处理和传送。那么，计算机为什么要使用二进制呢？不同的信息，如数字、文字等又是如何以二进制形式存放在计算机中并被计算机处理的呢？带着这两个疑问，一起来学习下面的内容。

1.4.1　数制基础

1. 基本概念

在日常计数中，人们使用最多的是十进制。在计算机中，使用的是二进制。无论是哪一种进制，其计数和运算都有共同的规律和特点。为了更好地掌握这些规律和特点，需要掌握以下几个概念。

（1）数制

用一组固定的符号和统一的规则来表示数值的方法称为数制，也称为进制。例如，十进制（0～9）、二进制（0、1）、二十四进制（24 小时为一天）等。

（2）基数

不同的数制是以基数来区分的，如果以 R 代表基数，十进制的基数是 10，二进制的基数是 2，二十四进制的基数是 24。通常，R 进制的规则是逢 R 进 1 或借 1 当 R，如十进制的规则是"逢十进一，借一当十"；二进制的规则是"逢二进一，借一当二"等。

（3）位权值

在任何一种数制中，一个数的每个位置上各有一个"位权值"。例如，十进制 525.13，可以表示为 $525.13 = 5 \times 10^2 + 2 \times 10^1 + 5 \times 10^0 + 1 \times 10^{-1} + 3 \times 10^{-2}$。表达式中的 10^2、10^1、10^0、10^{-1}、10^{-2} 是这个十进制数字每一位的位权值。

一般来说，对于任意的 R 进制数，可以用以下的位权值展开式来表示：

$$a_n \cdots a_1 a_0 . a_{-1} a_{-2} \cdots a_{-m}(R) = a_n \times R^n + \cdots + a_1 \times R^1 + a_0 \times R^0 + a_{-1} \times R^{-1} + a_{-2} \times R^{-2}$$
$$+ \cdots + a_{-m} \times R^{-m}$$

即

$$a_n \cdots a_1 a_0 . a_{-1} a_{-2} \cdots a_{-m}(R) = \sum_{i=-m}^{n} a_i \times R^i$$

式中，R 代表基数；a_i 代表在 R 进制下的某一位的数字，整数为 $n+1$ 位，小数为 m 位。

2. 常用进制

在计算机领域中，除了十进制和二进制外，还引入了八进制和十六进制。下面简单介绍它们各自的特点。

1）十进制，包含 10 个基本数符，分别是 0、1、2、3、4、5、6、7、8、9，运算时采用逢十进位的规则。

2）二进制，包含 2 个基本数符，分别是 0 和 1，运算时采用逢二进位的规则。

3）八进制，包含 8 个基本数符，分别是 0、1、2、3、4、5、6、7，运算时采用逢八进位的规则。

4）十六进制，包含 16 个基本数符，分别是 0、1、2、3、4、5、6、7、8、9、A、B、C、D、E、F，运算时采用逢十六进位的规则。

为便于区别和书写不同的进制数，可以使用一种常用的数值表示方法，即用小括号把数值括起来，并在括号后加脚标来区分不同数制的数值，如 $(123)_{10}$、$(A9F)_{16}$、$(101)_2$、$(256)_8$，分别代表十进制数、十六进制数、二进制数和八进制数。

除了这种数值表示方法外，还可以通过在数的末尾加不同的字母进行标识，十进制数在数的末尾加字母 D（decimal），二进制数在数的末尾加字母 B（binary），八进制数在数的末尾加字母 Q（octal，为了区别数字 0，不使用字母 O，而用字母 Q），十六进制数在数的末尾加字母 H（hexadecimal）。例如，110D 表示十进制数，110B 表示二进制数，110Q 表示八进制数，110H 表示十六进制数。相同的数字符号组成的数值，由于末尾字母不同，所以表示的数值大相径庭。

1.4.2 二进制运算基础

对于计算机的设计，美国科学家冯·诺依曼强烈推荐使用二进制来建造电子计算机，而不使用人们长期习惯的十进制系统，主要原因表现在两个方面：一是状态简单，稳定性高。所有电气元件具有两个稳定的状态，使用二进制中的"0"和"1"来表示。在现实世界中，两个状态的电气元件很容易找到，相比具有 10 个稳定状态的电气元件却很难获取。二是运算规则简单，简化设计。二进制有两种不同类型的运算，包括算术运算和逻辑运算。与十进制相比，二进制的运算规则要简单很多，这样可以简化计算机的结构，还可以提高运算速度。

1. 算术运算

算术运算中最简单的两种是加法和减法运算。二进制的基本运算法则如下：加法运算是，$0+0=0$、$0+1=1$、$1+1=10$（向高位进 1）；减法运算是，$0-0=0$、$1-0=1$、$1-1=0$、$0-1=1$（向高位借 1）。

以上二进制的加、减法运算规则加起来有 7 种，而十进制运算中，仅加法运算的规则就达 55 种之多。

2. 逻辑运算

基本的逻辑运算有 4 种：逻辑与、逻辑或、逻辑非和逻辑异或。

（1）逻辑与（AND，用"∧"或"·"或"×"表示）

假设 A、B 是两个参与逻辑运算的 1 位符号，可代表 0 或 1，逻辑表达式 $A \wedge B$ 的运算规则如表 1-2 所示。A、B 可理解为一个串联电路中的两个灯泡，灯亮为 1，灯灭为 0。

表 1-2 逻辑与运算真值表

A	B	$A \wedge B$
0	0	0
0	1	0
1	0	0
1	1	1

（2）逻辑或（OR，用"∨"或"+"表示）

假设 A、B 是两个参与逻辑运算的 1 位符号，可代表 0 或 1，逻辑表达式 $A \vee B$ 的运算规则如表 1-3 所示。A、B 可理解为一个并联电路中的两个灯泡。

表 1-3 逻辑或运算真值表

A	B	$A \vee B$
0	0	0
0	1	1
1	0	1
1	1	1

（3）逻辑非（NOT，用"￢"表示）

逻辑表达式￢A 的运算规则如表1-4所示。

表1-4 逻辑非运算真值表

A	￢A
0	1
1	0

（4）逻辑异或（XOR，用"$\oplus$"表示）

假设 A、B 是两个参与逻辑运算的1位符号，可代表0或1，逻辑表达式 $A \oplus B$ 的运算规则如表1-5所示。

表1-5 逻辑异或运算真值表

A	B	$A \oplus B$
0	0	0
0	1	1
1	0	1
1	1	0

例 1-1 计算二进制数 1101 与 1011 的和与差。

解：

$$\begin{array}{r} 1101 \\ +1011 \\ \hline 11000 \end{array} \qquad \begin{array}{r} 1101 \\ -1011 \\ \hline 0010 \end{array}$$

例 1-2 计算二进制数 1101 与 1110 的逻辑与、逻辑或和逻辑异或的结果。

解：

$$\begin{array}{r} 1101 \\ \wedge 1110 \\ \hline 1100 \end{array} \qquad \begin{array}{r} 1101 \\ \vee 1011 \\ \hline 1111 \end{array} \qquad \begin{array}{r} 1101 \\ \oplus 1011 \\ \hline 0110 \end{array}$$

1.4.3 不同进制之间的转换

当人们将数值数据输入计算机中时，十进制的数值必定会转换为计算机世界中的二进制，而人们通过计算机将数值输出时，也要将数据转换成十进制，便于人们理解和阅读。以下介绍不同进制之间的转换方法。

1. 二进制转换为十进制

对于任意一个二进制数总有一个十进制数在数值上是等价的，即

$$(a_n \cdots a_1 a_0 . a_{-1} a_{-2} \cdots a_{-m})_2 = (M)_{10}$$

而任意 R 进制数可以通过以下定义式来表示：

$$a_n \cdots a_1 a_0 . a_{-1} a_{-2} \cdots a_{-m}(R) = a_n \times R^n + \cdots + a_1 \times R^1 + a_0 \times R^0 + a_{-1} \times R^{-1} + a_{-2} \times R^{-2}$$
$$+ \cdots + a_{-m} \times R^{-m}$$

通过以上两个式子可以得出：

$$(a_n \cdots a_1 a_0.a_{-1} a_{-2} \cdots a_{-m})_2 = a_n \times 2^n + \cdots + a_1 \times 2^1 + a_0 \times 2^0 + a_{-1} \times 2^{-1} + a_{-2} \times 2^{-2}$$
$$+ \cdots + a_{-m} \times 2^{-m} = (M)_{10}$$

即二进制数转换成十进制数的方法是，将二进制数按位权展开求和。

例 1-3 将 $(1101.11)_2$ 转换为十进制数。

解：

$$(1101.11)_2 = 1 \times 2^3 + 1 \times 2^2 + 0 \times 2^1 + 1 \times 2^0 + 1 \times 2^{-1} + 1 \times 2^{-2} = 8 + 4 + 0 + 1 + 0.5 + 0.25 = (13.75)_{10}$$

2. 十进制转换为二进制

（1）整数

将十进制整数 10 表示为以下二进制数：

$$(10)_{10} = (a_n \cdots a_1 a_0)_2 = a_n \times 2^n + \cdots + a_1 \times 2^1 + a_0 \times 2^0$$

对以上等式两边同时除以 2，左边的商为 5，余数为 0，右边式子的商为 $a_n \times 2^{n-1} + \cdots + a_1 \times 2^0$，余数为 a_0，两边商和余数对应相等，得出 $a_0 = 0$；继续对两边同时除以 2，左边的商为 2，余数为 1，右边式子的商为 $a_n \times 2^{n-2} + \cdots + a_2 \times 2^0$，余数为 a_1，得出 $a_1 = 1$；对两边同时除以 2，左边的商为 1，余数为 0，右边式子的商为 $a_n \times 2^{n-3} + \cdots + a_3 \times 2^0$，余数为 a_2，得出 $a_2 = 0$；继续对两边同时除以 2，左边的商为 0，余数为 1，右边式子的商为 $a_n \times 2^{n-4} + \cdots + a_4 \times 2^0$，余数为 a_3，得出 $a_3 = 1$，商 $a_n \times 2^{n-4} + \cdots + a_4 \times 2^0 = 0$，可得出 $a_4 \sim a_n$ 全为 0。

最后计算出十进制整数 10 的有效二进制数为 $(1010)_2$，由此可以得出任意十进制整数转换为二进制整数的方法是"除 2 取余"法，直到商为 0。

例 1-4 将十进制整数 $(20)_{10}$ 转换为二进制数。

解： $(20)_{10} = (10100)_2$

（2）小数

将十进制小数 0.25 表示为以下二进制数：

$$(0.25)_{10} = (0.a_{-1} a_{-2} \cdots a_{-m})_2 = a_{-1} \times 2^{-1} + a_{-2} \times 2^{-2} + \cdots + a_{-m} \times 2^{-m}$$

对以上等式两边同时乘以 2，左边式子的整数部分为 0，小数部分为 0.5，右边整数部分为 a_{-1}，小数部分为 $a_{-2} \times 2^{-1} + \cdots + a_{-m} \times 2^{-m+1}$，两边整数和小数部分对应相等，得出 $a_{-1} = 0$；继续两边同时乘以 2，左边整数部分为 1，小数部分为 0.0，右边小数部分为 $a_{-3} \times 2^{-1} + \cdots + a_{-m} \times 2^{-m+2}$，整数部分为 a_{-2}，根据左右两边对应值相等，得出 $a_{-2} = 1$，$a_{-3} \sim a_{-m}$ 全为 0。

最终计算出 $(0.25)_{10}$ 的有效二进制数为 $(0.01)_2$，由此可以得出任意十进制小数转换为二进制数的方法是"乘 2 取整"法。但是对于很多十进制小数，进行乘 2 的过程，是达不到结果小数部分为 0 的情形，因此十进制小数转换为二进制的小数是有误差存在的，达不到精确转换，只能按要求达到某一精度为止。

例 1-5　将十进制小数 $(0.26)_{10}$ 转换为二进制数。

解：$(0.26)_{10} \approx (0.010)_2$（精度为 3）

$$
\begin{array}{r}
0.26 \\
\times \quad 2 \\
\hline
0.52 \qquad 0 \qquad a_{-1}（高位） \\
\times \quad 2 \\
\hline
1.04 \qquad 1 \qquad a_{-2} \\
\times \quad 2 \\
\hline
0.08 \qquad 0 \qquad a_{-3}（低位）
\end{array}
$$

如前所述，在计算机领域中，除了十进制、二进制之外，为了便于编程和书写方便，还引入了八进制和十六进制。根据二进制转换为十进制的方法，可以得出任意进制转换为十进制都是"按位权值展开求和"，而依照十进制转换为二进制的方法，可以得出十进制整数转换为任意进制整数的方法为"除基数（2、8、16 等）取余"法，十进制小数转换为任意进制小数的方法为"乘基数取整"法。

例 1-6　将十进制数 100.5 转换为十六进制数。

解：100.5D=64.8H

$$
\begin{array}{llll}
16 & | 100 & 4 & 0.5 \\
16 & | 6 & 6 & \times \quad 16 \\
& 0 & & 8 \quad 8
\end{array}
$$

例 1-7　将八进制数 52 转换为十进制数。

解：$52Q = 5 \times 8^1 + 2 \times 8^0 = 42D$

3. 二进制与八进制之间的转换

由于八进制数的基数 8 是二进制数的基数 2 的 3 次幂，1 位八进制数 0~7 的 8 个数值，正好对应 3 位二进制数能表示的数值范围，因此可得出二进制转换为八进制的方法是"3 位压缩成 1 位"，从小数点开始，整数部分从右向左 3 位一组压缩成 1 位，小数部分从左向右 3 位一组压缩成 1 位，不足 3 位的用 0 补足。那么八进制转换为二进制的方法则是"每 1 位按 3 位展开"。

例 1-8　将二进制数 11011.101 转换为八进制数。

解：$(11011.101)_2 = (33.5)_8$

$$
\begin{array}{ccc}
\underline{011} & \underline{011.} & \underline{101} \\
3 & 3. & 5
\end{array}
$$

例 1-9　将八进制数 547.6 转换为二进制数。

解：547.6Q=101100111.110B

5	4	7.	6
101	100	111.	110

4. 二进制与十六进制之间的转换

由于十六进制数的基数 16 是二进制数的基数 2 的 4 次幂，1 位十六进制数 0～9、A～F 的 16 个数值，正好对应 4 位二进制数能表示的数值范围，因此可得出二进制转换为十六进制的方法是"4 位压缩成 1 位"，从小数点开始，整数部分从左向右 4 位一组压缩成 1 位，小数部分从右向左 4 位一组压缩成 1 位，不足 4 位的用 0 补足。而十六进制转换成二进制的方法则是"每 1 位按 4 位展开"。

例 1-10　将二进制数 10011110.101 转换为十六进制数。

解：10011110.101B=9E.AH

1001	1110.	1010
9	E.	A

例 1-11　将十六进制数 86.CF 转换为二进制数。

解：86.CFH=10000110.11001111B

8	6.	C	F
1000	0110.	1100	1111

1.4.4　数的存储单位

人们在购买手机时，比较关注手机配置中关于存储卡容量的信息，如 4GB、6GB 或 8GB 等，GB 代表的是数据在计算机中的一种存储单位，常见的存储单位有以下几种。

1）位：记为 bit，也称为比特或 b，它是计算机中表示数据的最小单位，用 0 或 1 表示的一个二进制位。

2）字节：记为 Byte 或 B，是数据存储中最常用的基本单位，是大多数现代计算机的最小存储单元和传输单元。1 字节由 8 个二进制位构成。以此为基础，还使用了其他的单位，如 KB、MB、GB 等，它们之间的数量级按照 1024（2^{10}）倍递增。

$$1B=8bit$$
$$1KB=1024B=2^{10}B$$
$$1MB=1024KB=2^{20}B$$
$$1GB=1024MB=2^{30}B$$
$$1TB=1024GB=2^{40}B$$
$$1PB=1024TB=2^{50}B$$

3）字：记为 word 或 w，是信息进行存取、加工和传送的数据长度。一个字通常由一个或多个（一般是字节的整数位）字节构成。例如，奔腾 IV 代计算机中的一个字由 4 字节组成。

4）字长：在计算机中 CPU 能够处理的二进制的位数。例如，奔腾 IV 代计算机中的字是 4 字节，字长为 32 位。一般情况下，字长越大代表计算机的运算精度与性能越高，处理信息和数据也越快。

1.4.5　计算机中数值信息的表示

计算机中的数据一般可以分为两大类，一类为数值型数据，另一类为非数值型数据。此小节主要介绍第一类数据。

在数学概念中，数值型数据的长度是参差不齐的，需要多少位就写多少位，而且数据有正负号之分，数据也有小数点，如-123、+3.1415、0.52 等。因此，在计算机中，表示一个数值型的数据，应该从长度、符号和小数点等 3 个方面进行考虑。

数据的长度：为了方便存储和处理数据，在计算机中同一类型的数据具有相同的数据长度，与数据的实际长度无关，不足的部分用"0"填充。由于存储数据的基本单位是字节，因此数据长度是一个字节长度的整数倍。

数据的符号：由于数据有正负号之分，在计算机中用"0"表示正，用"1"表示负，数据的符号位于数的最高位（左边第一位）的位置。

小数点的位置：在计算机中表示数值型数据，其小数点的位置总是隐含的，即约定小数点的位置，这样可以节省存储空间。

1. 有符号数的表示方法

在计算机中，对数据的表示方法称为数据的编码。对于有符号的数据，将符号数字化而得到的数值表示称为机器数，也称为原码表示法，相应的原始带符号的数值称为真值。

例如，二进制数+0001001 表示真值，00001001 为机器数或原码；二进制数-0001001 表示真值，10001001 为机器数或原码。

以上例子中，原码的数据长度用 8 位二进制（1 字节）表示，不足的部分用"0"填充。

原码的表示方式和十进制的表示方法一致，最高位为符号位，后面是数字位，简单直观，容易理解，但是做加法和减法运算时较为复杂，主要有两个缺点：第一，要对符号位和绝对值的大小进行判断；第二，数值"0"的表示形式不唯一，以 8 位二进制表示数据长度，"+0"的原码表示为"00000000"，"-0"的原码表示为"10000000"。为了简化运算和精确表示数据，引入了新的机器数表示形式"补码"。

为了理解补码，首先要掌握数学概念中"模"的含义。模是一个数，它规定了计数范围的上界。时钟的计数范围是 0~11，它的模为 12。当时针达到 12 时，计数从 0 开始。假如现在时针指向 10 点，需要它指向 3 点，可以有两种方法实现：一种做加法，将时针沿顺时针方向拨 5 个小时，即(10+5) mod 12=3（mod 为求余运算）；另一种做减法，将时针逆时针方向拨 7 个小时，即(10-7) mod 12=3。由此可见，减法与加法运算的效果是一样的，即 5 是-7 的补数，在计算机中称为补码。

补码的引入，简化了运算规则，使算术运算中减法运算能用补码加法实现，因此在物理设计上只要有加法电路及补数电路即可完成各种有符号数的加法及减法运算。原码和补码是现代计算机中实际使用的编码，为了计算补码，引入了反码，它是一种辅助编码，在计算机中不直接使用。

正数的原码、反码和补码相同。负数的反码在原码基础上，符号位不变，数字位部分按位取反，0 变为 1，1 变为 0，补码是在反码的基础上加 1 得到的。

例 1-12 计算+10 和-12 在计算机中的补码形式（假设数据长度为 8 位二进制）。

解：+10 的原码为 00001010，反码为 00001010，补码为 00001010。

　　-12 的原码为 10001100，反码为 11110011，补码为 11110100。

例 1-13 计算 3-2 的结果。

解：3 的补码为 00000011，-2 的补码为 11111110。

```
      00000011
  +   11111110
    100000001
```

00000001 正好是+1 的补码，由于数据只有 8 位，因此产生的最前面的 1 属于正常溢出，应舍去。

2. 带小数点的数的表示方式

在二进制数中，小数点只有一个，不能像正号和负号一样进行数字化表示，所以只能通过计数确定小数点的位置。但是小数点的位置可以是固定的，也可以是变化的，对于定点格式表示的数据称为定点数，无须对小数点位置进行计数，而对于小数点位置不确定的数据称为浮点数。

（1）定点数

定点数包括定点整数和定点小数。

定点整数的小数点位置约定在最低数值的后面。定点小数是纯小数，小数点位于所有数字的前面（整数部分的 0 可以省略），符号位之后。由于小数点位置是固定的，所以小数点在数据表示时是隐含不显示的。一个定点数只包含一个编码，这个编码可以是原码或补码。

例 1-14 假设计算机使用的定点数的长度是 2 字节，求十进制整数-100 和 100 在计算机中的表示形式。

解：-100 是有符号的数据，所以在内存中存放的是补码，因此-100 的表示形式为

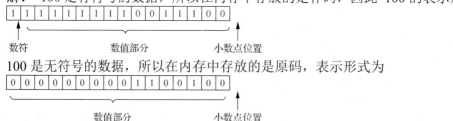

100 是无符号的数据，所以在内存中存放的是原码，表示形式为

例 1-15 同例 1-14 定点数的长度不变，求十进制小数+0.25 在计算机内的表示形式。

解：+0.25D=+0.01B

通过以上两个例子可以看出，用定点格式表示的整数和纯小数，在形式上没有区别。一个定点数表示的是整数还是小数，取决于如何解释它。

（2）浮点数

浮点数是指除了整数和纯小数之外的数值数据，这些数的小数点位置不确定，在表示时需要记录小数点的位置，科学计数法提供了一种经济有效的方法来记录小数点的位置。

对于任意的 R 进制数 N，都可以表示为 $N=M×R^E$，其中 M 称为尾数，E 称为阶码。例如，十进制数 3.14，可以表示为 $3.14=3.14×10^0=0.314×10^1=31.4×10^{-1}$。

二进制数 1011.101，可以表示为 $1011.101=1.011101×2^{11}=0.1011101×2^{100}=10111.01×2^{-1}$。

当进制 R 固定不变时，可以省略，小数点的位置由阶码 E 调节。所以，一个浮点数由尾数和阶码两部分组成，其中尾数是纯小数，其格式与定点小数相同，用原码或补码表示；阶码是整数，其格式等同于定点整数，用补码表示，如图 1-15 所示。

阶符	阶码	尾符	尾数

图 1-15　浮点数的格式

通常为了在结果中保留更多的有效数字，提高运算精度，浮点数一般将尾数进行规格化，即将非 0 的尾数最高位数字规格化为 1。

假如一个浮点数用 4 字节表示，其中阶符和阶码占 1 字节，尾符和尾数占 3 字节，则十进制数 100.25 在计算机内的表示形式为 $(100.25)_{10}=(1100100.01)_2=(0.110010001)_2×2^{111}$。

0	0000111	0	110010001000000000000000

值得一提的是，具有相同字节数表示的浮点数的精度和范围都远远大于同等长度表示的定点数，这是浮点数的优越之处。但是在运算规则上，定点数比浮点数简单，容易实现。所以，一般计算机中同时具有这两种表示方法，视具体情况进行选择。

1.4.6　计算机中字符信息的表示

前面已经介绍了数值型数据在计算机中的表示，另一类非数值型数据在计算机中也需要进行相应的数字化编码才能被计算机存储、处理和传送。非数值型数据包括中英文字符、声音、图像和视频等，下面主要介绍字符在计算机中的表示。

1. 英文字符的编码

在英文输入法状态下通过键盘输入各种英文字符，每一个字符在计算机中的表示是唯一的，这种表示方式称为 ASCII 码（American Standard Code for Information Interchange，美国信息交换标准码），由美国国家标准学会（American National Standards Institute，ANSI）于 1968 年制定。

ASCII 码由 7 位二进制组成，由于在计算机中数据表示的基本单位是 1 字节，因此 ASCII 码在计算机中占用 1 字节，最高位恒为 0，所以 ASCII 码能够编码 2^7 即 128 个符号，其中包括控制符、通信专用字符、十进制数字符号、大小写英文字符、运算符和标点符号等，如表 1-6 所示。

表 1-6 ASCII 码编码表

$b_3b_2b_1b_0$	$b_7b_6b_5b_4$							
	0000	0001	0010	0011	0100	0101	0110	0111
0000	NUL	DLE	SP	0	@	P	`	p
0001	SOH	DC1	!	1	A	Q	a	q
0010	STX	DC2	"	2	B	R	b	r
0011	ETX	DC3	#	3	C	S	c	s
0100	EOT	DC4	$	4	D	T	d	t
0101	ENQ	NAK	%	5	E	U	e	u
0110	ACK	SYN	&	6	F	V	f	v
0111	BEL	ETB	'	7	G	W	g	w
1000	BS	CAN	(	8	H	X	h	x
1001	HT	EM	)	9	I	Y	i	y
1010	LF	SUB	*	:	J	Z	j	z
1011	VT	ESC	+	;	K	[	k	{
1100	FF	FS	,	<	L	\	l		
1101	CR	GS	-	=	M	]	m	}
1110	SO	RS	.	>	N	↑	n	~
1111	SI	US	/	?	O	↓	o	DEL

在表 1-6 中，第一行表示编码表中的高 4 位，第一列表示低 4 位，一个字符所在行列的高 4 位和低 4 位编码组合起来即为该字符的 ASCII 编码。

例 1-16 查表 1-6，分别用二进制、十六进制和十进制写出 "China" 的 ASCII 码表示。

解：

	C	h	i	n	a
二进制	01000011	01101000	01101001	01101110	01100001
十六进制	43	68	69	6E	61
十进制	67	104	105	110	97

通过以上例子可以得出，大小写字母可以用某个对应的十进制数字表示，如大写字母 "A" 的 ASCII 码十进制表示为 65，小写字母 "a" 的 ASCII 码十进制表示为 97，根据这两个数字之间的运算关系（加减 32）可以通过编程轻松地实现大小写字母的互换。还有数字字符 "0" 和数字 0 之间的区别与联系，也蕴含着字符型数字与数值型之间的相互转换关系。

2. 汉字字符编码

前面介绍基本的英文字符共有 128 个，所以可以把所有的字符都放在键盘上，但是汉字就不同了，常用的汉字超过 6000 个，将这么多汉字放在键盘上是不可能的，因此就需要利用现有的键盘来输入汉字，对每一个汉字编一个西文键盘输入码，使汉字与键盘建立对应关系。汉字输入计算机内部形成机内码，最后为了显示或打印汉字，还需为每个汉字编制一个汉字字形码。

（1）汉字输入码（外码）

汉字输入码又称外码，指用户从键盘上输入代表汉字的编码，一般由键盘上的字母和数字描述。目前已经有很多种汉字输入码，主要分为音码（根据汉字的发音输入，如全拼输入法）、形码（根据汉字的字形输入，如五笔字型输入法）和混合码（根据汉字的发音和字形混合输入，如自然码）三大类。

（2）区位码

1981 年，我国颁布了《信息交换用汉字编码字符集 基本集》（GB 2312—1980），又称国标码。它共包含 6763 个常用汉字（其中一级汉字 3755 个，二级汉字 3008 个），以及英、俄、日文字母及其符号共 687 个。

《信息交换用汉字编码字符集 基本集》（GB 2312—1980）规定，全部国标汉字与图形符号组成一个 94×94 的矩阵，矩阵的行称作"区"、列称作"位"。这样就形成了 94×94（01 位～94 位）的汉字字符集。每个汉字由区码和位码唯一定位，前两位数字为"区码"，独立占 1 字节，后两位数字为"位码"，也独立占 1 字节，这种代码称为"区位码"，也就是说，一个汉字在计算机中占 2 字节。例如，汉字"啊"的区码是 16、位码是 01，所以它的区位码用十进制表示为"1601D"。区位码一般用十六进制表示，所以"啊"的区位码十六进制数为"1001H"。

（3）国标码（交换码）

由于在制定 GB 2312—1980 时，将 ASCII 中的可打印字符，也就是英文字母、数字和符号部分（33～126，127 为不可打印的 DEL）重新编入 GB 2312—1980 中，并且以 2 字节来表示，称为全角字符。但是对于 ASCII 中前 32 个控制字符（ASCII 码为 0～31）和第 33 个空格字符（ASCII 码为 32）等 33 个不可打印字符的编码则直接沿用，不再重新编码。因为要保留这 33 个编码，为了不和这些字符相冲突，区位码必须向后偏移 32（区位码均是从 1 开始计数），即所有汉字的区码和位码都必须同时加上 32D 或 20H，这样就得到了国标码。

（4）机内码（内码）

理论上，国标码可以作为汉字的机内编码，但是为了避免与英文字符的编码混淆，因为可能会误将一个汉字编码视为两个西文字符的编码，从而出现乱码，所以需要对国标码进行修改才能作为汉字的机内编码。

前面提到的汉字"啊"的国标码为"3021H"（区码和位码各加 20H），它的高位字节与控制字符"CAN"相冲突，低位字节与控制字符"CD1"相冲突，因此，为了避免与 ASCII 码冲突，规定国标码中的每字节的最高位都从 0 换成 1，即相当于每字节都再加上 80H，从而得到国标码的机内码表示，简称内码。

（5）字形码

显示或打印汉字时，将汉字按图形符号设计成点阵图，这就是汉字的字形编码或字形码。也就是用 0、1 表示汉字的字形，将汉字放入 n 行 n 列的正方形（点阵）内，该正方形共有 n^2 个小方格，每个小方格用 1 位二进制表示，凡是笔画经过的方格值为 1，未经过的值为 0。根据显示或打印的质量要求，汉字字形点阵编码由 16×16、32×32、64×64 等不同密度的点阵编码，点数越多，显示或打印的字体越美观，但编码占用的存储空间也越大。

例如，用 16×16 点阵表示中国的"中"字，就是将汉字"中"字用 16 行，每行 16 个点表示，一个点需要 1 位二进制代码，16 个点需要用 16 位二进制代码（即 2 字节），共 16 行，所以需要 16 行×2 字节/行=32 字节，即字形码需用 32 字节。因此，字节数=点阵行数×（点阵列数/8)。如图 1-16 所示，为"中"字的 16×16 点阵式和十六进制字形编码。

```
○○○○○○○○●●○○○○○○    0 1 8 0
○○○○○○○○●●○○○○○○    0 1 8 0
○○○○○○○○●●○○○○○○    0 1 8 0
○○○○○○○○●●○○○○○○    0 1 8 0
○●●●●●●●●●●●●●●○    7 F F E
○●○○○○●●○○○○●●○    6 1 8 6
○●○○○○●●○○○○●●○    6 1 8 6
○●○○○○●●○○○○●●○    6 1 8 6
○●○○○○●●○○○○●●○    6 1 8 6
○●●●●●●●●●●●●●●○    7 F F E
○○○○○○○○●●○○○○○○    0 1 8 0
○○○○○○○○●●○○○○○○    0 1 8 0
○○○○○○○○●●○○○○○○    0 1 8 0
○○○○○○○○●●○○○○○○    0 1 8 0
○○○○○○○○●●○○○○○○    0 1 8 0
○○○○○○○○●●○○○○○○    0 1 8 0
```
16×16 点阵式　　　十六进制字形编码

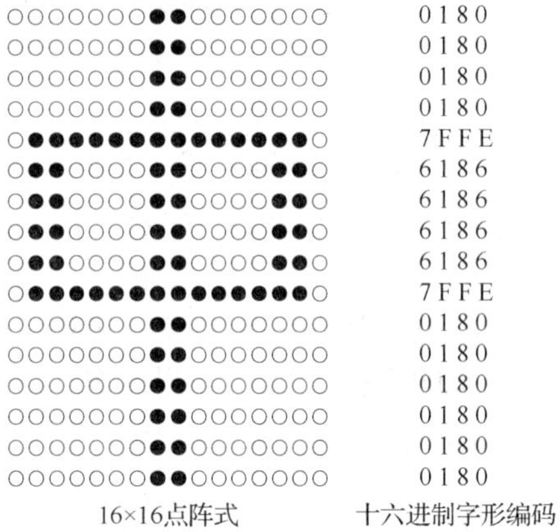

图 1-16　16×16 点阵式和十六进制字形编码

3. Unicode 编码

用计算机进行中文交流时，不同的地区或国家的语言编码系统不同，可能会导致中文编码在地区与地区或国与国之间信息交换时出现不兼容或乱码的问题，为了较好地解决这个问题，Unicode 编码应运而生。

Unicode 编码为每种语言中的每个字符设定了统一且唯一的二进制编码，以满足跨语言、跨平台进行文本转换、处理的要求，所以又称统一码或万国码。

Unicode 编码共有 3 种具体实现，分别为 utf-8、utf-16、utf-32。其中，utf-8 占用 1～4 字节；utf-16 占用 2 或 4 字节；utf-32 占用 4 字节。目前，Unicode 编码在全球范围的信息交换领域均有广泛的应用。

本 章 小 结

本章从第一台通用电子数字计算机 ENIAC 的诞生开始，介绍了计算机的起源及其发展历程，对不同发展阶段的计算机特点进行了对比，总结了计算机的整体发展趋势，在此基础上对计算机进行了分类。针对电子计算机与传统计算工具相比较具有的各项特点和优势，这些特点和优势能够满足不同的应用需求，介绍了计算机在社会生产和生活中的不同应用情况。同时，从计算机系统的组成和结构出发，介绍了计算机的基本工作原理，重点以微型计算机为例介绍了微型计算机系统硬件组成，各部件的外观、功能和主要性能参数，并提出了衡量微型计算机性能的各项具体指标。为了更好地理解和掌握计算机系统的相关知识，本章还详细介绍了进制之间的转换，数字和中英文字符等数据在计算机中的表示、转换和存储。本章内容为读者学习后续的计算机软硬件相关知识打下了一定的基础。

习题 1

一、选择题

1. 世界上第一台通用电子数字计算机取名为（　　）。
   A. UNIVAC　　　　B. EDSAC　　　　C. ENIAC　　　　D. EDVAC

2. 计算机发展阶段的划分通常是按计算机所采用的（　　）。
   A. 内存容量　　　　　　　　　B. 电子器件
   C. 程序设计语言　　　　　　　D. 操作系统

3. 大规模和超大规模集成电路芯片组成的微型计算机属于现代计算机阶段的（　　）。
   A. 第一代产品　　　　　　　　B. 第二代产品
   C. 第三代产品　　　　　　　　D. 第四代产品

4. 个人计算机属于（　　）。
   A. 小型计算机　　　　　　　　B. 大型计算机
   C. 巨型计算机　　　　　　　　D. 微型计算机

5. 从第一代计算机到第四代计算机的体系结构称之为（　　）体系结构。
   A. 阿兰·图灵　　　　　　　　B. 罗伯特·诺依斯
   C. 比尔·盖茨　　　　　　　　D. 冯·诺依曼

6. 早期计算机的主要应用是（　　）。
   A. 科学计算　　　B. 信息处理　　　C. 实时控制　　　D. 辅助设计

7. 用来表示计算机辅助教学的英文缩写是（　　）。
   A. CAD　　　　　B. CAM　　　　　C. CAI　　　　　D. CAT

8. 计算机存储器的基本单位是（　　）。
   A. KB　　　　　　B. MB　　　　　C. Byte　　　　　D. GB

9. 在微型计算机中，应用最普遍的字符编码是（　　）。
   A. BCD 码　　　　B. 补码　　　　　C. ASCII 码　　　D. 汉字编码

10. 微型计算机中最小的数据单位是（　　）。
    A. ASCII 码字符　　　　　　　B. 字符串
    C. 字节　　　　　　　　　　　D. bit

11. 7 位二进制数码共可表示（　　）个 ASCII 字符。
    A. 127　　　　　B. 128　　　　　C. 255　　　　　D. 256

12. 利用计算机来模仿人的高级思维活动称为（　　）。
    A. 自动控制　　　　　　　　　B. 人工智能
    C. 计算机辅助系统　　　　　　D. 数据处理

13. 在存储一个汉字机内码的 2 字节中，每字节的最高位分别是（　　）。
    A. 0 和 1　　　　B. 1 和 1　　　　C. 0 和 0　　　　D. 1 和 0

14. 汉字在计算机系统内存储使用的编码是（　　）。
    A. 输入码　　　　B. 机内码　　　　C. 点阵码　　　　D. 地址码

15. 一个完整的计算机系统由（　　）组成。
    A. 主机、键盘和显示器　　　　　B. 系统软件与应用软件
    C. 硬件系统与软件系统　　　　　D. 中央处理器

16. 主机由（　　）组成。
    A. 运算器、存储器和控制器　　　B. 运算器和控制器
    C. 输入设备和输出设备　　　　　D. 存储器和控制器

17. 电子计算机的工作原理是（　　）。
    A. 采用总线结构　　　　　　　　B. 采用集成电路
    C. 存储和程序控制　　　　　　　D. 采用外存储设备

18. CPU 是计算机硬件系统的核心，它是由（　　）组成的。
    A. 运算器和存储器　　　　　　　B. 控制器和存储器
    C. 运算器和控制器　　　　　　　D. 加法器和乘法器

19. CPU 中运算器的主要功能是（　　）。
    A. 负责读取并分析指令　　　　　B. 算术运算和逻辑运算
    C. 指挥和控制计算机的运行　　　D. 存放运算结果

20. 计算机的存储系统通常包括（　　）。
    A. 内存储器和外存储器　　　　　B. 软盘和硬盘
    C. ROM 和 RAM　　　　　　　　D. 内存和硬盘

21. 存取周期最短的存储器是（　　）。
    A. 硬盘　　　　　B. 内存　　　　　C. 软盘　　　　　D. 光盘

22. ASCII 编码使用（　　）位二进制数对 1 个字符进行编码。
    A. 2　　　　　　　B. 4　　　　　　C. 7　　　　　　D. 8

23. 下列说法中，只有（　　）是正确的。
    A. ROM 是只读存储器，其中的内容只能读一次，下次再读就读不出来了
    B. 硬盘通常安装在主机箱内，所以硬盘属于内存
    C. CPU 不能直接与外存打交道
    D. 任何存储器都有记忆能力，即其中的信息永远不会丢失

24. 计算机软件系统一般包括（　　）。
    A. 实用软件、高级语言软件与应用软件
    B. 系统软件、高级语言软件与管理软件
    C. 培训软件、汇编语言与源程序
    D. 系统软件与应用软件

25. 操作系统是一种（　　）。
    A. 目标程序　　　　　　　　　　B. 应用支持软件
    C. 系统软件　　　　　　　　　　D. 应用软件

26. 在计算机软件系统中，用来管理计算机硬件和软件资源的是（　　）。
    A. 程序设计语言　　　　　　　　B. 操作系统
    C. 诊断程序　　　　　　　　　　D. 数据库管理系统

27. 计算机能直接执行的程序是（　　）。
    A. 机器语言程序　　　　　　　　B. BASIC 语言程序
    C. C 语言程序　　　　　　　　　D. 高级语言程序

28. "64 位微型计算机"中的 64 指的是（　　）。
    A. 微机型号　　　B. 内存容量　　　C. 存储单位　　　D. 机器字长

29. 下列 4 组数应依次为二进制、八进制和十六进制，符合这个要求的是（　　）。
    A. 11、10、DF　　　　　　　　　B. 12、11、2D
    C. 11、82、12　　　　　　　　　D. 21、01、12

30. 将微型计算机的主机与外部设备相连的是（　　）。
    A. 总线　　　　　B. 磁盘驱动器　　C. 内存　　　　　D. 输入输出接口电路

31. 微型计算机内存储器是按（　　）。
    A. 二进制位编址　　　　　　　　B. 字节编址
    C. 字长编址　　　　　　　　　　D. CPU 型号不同而编址不同

32. 在微型计算机中，访问速度最快的存储器是（　　）。
    A. 硬盘　　　　　B. U 盘　　　　　C. 光盘　　　　　D. 内存

33. 计算机的内存容量通常是指（　　）。
    A. RAM 的容量　　　　　　　　　B. RAM 和 ROM 的容量总和
    C. 软盘与硬盘的容量总和　　　　　D. RAM 和 ROM 及软盘和硬盘的容量总和

34. 腾讯 QQ 属于（　　）。
    A. 系统软件　　　　　　　　　　B. 应用软件
    C. 数据库管理系统　　　　　　　　D. 字处理软件

35. 1GB 等于（　　）。
    A. 1024KB　　　B. 1024MB　　　C. 1024×1024　　D. 1024

36. 在一般情况下，磁盘中存储的信息在断电后（　　）。
    A. 不会丢失　　　B. 全部丢失　　　C. 大部分丢失　　D. 局部丢失

37. 如果设汉字点阵为 32×32，那么 100 个汉字的字形信息所占用的字节数是（　　）。
    A. 6400　　　　　B. 9600　　　　　C. 12800　　　　　D. 25600

38. 用来表示计算机辅助设计的英文缩写是（　　）。
    A. CAI　　　　　B. CAD　　　　　C. CAM　　　　　D. CAT

39. 8 倍速 CD-ROM 驱动器的数据传输速率为（　　）。
    A. 300KB/s　　　B. 600KB/s　　　C. 900KB/s　　　D. 1.2MB/s

40. 机器字长为 64 位，如果一个整数在内存中占 2 字节空间，那么十进制整数 10 在计算机中的具体表示形式为（　　）。
    A. 0000000000001010　　　　　　B. 00001010
    C. 1010　　　　　　　　　　　　D. 0000000000001001

二、解答题

1. 将下列二进制数转换成十进制数。
   （1）1111.101　　　　　　（2）101001.01

2．将下列十进制数分别转换为二进制数、八进制数、十六进制数。

（1）100.25　　　　　（2）90.75

3．将下列二进制数分别转换为八进制数、十六进制数。

（1）1110101101　　　（2）110111011.1101101

4．将下列八进制数、十六进制数转换为二进制数。

（1）（126.2）$_8$　　　　（2）（28AEC.3D）$_{16}$

5．试分别求下面数值型数据的原码、反码和补码（设机器码为 8 位二进制数）。

（1）1　　　　　　　（2）–1

三、简答题

1．冯·诺依曼理论的要点是什么？

2．未来新型计算机主要有哪些？

3．计算机中为什么要采用二进制？

4．计算机硬件系统由哪几部分组成？

5．编译方式和解释方式有什么区别？

6．主板主要包含哪些部件？

7．高速缓冲存储器的作用是什么？

8．微型计算机中的 ROM 和 RAM 的区别是什么？

9．什么是总线？按总线传输的信息特征可将总线分为哪几类？

10．衡量微型计算机的主要性能指标有哪些？

习题 1 参考答案

第2章　操作系统基础

随着人们生活水平的不断提高，计算机已逐渐成为现代家庭电器的标准配置之一，俨然成为人们生活中不可或缺的一部分。不管是台式计算机，还是笔记本式计算机，它们均需要预装操作系统才能被使用。

2.1　操作系统简介

2.1.1　操作系统的发展

回顾操作系统的发展，将非常有助于人们理解以下 3 个问题：计算机为什么需要操作系统？操作系统是什么？操作系统有什么用？

1. 手工操作

世界上第一台通用电子数字计算机于 1946 年诞生时，还不存在"操作系统"这一概念。当时，操作计算机还只是一项只能由计算机科学家在实验室里才能完成的工作，如图 2-1 所示。

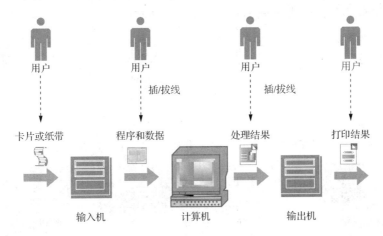

图 2-1　手工操作流程图

用户首先需要利用穿孔的卡片或纸带将程序或数据以手工方式装入输入机，通过输入机输入计算机内存中；之后，用户需以手工方式来启动程序以处理数据。由于计算机处理数据一般需要一段时间，因此，在此过程中，用户只能等待；计算机处理完数据后，一般会通过输出机打印处理结果；最后，用户才能以手工方式取走处理结果。至此，用户操作计算机来处理数据的整个过程才结束。

上述的手工操作全靠人力完成，有时虽然计算机处理只需几分钟，但"插/拔线"这项工作却需要好几天，如图 2-2 所呈现的即是当时人工插/拔线时的情景。

图 2-2 人工插/拔线示意图

基于以上描述，这种"纯手工操作"方式有两个明显的缺点：①一台计算机被一个用户独占，多个用户只能排队轮流使用同一台计算机，其资源利用率非常低；②因为 CPU 的运行速度比用户的手工操作速度要快得多，故而在用户操作计算机的过程中，大部分时间里 CPU 都在等待用户的手工操作，使计算机的 CPU 不能被充分利用。

到了 20 世纪 50 年代后期，随着当时硬件制造水平的不断提升，计算机 CPU 的运行速度也越来越快，这使计算机运行的高速度和用户手工操作的慢速度之间的矛盾变得更加尖锐。

2. 批处理系统

"手工操作"方式已经严重地降低了系统资源的利用率，为了解决这个问题，人们想出了一种可行的解决方案——批处理系统，如图 2-3 所示。

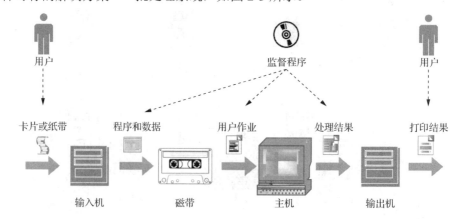

图 2-3 批处理系统流程图

人们在主机和输入机间增加一个存储设备——磁带，并在主机上加载和运行一个软件——监督程序；让监督程序控制主机，使主机能自动、成批地将输入机上的用户作业读入磁带，并依次将磁带上的用户作业读入主机内存逐一进行数据处理；待数据全部处理完成后，在输出机上，会依次输出处理结果，以便用户能取走使用；在完成上一批作业后，监督程序就会将另一批作业从输入机上读入磁带中，并按照上述步骤重复处理。

由于磁带录入到主机中的速度比从输入机通过纸带方式录入的速度要快得多，而且避免了人机直接进行交互，因此直接减少了作业建立及衔接的时间，从而有效地提高了计算机的资源利用率，最终在一定程度上缓解了上述的"人机矛盾"。

但该方案仍然存在一个问题：在作业输入和结果输出期间，计算机的 CPU 处于空闲和无事可做的状态，这就产生了新的矛盾——CPU 的运行速度太快，而 I/O 设备的运行速度太慢。

3. 脱机批处理系统

鉴于上述批处理系统的缺点，人们又提出了另外一种解决方案——脱机批处理系统，如图 2-4 所示。

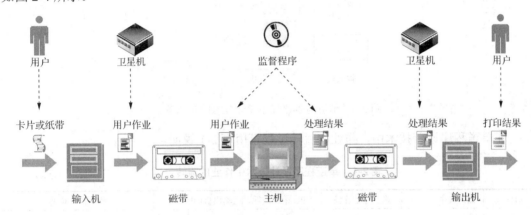

图 2-4　脱机批处理系统流程图

对比图 2-4 和图 2-3 可知：图 2-4 中多了一个模块——卫星机。该卫星机不与主机相连，但具有操控能力，其作用主要有两个：①从输入机读入用户作业至磁带，以便主机读入和处理；②从磁带上取出处理结果传给输出机。正是因为引入了卫星机，高速的 CPU 就不需要与慢速的 I/O 设备直接交互，只需与高速的磁带进行交互，而将该工作交由卫星机全权负责。这样 CPU 和卫星机分工明确、各尽其责，两者可以同时并行处理，从而充分地利用了主机的 CPU 计算能力，提高了整个系统的资源利用率。

这一方案被称为脱机批处理系统，而之前未加入卫星机的方案被称为联机批处理系统。

但是到了 20 世纪 60 年代后，随着应用的广泛进行，脱机批处理系统也暴露了新的问题：每次上机作业时，由于在主机的内存中仅能存放一道作业，一旦作业需要进行输入或输出，高速的 CPU 便不得不等待低速的 I/O 操作，从而无事可做，这严重地浪费了系统的资源。

4. 多道批处理系统

上述问题产生的根本原因在于：①相对 CPU 而言，I/O 操作速度太慢；②在主机内存中仅能存放一道作业。

于是，可以从这两个方面解决这一问题：①采取一切措施进一步提高 I/O 操作的速度，尽管不能完全解决存在的问题（因无论怎么提高 I/O 操作的速度，它始终都会慢于 CPU 的速度，这是两者的功能定位和硬件制造工艺等因素所决定的），但至少可以改善上述矛盾；②将多个作业同时放入主机内存，使它们在监督程序的控制下，相互穿插、交替在 CPU 运行。此方案称为多道程序设计技术，而之前的方案则称为单道程序设计技术。

可用如图 2-5 所示的实例来理解多道程序设计技术。图中，时间轴上任意两刻度之间的距离为一个时间单位，假设为 1s（即图中 t_2 值和 t_1 值之差为 1s）。假设在 t_0 时刻有作业 A、作业 B 两个作业依次需要被处理，且每个作业的处理流程及所需时间分别是，阶段①（输入，1s）→阶段②（处理，1s）→阶段③（输出，1s）→阶段④（处理，1s）→阶段⑤（输出，1s）。

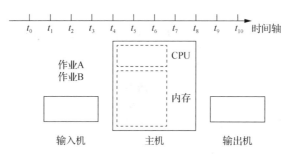

图 2-5　单道与多道程序设计技术的对比解释

在单道程序设计技术中，作业的流转过程可用表 2-1 说明。

表 2-1　单道程序设计技术中作业的流转过程

时间段	输入机中的作业	内存中的作业	CPU 中的作业	输出机中的作业	作业流转说明
$[t_0, t_1]$	作业 A		无	无	作业 A 的阶段①
$[t_1, t_2]$	无	作业 A		无	作业 A 的阶段②
$[t_2, t_3]$	无	无	无	作业 A	作业 A 的阶段③
$[t_3, t_4]$	无	作业 A		无	作业 A 的阶段④
$[t_4, t_5]$	无	无	无	作业 A	作业 A 的阶段⑤
$[t_5, t_6]$	作业 B		无	无	作业 B 的阶段①
$[t_6, t_7]$	无	作业 B		无	作业 B 的阶段②
$[t_7, t_8]$	无	无	无	作业 B	作业 B 的阶段③
$[t_8, t_9]$	无	作业 B		无	作业 B 的阶段④
$[t_9, t_{10}]$	无	无	无	作业 B	作业 B 的阶段⑤

由表 2-1 可知：输入机的工作时间段为 $[t_0, t_1]$、$[t_5, t_6]$；CPU 的工作时间段为 $[t_1, t_2]$、$[t_3, t_4]$、$[t_6, t_7]$、$[t_8, t_9]$；输出机的工作时间段为 $[t_2, t_3]$、$[t_4, t_5]$、$[t_7, t_8]$、$[t_9, t_{10}]$。在工作时间段外，这些部件一直处于闲置状态，且工作时间相互间没有重叠。自始至终，内存存放至多一道作业。处理完两个作业共需 10s。

而在多道程序设计技术中，作业的流转过程可用表 2-2 说明。

表 2-2　多道程序设计技术中作业的流转过程

时间段	输入机中的作业	内存中的作业	CPU 中的作业	输出机中的作业	作业流转说明
$[t_0, t_1]$	作业 A		无	无	作业 A 的阶段①
$[t_1, t_2]$	作业 B		—	无	作业 A 的阶段②，同时作业 B 的阶段①
	无	作业 A			

续表

时间段	输入机中的作业	内存中的作业	CPU 中的作业	输出机中的作业	作业流转说明
$[t_2, t_3]$	无	作业 B		作业 A	作业 A 的阶段③， 同时作业 B 的阶段②
$[t_3, t_4]$	无	作业 A		作业 B	作业 A 的阶段④， 同时作业 B 的阶段③
$[t_4, t_5]$	无	作业 B		作业 A	作业 A 的阶段⑤， 同时作业 B 的阶段④
$[t_5, t_6]$	无	无	无	作业 B	作业 B 的阶段⑤

由表 2-2 可知：输入机的工作时间段为$[t_0, t_2]$；CPU 的工作时间段为$[t_1, t_5]$；输出机的工作时间段为$[t_2, t_6]$。在工作时间段外，这些部件一直处于闲置状态，且工作时间段相互间有重叠，在$[t_1, t_5]$时间段内，输入机、CPU 和输出机中至少有 2 个部件同时在工作。在$[t_1, t_2]$时间段内，内存同时存放 2 道作业。处理完 2 道作业共需 6s。

对比表 2-1 和表 2-2 可知：在多道程序设计技术中，用户可将多个作业存放到磁盘上，卫星机会将作业批量读入主机内存中（如表 2-2 中的$[t_0, t_2]$时间段内，读完作业 A，会立即读入作业 B），内存中可以同时存放多道作业（如表 2-2 中的$[t_1, t_2]$时间段内，同时存放作业 A 和作业 B）。虽然 CPU 在某个时刻只能处理一道作业，但当某一作业因 I/O 请求而放弃 CPU（如表 2-2 中的$[t_2, t_3]$时间段内，作业 A 放弃 CPU 转而进行输出操作）时，CPU可在监督程序的控制下自动运行另外一道存放在主存中的作业（如表 2-2 中的$[t_2, t_3]$时间段内，CPU 没有等待作业 A 而是处理作业 B），如此一来，CPU 不再会因为某道作业有 I/O 操作而空闲下来（在$[t_2, t_3]$及$[t_4, t_5]$这两个时间段内，表 2-1 中的 CPU 被闲置，但表 2-2 中的 CPU 没有被闲置）。也就是说，多道程序设计技术允许多个作业交替在 CPU 中运行，共享系统的各种软硬件资源。

多道程序设计技术不仅能充分利用 CPU，同时也能改善 I/O 设备和内存的利用率，从而能提高整个系统的资源利用率，能增加单位时间内处理作业的个数，能提高系统的"吞吐量"，最终能提高整个系统的效率。

基于批处理系统引入多道程序设计技术就形成了多道批处理系统。它具有以下两个优点：①多道，系统可同时装载、运行多个作业，这些作业宏观上并发运行，微观上交替运行；②成批，作业可成批装入系统运行。

随着应用的逐步深入，多道批处理系统又暴露出两个新问题：①无法进行人机交互。用户一旦装入作业后就无法进行干预，仅能等待着系统将该作业处理完成后得到结果，这为用户的使用带来不便。如表 2-2 中，在时间段$[t_1, t_2]$内，CPU 因正在处理作业 A 而不能响应用户的任何要求。文中假设该段时间仅为 1s，但它可以是 10min，甚至 1h。②单用户。因每个用户在整个作业的运行期间都独占了全机的全部资源，故资源的利用效率较低。随着计算机资源的丰富，如 CPU 速度的不断提高，这个缺点变得更加明显。例如，在表 2-2 中，作业 B 是在作业 A 处理完毕后才会有 CPU 响应，在用户看来，计算机处理的过程是串行的，必须一个用户接着一个用户地来使用计算机。

5. 分时系统

为了克服多道批处理系统暴露出的新问题，又引出了一种新的解决方案——分时技术。

可用如图 2-6 所示的实例来理解分时技术。图中时间轴上的时间单位较小（如 200ms），代表的是 CPU 的时间片。假设 t_0 时刻在内存中仅有 2 道作业（作业 A 和作业 B）正在等待 CPU 的处理，每道作业的处理时间均是 1s，且它们需按照作业 A、作业 B 的串行顺序来依次处理。此后，它们的处理过程描述如表 2-3 所示。

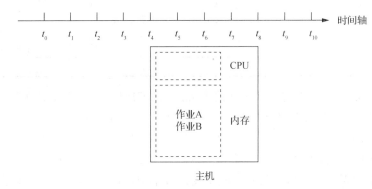

图 2-6　分时系统解释图

表 2-3　分时系统中的作业流转

时间段	CPU 处理的作业	内存中等待的作业
$[t_0,\ t_1]$	作业 A	作业 B
$[t_1,\ t_2]$	作业 B	作业 A
$[t_2,\ t_3]$	作业 A	作业 B
$[t_3,\ t_4]$	作业 B	作业 A
$[t_4,\ t_5]$	作业 A	作业 B
$[t_5,\ t_6]$	作业 B	作业 A
$[t_6,\ t_7]$	作业 A	作业 B
$[t_7,\ t_8]$	作业 B	作业 A
$[t_8,\ t_9]$	作业 A	作业 B
$[t_9,\ t_{10}]$	作业 B	作业 A

由表 2-3 可知，作业 A 分别在以下 5 个时间片内被执行：$[t_0,\ t_1]$、$[t_2,\ t_3]$、$[t_4,\ t_5]$、$[t_6,\ t_7]$、$[t_8,\ t_9]$，而作业 B 分别在以下 5 个时间片内被执行：$[t_1,\ t_2]$、$[t_3,\ t_4]$、$[t_5,\ t_6]$、$[t_7,\ t_8]$、$[t_9,\ t_{10}]$。

由此可得出，分时系统具有以下 4 个优点。

1）多任务、多用户。若干个作业可在同一台机器中微观上轮流运行，而宏观上并发运行。例如，在表 2-3 中的时间片 $[t_0,\ t_1]$ 内，CPU 中仅运行作业 A，而在下一个时间片 $[t_1,\ t_2]$ 内，CPU 中仅运行作业 B，这两个作业轮流运行，但在 $[t_0,\ t_{10}]$ 这一时间段内，它们是并发运行。

2）交互性。在作业运行过程中，用户可根据实际情况提出新的要求来完成人机交互。例如，在表 2-3 中，假设用户在 t_1 时刻对作业 A 有新要求，这一新要求会在时间片 $[t_2,\ t_3]$ 内被 CPU 处理，虽然用户需等待一个时间片（t_2-t_1=200ms），系统才会有响应，但该等待时间较短，因此在用户看来，系统能够进行及时交互。

3）独立性。作业之间可互相独立执行而互不干扰，如表 2-3 中运行的两个作业。

4）及时性。不难想象，若时间片设置过长或同时需处理的任务数过多，则每个用户等待的时间就会太长。例如，在表 2-3 中，若将时间片设置为 500ms，则用户在交互时需等待的时间依然是一个时间片，但此时变为 500ms。同理，倘若实例中有 10 个任务需被轮流执行，则用户在交互时需等待的时间会变成 9 个时间片。不难类推，若系统中有 N 个作业，时间片为 Δt，则此时用户需等待的时间为$(N-1) \times \Delta t$。显然，N 值越大或时间片越长，则用户等待的时间就越长。因此，及时性也是分时系统中一个非常重要的指标。

正因为有以上这些优点，分时系统成为当今应用最为广泛的操作系统。

6. 实时系统

在分时系统中，当需要处理的任务数过多时，每个任务需要等的时间就会变长，这一特点对于有些实时性要求非常高的场合是非常不合适的。例如，火炮的自动控制系统需要机器对任务不仅仅是及时响应，而应该是实时响应，即系统应该在收到指令后确保第一时间内执行指令，有着非常高的实时要求。

在这样的实时控制或实时信息处理等对时间敏感的应用场景中，当外界事件或数据产生时，要求系统能接收并以足够快的速度予以处理，其处理的结果又能在规定的时间之内来控制生产过程或对处理系统做出快速的响应。而对于这种需求，分时系统并不能确保一定满足。因此，针对这一应用场景又提出了一种新的解决方案，即实时操作系统。它具备有两个特点：相应的及时性和高可靠性。

2.1.2　主流操作系统

了解了操作系统的发展，下面介绍几个主流的操作系统。

1. Windows 操作系统

Windows 是微软公司推出的一系列操作系统，也是目前世界上使用最为广泛的个人计算机操作系统。它问世于 1985 年，起初只是 MS-DOS 之下的桌面环境，后续版本逐渐发展成为专门为个人计算机和服务器用户设计的操作系统。

随着计算机软硬件的不断升级，Windows 操作系统也在不断升级。其发展经历了从最初的 Windows 1.0，到 Windows 95、Windows 98、Windows 2000、Windows Me，再到现在大家所熟知的 Windows XP、Windows Vista、Windows 7、Windows 8、Windows 10，各版本持续不断更新。

需要注意的是，每一代 Windows 操作系统都会针对不同的市场需求、功能特性划分出多个版本。例如，Windows 10 有 7 个不同的版本：家庭版、专业版、企业版、教育版、移动版、移动企业版、物联网版。其各个版本之间存在一定的差异，也分别应用于不同的应用场合。

2. DOS 操作系统

Windows 操作系统最初是由 DOS 操作系统发展而来的。

1980～1981 年，西雅图计算机产品公司一名 24 岁的程序员蒂姆·帕特森（Tim Paterson）

用 4 个月的时间编写出了 86-DOS 操作系统。1981 年 7 月，微软公司以 5 万美元购得了该产品的全部版权，并将它更名为 MS-DOS。从 1980 年到 1995 年的 15 年间，DOS 在 IBM PC（personal computer，个人计算机）兼容机市场中占有举足轻重的地位。这期间，还有其他一些公司开发了一些与 MS-DOS 兼容的操作系统，如 DR-DOS、Free-DOS、PTS-DOS、ROM-DOS、JM-OS 等，但它们都有一个共同的名称——DOS 操作系统。

DOS 操作系统有以下两个主要特点：①它是一个单用户、单任务的操作系统；②它仅提供命令模式的人机交互界面。

3. 类 UNIX 操作系统

相比 DOS 操作系统，Windows 操作系统更人性化、更易操作，因此很快占据了 PC 端几乎 90%的用户。但不为大多数人所熟知的是，当人们使用 PC 来访问 Web 页面时，这些 Web 页面所在的服务器却大多装的是 Linux 操作系统。在服务器端 Linux 是绝对的霸主，正如 Windows 在 PC 端是霸主一样。

（1）UNIX 操作系统

1969 年，贝尔（Bell）实验室的程序员肯·汤普森（Ken Thompson）用汇编语言编写

图 2-7　PDP-7 型计算机

了一个名为"Unics"的操作系统。图 2-7 所示即当时肯·汤普森用来编写该操作系统的 PDP-7 型计算机。

1973 年，Ken 和同事丹尼斯·里奇（Dennis Ritchie）用 C 语言重写了"Unics"的第三版内核，并将该系统命名为 UNIX。

此后，UNIX 操作系统由贝尔实验室内部使用，并逐渐应用到其他大学及研究机构，并且在不断更新进化，逐渐发展成一个性能稳定、安全性高、备受企业级用户喜爱的操作系统。最后，UNIX 完成了商业化并进行了闭源（即开源的反义词，开源意味着任何联网用户都可以下载和修改程序的源代码）。

（2）Linux 操作系统

为应对 UNIX 操作系统的商业化和闭源所带来的影响，芬兰的一位大学教授安德鲁·塔南鲍姆（Andrew Tanenbaum）编写了一个功能较为简单但具备 UNIX 基本功能的类 UNIX 操作系统，并命名为 Minix。

在当时，Minix 系统凭借其低廉的价格和简易的操作在大学里逐渐流行起来。但其存在一个缺点：该系统没有其他机器的驱动而只能运行在一种类型的机器上，并且安德鲁·塔南鲍姆教授拒绝接受其他的机器驱动。为了解决这一难题，林纳斯·托瓦兹（Linus Torvalds）同学用 2 个月的时间写了一个简易版的操作系统，被称为第 0.1 版的 Linux。随后，林纳斯·托瓦兹将该操作系统上传至网络，并承诺大家可免费使用、修改和自由传播。这一举动吸引了众多程序员积极参与到 Linux 的修改与完善工作中。1992 年，Linux 与其他 GNU 软件结合，完全自由的操作系统"GNU/Linux"（简称 Linux）正式诞生。

Linux 本身只是一个内核，基于该内核可搭建出各种各样的上层系统，它们均称为 Linux 发行版。例如，手机操作系统 Android，是由谷歌公司裁剪和定制的 Linux 发行版。

Linux 继承了 UNIX 以网络为核心的设计思想，是一个性能稳定、安全性高的多用户网络操作系统。它可安装在各种计算机硬件设备中，如 PC、手机、平板计算机、路由器、视频游戏控制台、大型机和超级计算机。

4. Mac OS 操作系统

Mac OS 是苹果公司开发的操作系统，始发于 1984 年。2001 年，苹果公司推出了著名的第 10 代 Mac OS 操作系统——Mac OS X。

Mac OS 操作系统的内核基于 FreeBSD（UNIX 众多分支中一个著名的分支），其在 iPhone、iPod Touch、iPad 等嵌入式设备上的移动版即为 iOS。

2.1.3 操作系统的分类

操作系统可按如下 6 个维度来进行分类，如表 2-4 所示。

表 2-4 操作系统的分类

序号	分类标准	类型		举例
1	用户界面	字符界面		MS-DOS
		图形界面		Windows
2	用户数	单用户操作系统		MS-DOS
		多用户操作系统		UNIX、Linux
3	任务数	单任务操作系统		MS-DOS
		多任务操作系统		Windows XP、UNIX、Linux
4	应用领域	桌面操作系统		Windows XP、Windows 7
		服务器操作系统		Windows 2000 Server、UNIX、Linux
		嵌入式操作系统	手机	iOS、Android、Windows Phone、Symbian（塞班）
			工业机器	VxWorks、Windows CE、UCOS
5	使用环境和对作业处理方式	批处理系统		DOS
		分时系统		Linux、UNIX、Mac OS、Windows 7
		实时系统		VxWorks、UCOS II
6	源码开放程度	闭源操作系统		Windows
		开源操作系统		Linux

2.2 操作系统的功能

2.2.1 操作系统的地位

操作系统是控制和管理计算机系统各种资源（包括硬件资源、软件资源和信息资源）的一组程序集合，它负责组织合理的计算机系统工作流程，为用户与计算机之间提供接口，以解释用户对机器的各种操作需求并负责完成这些操作。

它具有以下特点。

1）操作系统是一组程序集合，说到底，操作系统还是一种软件，而且是一种最基本和最重要的系统软件。

2）操作系统控制和管理的对象是计算机系统的各种硬软件资源及信息资源，它是计算机系统各类资源的大管家。

3）操作系统服务的手段是组织合理的计算机系统工作流程，这里包含了两层意思：①操作系统是计算机硬件和其他软件之间的接口，即各类应用软件都不会直接与计算机硬件进行交互，而是需要借助操作系统这一中介来完成交互；②操作系统的主要任务就是让计算机系统各部分能协同工作，以完成其使命。

4）操作系统服务的对象是用户，它给用户提供一个可以操作计算机的接口，也就是说，用户要想方便快捷地使用计算机，就需要通过操作系统来完成，它是计算机和用户之间交互的中介。

以上提到的中介和接口这两个概念，前者可以理解成媒介或中介，类似于国际会议中的翻译；后者可类比手机充电接口来理解：苹果手机和华为手机不能共用同一个充电线，这是因为两者的充电接口不一样，前者是 Lightning 接口，而后者是 Micro USB 接口或 Type C 接口。没有连接就无须交互，而交互就离不开接口这样的工具，就像手机利用充电器进行充电时需要充电接口一样。也就是说，接口即事先规定好的一整套规则。

2.2.2 操作系统的主要功能

操作系统的主要功能可归纳为以下 5 点。

1）处理器管理：解决处理器时间的分配调度策略及调度算法等问题，即如何将 CPU 真正合理地分配给每一个任务。

2）存储管理：实现存储资源的动态合理分配、有效保护与回收。

3）设备管理：管理和驱动各种外部设备。

4）文件管理：为用户提供一种简便、统一的存取和管理信息的方法。

5）作业管理：让用户可以控制程序在计算机中的运行过程。

1. 处理器管理

处理器管理可归纳为如何分配 CPU 处理时间给进程。进程是程序的一次执行，是资源分配和调度的基本单位。用户每打开一个软件就会运行一个或多个进程。

最简单的处理器管理策略是让一个进程独占机器，直到完成任务，这一方式应用于前述单道批处理系统中。而在多道批处理系统、分时系统或实时系统中，就存在着多个进程"争用"同一个 CPU 的问题。此时，根据系统的资源分配策略所规定的 CPU 资源分配算法被称为调度算法。

不同的系统和系统目标，通常会采用不同的调度算法。其中，应用最为广泛的调度算法是时间片轮转调度算法。该算法的核心思想如下：每个进程都会被分配一个时间段，我们称之为时间片；在某个时间片内，只允许唯一的一个进程在 CPU 上运行；如果在时间片结束时，进程 A 还在运行，则 CPU 将被剥夺，并会被分配给另外一个进程；如果进程在时间片结束前阻塞或结束，则 CPU 当即进行切换。

上述阻塞可理解为，某个进程（如进程 A）还需等待某个事件或某个资源才能继续运行。而结束可理解为，进程 A 已运行完了它所有的程序指令。当出现以上两种情况之一时，不管时间片是否结束，CPU 都会调出进程 A，而调入其他某个进程（如进程 B）。上述调入进程 B 而调出进程 A 的过程被称为进程切换。

进程切换需要耗费 CPU 一定的时间，来完成以下两件事件：①保存进程 A 运行的相关信息（如 CPU 的各寄存器值、内存映像等）；②装入进程 B 运行的相关信息。此过程被称为上下文切换。

由上下文切换的概念可推出如下两个结论：①若时间片设置过短，会导致进程切换过于频繁，即交接的频次过多，相对于完成任务而言，会间接地降低 CPU 的使用效率；②若时间片设置过长，又可能会降低用户的交互体验。

在仅有一个单核心 CPU 的机器上，运行多个进程时，在微观上每个进程都是串行交替运行，而在宏观上多个进程均被运行，即多进程并发执行。

随着 CPU 制作技术的不断提升，现今大部分机器多是 N 个核心或 N 个 CPU（N 的典型值为 2、4、8 等）。如此一来，就可以让 N 个进程在同一时刻分别在这 N 个 CPU 上同时运行，即多进程并行执行。

不管是一个 CPU 还是多个 CPU，当多个任务同时运行或多个用户同时使用机器时，这种解决 CPU 的分配调度策略及算法、分配实施、资源回收等问题的一系列解决方案，就被称为处理器管理。

2. 存储管理

众所周知，外存的读写速度要慢于 CPU 的运行速度。因此，为了提高 CPU 的利用效率，操作系统会将 CPU 要用到的数据和程序均搬入到内存。这一解决方案会带来如下 6 个结果。

1）为了能在内存中写入/读入数据，操作系统必须对内存中各单元进行区分，以便统筹管理，即存储空间编址。为此，操作系统还需配合硬件实现从逻辑地址（操作系统的编号地址）到物理地址（硬件的实际地址）的映射，这一过程被称为存储地址映射。

2）每运行一个进程，操作系统需给该进程分配一定数量的内存资源，即存储空间分配。

3）同时运行多个进程时，就需要对每个进程的内存空间进行一定程度的保护，否则，进程间的数据就会乱套，即存储空间保护。

4）既然多个进程共享的是同一个内存，那么进程间相互交换消息时，就可以通过共享同一个内存块来实现，这个机制被称为存储空间共享。

5）当进程运行完毕后，还需回收该进程用过的内存资源，否则有限的内存资源终将耗尽，即存储空间回收。

6）一旦内存空间不够用（如用户运行的任务足够多），就需要扩展内存的空间，即存储空间扩展。其中，应用较广泛的一种扩展方式是虚拟内存技术。

虚拟内存技术的核心思想如下：一旦内存不够用，内存中部分暂时用不到的数据会被移动到外部磁盘上，而当 CPU 需要使用时，又会被再次载入到内存中。但这一过程对 CPU 是透明的——在 CPU 看来，不管是磁盘上的数据，还是内存中的数据，都位于一个统一的、连续的逻辑地址空间中，它只需要提供一个逻辑地址给操作系统，操作系统就会给它提供该地址对应的数据。这一思想有助于理解下述现象：当用户同时打开足够多的软件时，计算机就会出现卡顿现象，即此时计算机的反应不再灵敏和及时，甚至有时候会无法移动光标。这是因为，硬盘和内存要频繁交换数据，CPU 需要不断地等待数据，导致软件的处理速度跟不上用户的操作。理解上述原理后，解决方案如下：既可以减少同时运行的任务数，也可以升级计算机的内存配置来增加其内存容量以便运行更多的任务。也就是说，虚拟内存是计算机系统中内存管理的一种技术，它使应用程序认为它拥有连续的可用内存，而不管它在物理空间上是连续的还是被分隔成多个物理内存碎片，也不管它是在内存上还是外存上。

不管是内存，还是虚拟内存，这种解决与存储器相关的一系列解决方案，就被称为存储管理。

3. 设备管理

设备与存储器一样，用户无法直接使用，而是需要由操作系统来统一调度和控制。为此，操作系统就必须要解决如下 4 个问题。

1）设备如何分配。例如，假设有多个进程同时申请使用同一个打印机，那么该打印机应该分配给哪个进程使用？因此，要满足进程使用设备的要求，应该遵循一定的策略。并需要及时准确地跟踪和记录设备的使用情况，以避免出现因多个进程同时使用同一个设备而乱套的现象。

2）设备如何引用。设备管理时需要完成从逻辑设备到物理设备的映射，即将进程对逻辑设备的引用转换成对相关物理设备的引用，前者是操作系统中的一个代号，而后者才是设备的物理实体。例如，将机器中的 HP 打印机这一设备符号映射成用户正在使用的 HP 打印机物理实体。

3）设备如何工作。众所周知，I/O 设备的共同特点就是种类繁多且相互之间差异性大。因此，操作系统不可能预知所有设备的使用方法（如有些设备的更新速度非常快，而有些设备还在研制中）。因此设备的工作方式应该交由设备生产厂商来定义，而操作系统只需要保留一个与设备进行交互的接口即可。也就是说，每一个设备都需要有一个配套的驱动程序，以驱动该设备正常工作。这个驱动程序由生产该设备的厂商来定义和实现，而操作系统只需要通过接口（即事先规定好的一整套规则）来和驱动程序进行交互即可完成其目的——间接管理和控制该物理设备，以实现真正的 I/O 操作。

4）设备如何匹配 CPU。相比 CPU 的运行速度，设备的 I/O 操作速度太慢，为解决这一矛盾，计算机系统中引入了 I/O 缓冲区这一解决方案，如图 2-8 所示。图中，操作系统与 I/O 接口而不是与设备直接交互。I/O 接口与设备直接交互——检测设备的状态，根据 CPU 的要求发送控制信息给设备控制器，将数据传送给设备。而 I/O 缓冲区用于保存两者交互时的数据信息。这一方案缓和了 CPU 与 I/O 设备速度不匹配的矛盾，提高了 CPU 和 I/O 设备的并行性。

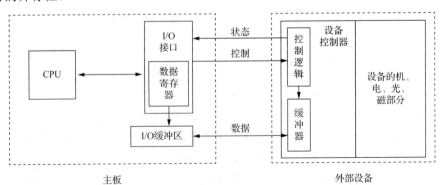

图 2-8　设备管理原理

综上所述，这种解决设备管理的一系列解决方案，就被称为设备管理。

4. 文件管理

在操作系统中，用户和程序处理的所有信息，都是以文件的形式存储于外存储器（如硬盘等）中。文件是具有名称的一组相关数据信息的集合，是操作系统管理数据信息的基本单位，即操作系统是通过文件名来组织和管理数据的。

为了方便用户在外存上找到自己所需的文件，操作系统会为每一个文件建立一个文件控制块（file control block，FCB，也称为文件目录项）。也就是说，FCB 与文件一一对应，它是一个文件存在的唯一标志。FCB 包含如下信息：①基本信息，如文件名、文件物理地址、文件逻辑结构、用户名等；②存取控制信息，如一般用户的权限等；③使用信息，如文件建立日期及时间等。若干个 FCB 又可以构成一个目录文件（俗称文件夹），并且该目录文件也需要一个对应的 FCB 来描述，于是，文件和这种嵌套结构的目录文件间就形成了一种树状的结构，这就是操作系统中常见的目录结构。例如，图 2-9 是一个 Windows 操作系统中的目录结构实例，而图 2-10 是该实例在计算机上的实际存储示意图。图 2-9 中，A1.txt 在内的 7 个文件（3 个.txt 文件，2 个.xlsx 文件，2 个.docx 文件）均有一个对应的 FCB，同时，A、B 这两个文件夹也均有一个对应的 FCB。并且，上述这 9 个 FCB 又构成了一个新的目录文件——C，于是该目录文件 C 也有一个对应的 FCB。

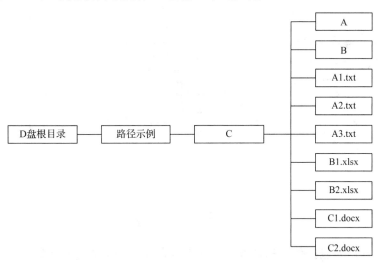

图 2-9　文件组织的树状逻辑结构实例

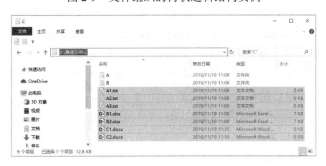

图 2-10　文件示意图

从根目录开始，找到该文件的路径，被称为绝对路径，如文件 A1.txt 的绝对路径就是 D:\路径示例\C，而 C 被称为它的当前目录。

正是因为操作系统具有文件管理的功能，所以用户通过 D:\路径示例\C 就能直接访问到 A1.txt 文件。也就是说，从用户的角度来看，在操作系统的帮助下，实现了按名存取的功能——只需要知道所需文件的逻辑位置，即带全路径的文件名（如 D:\路径示例\C\A1.txt），就可存取文件中的信息。但从操作系统的角度来看，操作系统为了实现文件存取，会完成方方面面的工作，如管理文件存储物理位置（具体存放在磁盘的哪个磁道哪个扇区），以及完成对文件的存储、检索、共享和保护等。

综上所述，操作系统屏蔽了针对文件的烦琐而又必需的底层操作，而以一组用户能理解的文件交互方式来帮助用户完成对文件的操作，这一功能即操作系统的文件管理功能。

5. 作业管理

当作业或任务在系统中运行时，是以一个或多个进程的形式在机器中呈现的。例如，在 Windows 10 操作系统中查看任务管理器的"进程"选项卡，当用户打开多个浏览器时，对比其"应用"和"后台进程"两栏（注意：在 Windows 7 操作系统中是对比其"应用程序"选项卡和"进程"选项卡），如图 2-11 所示，可以看出一个浏览器任务会对应一个或多个进程。

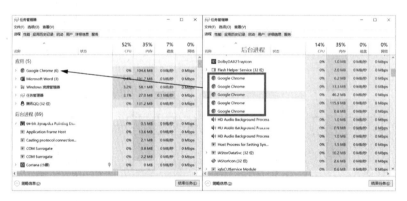

图 2-11　应用和进程的关系对比图

作业的管理内容包括作业的调度、作业的撤离等，这些都对应着进程的各种运行状态，具体包括下述 5 种基本状态。

1）创建状态：进程在创建时需完成资源（如内存等）的分配工作。倘若一个进程的创建工作无法完成（如资源无法满足），则该进程将无法被调度运行。当用户运行某个应用程序时，就会创建一个或多个进程，如用户双击"迅雷"图标，就会创建一个名为"thunder.exe"[在 Windows 10 操作系统中，它的名称显示为"迅雷 X（32 位）"]的进程。

2）就绪状态：进程已经准备好，已分配到所需资源，只要分配到 CPU 就能够立即运行，即此时进程可运行但还没有分到 CPU 时间片。进程一旦成功创建，会自动进入就绪状态，无须用户做任何操作。

3）执行状态：就绪状态的进程被成功分配了 CPU 时间片后（即被调入 CPU），进程进入执行状态。进程是否进入执行状态，由操作系统来决定，用户无须也无法干预。

4）阻塞状态：正在执行的进程由于某些事件（如 I/O 请求等）而暂时无法运行，此时进程受到阻塞，被调出 CPU，进入阻塞状态。需要说明的是，一旦操作系统检测到该进程对应的阻塞事件取消（如 I/O 请求已成功返回），会将该进程标记为就绪状态。进程何时进入阻塞状态，又何时回到就绪状态，都由操作系统根据阻塞事件来做选择，用户无法也无须干预。

5）终止状态：进程运行结束（如所有程序指令都运行完毕或用户关闭该程序），或者是出现错误（如迅雷下载时的崩溃），或者是被系统强制终止（如用户通过资源管理器终止了该任务），均会进入终止状态。终止状态的进程将无法再被执行。

综上所述，操作系统屏蔽了针对作业的烦琐而又必需的底层操作，而以一组用户能理解的作业交互方式来帮助用户完成对作业任务的操作，这一功能即操作系统的作业管理功能。

2.2.3 人机交互接口

操作系统封装了诸多功能，并最终给用户提供一种可理解的简单的交互方式，以方便用户使用计算机，这种交互方式也被称为人机交互接口。它可以有以下几种形式：命令行界面（command line interface，CLI）、图形用户界面（graphical user interface，GUI，又称图形用户接口）、系统调用、虚拟现实技术（virtual reality，VR，又称灵境技术）、增强现实技术（augmented reality，AR）、混合现实技术（mixed reality，MR）、语音交互、体感交互或脑机接口等。

1. 命令行界面

命令行界面是指操作系统采用字符化的方式来显示的计算机操作用户界面。

命令行界面是一种人与计算机通信的界面显示格式，它通常是以键盘的方式来输入指令，计算机接收到指令后，予以执行，其结果通常也是以字符形式在界面呈现的。它是在图形用户界面得到普及之前使用最为广泛的用户界面。

显而易见，用户要想利用字符界面操作计算机，需记忆或查阅相关操作指令，因此，命令行界面没有图形用户界面方便用户操作。

但是，命令行界面也有其自身的特点，相比图形用户界面而言，它更节约计算机系统的资源。因此，在熟记相关命令的前提下，相比使用图形用户界面，用户使用它可获得更快的操作速度。并且，在有些使用场景下，如用户面对的是几十台或上百台计算机，或者是 24h 都需要工作的计算机，图形化操作方式就会显得力不从心。正是因为如此，一方面，很多软件程序工作人员会比较喜欢使用命令行界面；另一方面，大多数的操作系统虽然已经提供了图形用户界面，但同时也提供命令行界面。例如，Windows 10 操作系统提供了 cmd.exe 和 Power Shell 两种命令行界面。

2. 图形用户界面

图形用户界面是指操作系统采用图形化的方式来显示的计算机操作用户界面。

在图形用户界面中，操作系统应用计算机图形学相关技术使用户看到的和操作的均是图形化对象——窗口、下拉菜单、菜单项、对话框、工具栏等。

在图形用户界面中，用户不需要学习复杂的代码，只需要通过鼠标、键盘或触摸屏等输入设备来操纵屏幕上的各种图形化对象即可。用户以此方式向机器（包括计算机及各类电子产品）发出指令，而机器在收到并执行完指令后，也会以一种图形化对象的形式将结果呈现给用户。对于非专业用户而言，图形用户界面极大地方便了用户与计算机的交互，克服了命令行界面操作指令复杂、难以理解和记忆等缺点。

3. 系统调用

系统调用是操作系统提供给应用程序开发人员（包括产品经理、架构师、设计师、程序员及运维工程师等）的一种服务。应用程序开发人员在编写程序时，可以利用系统调用来请求操作系统的服务。因此也可以说，系统调用是由操作系统为应用程序开发人员提供的一种用户交互接口。

所有的系统调用所构成的集合被称为程序接口或应用编程接口（application programming interface，API）。它使应用程序开发者可在无须了解内部工作细节的基础上，具备能与计算机硬件及软件进行交互的能力。

应用程序开发人员（包括产品经理、架构师、设计师、程序员及运维工程师等）可通过编写应用程序，调用操作系统提供的相关 API，实现一定的功能，最终以一个可运行的软件（如音乐播放器）出现在用户面前。

4. 虚拟现实技术

虚拟现实（virtual reality，VR）技术是 20 世纪发展起来的一项全新的实用技术。该技术集计算机、电子信息、仿真技术于一体，并用计算机模拟出虚拟环境，最终给人以环境的沉浸感。沉浸感使用户能在虚拟世界中从观察者的身份转变为参与者的身份，在使用过程中用户更具有主动性。

目前，市场上已存在许多 VR 产品，比较典型的产品应用是 VR 头盔。

5. 增强现实技术

增强现实（augmented reality，AR）技术是一种将虚拟信息与真实世界巧妙融合的技术，集多媒体、三维建模、传感等多种技术手段于一体，将计算机生成的各种虚拟信息模拟仿真后应用到真实世界中，两种信息互为补充，从而实现对真实世界的"增强"，让人们可以通过显示屏幕在现实世界和虚拟世界中穿梭。

目前，比较典型和广泛的产品应用是微信自带的 AR 表情及谷歌公司的 Google Glass。

6. 混合现实技术

混合现实（mixed reality，MR）技术是虚拟现实技术的进一步发展，该技术是一种在真实的场景中通过数字环境呈现虚拟的场景及信息，为用户在真实世界与虚拟世界之间搭建可交互、可反馈的信息传播回路，以增强用户体验的真实感。

相比而言，VR 是纯虚拟数字画面，AR 是虚拟数字画面加上裸眼现实，而 MR 是数字化现实加上虚拟数字画面。从概念上来说，MR 与 AR 更为接近，都是一半现实一半虚拟影像，但传统 AR 技术视角不如 VR 视角大，清晰度也会受到影响。而 MR 技术结合了 VR

与 AR 的优势，能够更好地将 AR 技术体现出来。

目前，市场上已有商用的 MR 产品，如微软公司生产的混合现实头戴式显示器（简称头显）——HoloLens。通过该设备，用户可以在现实世界中重现著名科幻片"星球大战"中的远程全息影像通话。2013 年，中国台湾歌手周杰伦在"魔天轮世界巡回演唱会"中就运用了全息影像技术与已故歌手邓丽君同台演唱。

7. 语音交互

语音交互是基于语音输入的新一代交互模式，其语音输入可以是自然语言，也可以是机器合成的语音。语音交互不仅要对语音识别的语音进行研究，还要对人在语音通道下的交互机理、行为方式等进行研究，它综合应用了语言学、心理学、计算机技术与工程等领域相关知识。

语音交互相比其他的交互方式具备天然的便捷性优势，能为人机交互带来根本性变革，是大数据和人工智能时代发展的制高点，具有广阔的发展前景和应用前景。目前，典型的应用商品有 iPhone 的语音助手 Siri、小米等商家的智能音箱等。

8. 体感交互

体感交互是用户直接通过自己的肢体动作与控制系统进行的交互。体感互动系统能够将运动与娱乐融入用户的生活，并给用户带来各方面的便利。体感交互不需要借助任何复杂的控制系统，以体感技术为基础，通常由运动追踪、手势识别、运动捕捉、面部表情识别等一系列技术支撑。

目前，体感交互在游戏娱乐、医疗辅助与康复、全自动三维建模、辅助购物、眼动仪等领域有了较为广泛的应用。典型的应用产品是微软公司的 3D 体感摄影机 Kinect，用户玩家可以通过该设备在游戏中开车、与其他玩家互动、通过互联网与其他 Xbox 玩家分享图片和信息等。在其游戏示范中，用户可以用脚踢"仅存在于屏幕中的足球"，并可伸手设法"拦阻进球"；在驾驶游戏中，用户可转动想象中的方向盘来操控电视游戏中的赛车。

9. 脑机接口

脑机接口技术可以被粗略地分为两部分，一部分是通过对神经的刺激，让人获知感受，如刺激脑部神经，让盲人能感受到视觉信号、失聪的人能听到声音；另一部分则是通过对神经元运动的读取，把人的意识读取、记录甚至抽取出来，如帮助渐冻症患者、阿尔茨海默病患者、中风患者过上正常人的生活，让瘫痪患者通过意识移动机械手臂来"喂"自己喝一杯水。

脑机接口技术实现的具体形式可以是：①非侵入式，如让用户戴上专用头盔；②侵入式，如在大脑中植入线路并将其与计算机连接。

2014 年，67 岁的美国神经学家 Phil Kennedy 为研究侵入式人机接口，曾切开了自己的头颅，并成功获取了为期四周的神经元活动数据，但于 2015 年又不得不将实验电极取出，被誉为"半机器人之父"。

2017 年，美籍著名企业家埃隆·马斯克（Elon Musk）创立了一家公司——Neuralink，致力于研究脑机接口及其相关技术。

2.3 Windows 10 操作系统的基础知识

Windows 10 是微软公司在 2015 年 7 月 29 日正式发布的新一代操作系统，它适用于计算机与平板计算机，不仅融合了 Windows 7、Windows 8 的先进功能，还提供了全新的外观，在易用性和安全性方面有了极大的提升，除了针对云服务、人工智能等新技术进行了融合之外，还对生物识别（如人脸识别、语音识别、指纹）、高分辨率屏幕等硬件进行了优化、完善与支持。根据微软公司的声明，Windows 10 将会是微软最后一个 Windows 版本，以后新的功能会通过该系统新的升级来获得，类似 Android、iOS 等，Windows 10 不仅是一种操作系统版本，更将是一种服务。

2.3.1 Windows 10 的特点、运行环境与安装

1. Windows 10 的特点

具体来说，Windows 10 有以下几个方面的主要特点。

（1）一套系统多套设备可用

Windows 10 不仅系统是统一版本，基于它的应用程序生态系统也被统一修改为通用 Windows 平台。根据微软公司的规划，Windows 10 将能够在手机、平板计算机、台式计算机、PC 等大多数的终端上运行。一套系统能打通多个设备，一个应用商店对应用进行跨设备统一更新和购买，实现所有设备从系统到数据到应用的统一。

（2）"开始"菜单

Windows 10 不仅恢复了 Windows XP、Windows 7 的"开始"菜单（▦图标），而且融合了 Windows 8 的"动态磁贴"功能，增强了"开始"菜单的功能，如支持全屏运行功能。

（3）智能分屏

Windows 10 增强了系统的分屏功能——在同一屏幕上完美显示不同的窗口应用。

（4）虚拟桌面和任务视图

微软公司借鉴了 Mac OS X 及 Linux 中比较受用户欢迎的虚拟桌面功能——用户可以建立多个桌面，在各个桌面上互不干扰地运行不同的应用程序。

不仅如此，Windows 10 同时还对该功能进行了拓展——加入任务视图模式，以方便用户查看当前所选择的桌面和正在运行的应用程序。

（5）Cortana

Cortana 的中文名为微软小娜，原本是 Windows Phone 中的人工智能语音助手，现已被融合到 Windows 10 操作系统中。在 Windows 10 中，Cortana 功能丰富，包含聊天、通信、提醒、娱乐、交通、查询等功能。用户登录 Windows 账号，则可以使用微软小娜语音助手。

（6）Metro 应用

Windows 10 克服了 Windows 8 中让用户不适应的相关操作，增强了 Metro 应用的桌面性——使现在 Metro 应用可以像其他 Windows 应用一样以窗口形式运行，并能更改窗口的大小和直接在传统桌面上显示。

（7）通知中心

在 Windows 10 中，通知中心整合了旧版 Windows 中的操作中心和通知消息功能——除了可集中显示应用的通知推送消息外，还包括了系统设置的许多快捷开关，如网络、Wi-Fi、蓝牙、屏幕亮度、设置、屏幕截图、飞行模式、定位、VPN 等。

（8）安全性方面

在安全性方面，Windows Hello 也是 Windows 10 的一个亮点——用户只需要看一下或触碰一下系统就可以解锁，包括指纹识别、虹膜识别、面部识别等方式，既安全又方便。

总之，Windows 10 重视不同设备之间的协调，兼容不同 Windows 版本的应用软件，并适当增加了一些对用户实用的功能。

2．Windows 10 的运行环境与安装

（1）Windows 10 的硬件需求

安装 Windows 10 操作系统时，机器的硬件需求如表 2-5 所示。如果希望 Windows 10 提供更多的功能，则需要配置相应功能的硬件，如触摸屏、打印机、声卡、网卡、扬声器、耳机、手柄、虚拟现实头盔等。

表 2-5　Windows 10 的硬件需求

硬件	最低要求	建议
处理器	1GHz 以上，IA-32 或 x64 架构	x64 架构
内存	IA-32 版：1GB，x64 架构：2GB	大于等于 4GB
图形	支持 WDDM 1.0 版的集显或独显	支持大于等于 WDDM 1.3 版的集显或独显
屏幕分辨率	800×600 像素	大于等于 1024×768 像素
输入设备	键盘和鼠标	键盘和鼠标
硬盘空间	IA-32 版：16GB，x64 版：20GB	可按需求叠加

（2）Windows 10 的安装

Windows 10 提供了全新安装、升级安装和多系统安装 3 种安装方式，用户可根据自己的实际需求来选择安装。

1）全新安装。对于裸机或根据用户的实际需求，安装全新的 Windows 10 操作系统。初学者可通过网络视频学习 Windows 10 的全新安装过程。

2）升级安装。若机器中原来就有 Windows 操作系统，则可通过升级安装来更新 Windows 10。一般而言，由于微软公司已经存在的政策，不建议用户进行升级安装 Windows 10。

Windows 10 之后，Windows 操作系统的更新换代将与手机中的 Android 及 iOS 的方式类似，直接联网升级，无须重装系统。

3）多系统安装。现在有越来越多的用户喜欢在计算机中安装不止一种操作系统，因此，Windows 10 支持在保留机器中原有操作系统的基础上，将系统安装在硬盘的其他分区中，新的系统与原有的系统共同存在，互不干扰，机器启动时允许用户选择启动不同的操作系统。

3．Windows 10 的启动与退出

Windows 10 允许多个用户分时段共用一台计算机，各个用户除了拥有公共系统资源

外，还可以拥有个性化的桌面、菜单、我的文档和应用程序等。为了保证计算机系统的安全，每个用户都要拥有自己的账号。在安装 Windows 10 操作系统时，安装程序会自动创建 Administrator 账号，拥有 Administrator 账号的用户是 Windows 10 中权限最高的用户，只有 Administrator 才可以对机器进行全面的设置和管理、创建其他用户的账号、限制其他用户的权限等。如果 Administrator 账号的口令遗失或被人更改，用户就失去了对整个计算机系统的管理及控制权力，此时要想正常使用计算机，要么通过破解方式重新拿到 Administrator 账号口令，要么重新安装操作系统。

（1）Windows 10 的启动

计算机中安装好 Windows 10 操作系统后，按计算机电源后，Windows 10 操作系统就会自动启动。倘若安装系统时设置了用户密码，则在启动过程中系统会提醒用户输入用户名和密码，并且只有在输入该用户名对应的正确密码后方能启动机器。在启动过程中，根据之前系统安装时的设置可能会对硬件进行检测，稍后经过短暂时间的欢迎画面，就可以进入 Windows 10 操作系统。

虽然安装时不设置用户密码可加快启动速度，但从安全性角度考虑，不建议读者这么做，毕竟这样一来就给非法使用人员提供了方便。

（2）Windows 10 的退出

安全退出 Windows 10 的基本步骤如下。

1）关闭所有正在运行的应用程序。

2）单击左下角的"开始"按钮（▦），然后在弹出的"开始"菜单中单击"电源"按钮（⏻），之后会出现如图 2-12 所示的关机界面。

3）根据需要单击"睡眠"、"关机"或"重启"按钮。其中，"睡眠"是指使计算机保持开机和低功耗状态。此时，各种应用也

图 2-12　电源键菜单

会保持打开状态，并在唤醒计算机后立即恢复到"睡眠"前的状态。在 Windows 10 操作系统中，"睡眠"还包括 Windows 7 操作系统原有的待机、休眠及其混合休眠等这些功能。

4）单击"关机"按钮，在屏幕出现相关提示信息后，系统将自动安全地关闭主机电源。

（3）Windows 10 的死机与处理

当 Windows 10 "卡"在当前界面——鼠标和大部分键盘按键不被响应时，我们称这一现象为"死机"。此时，用户一般有两种选择：一是关闭机器，操作方式是按 Ctrl+ Alt+ Delete 组合键，在弹出的命令窗口中，单击其右下角的电源键，并选择"关机"选项，即可完成关机；二是将造成死机的任务结束，以使系统恢复正常。

2.3.2　Windows 10 的操作方式

如前所述，操作系统提供了一种人机交互的接口，用户必须熟悉该接口的操作方式，才能更好地使用计算机。

Windows 10 提供了 3 种人机交互的方式，分别是图形用户界面、命令行界面及系统调用，其中最后一种交互方式主要供编程人员使用。

1．图形用户界面的操作

用户操作图形界面的工具一般包括键盘、鼠标及触摸屏等，下面将具体给出其操作指南。

（1）用户操作的工具

1）键盘。键盘是计算机最主要也最常用的输入方式，利用它不仅能向计算机内输入字符，也可以控制计算机的运行。

Windows 10 的快捷键通常与 Ctrl 键、Shift 键、Alt 键和 Fn（n=1,2,…,12）等功能键配合使用。在使用这些快捷键时，需先按下功能键，再按下对应的键，松开时也需先松开对应的键，再松开功能键。例如，Ctrl+C 组合键的操作过程如下：先按住 Ctrl 键，再按住 C 键；松开时，先松开 C 键，再松开 Ctrl 键。

在 Windows 10 操作系统中，可通过只按键盘上某些特定的按键、按键顺序，或者按键组合来完成某些操作。例如，打开、关闭程序窗口，甚至利用快捷键可以代替鼠标进行一部分操作。可以使用快捷键组合来完成窗口的切换。可以用来打开或关闭"开始"菜单、桌面、任务视图、任务管理器等。熟练使用快捷键能够方便用户与计算机交互，提高操作计算机的使用效率。

表 2-6～表 2-9 所示为常用的组合快捷键及其作用。

表 2-6　Alt 常用组合快捷键

按键	作用
Alt+Tab	窗口切换组合键，并为每个窗口提供预览
Alt+F4	关闭当前窗口，同时关闭程序

表 2-7　Shift 常用组合快捷键

按键	作用
Shift+Home	选中当前光标的位置到本行开始的对象
Shift+End	选中当前光标的位置到本行结束的对象
Shift+方向键	选中光标移动途中的对象
Shift+鼠标左键	选中当前光标到鼠标左键之间的对象
Shift+Delete	永久删除文件

表 2-8　Win 常用组合快捷键

按键	作用
Win+E	打开文件资源管理器
Win+R	运行
Win+V	快速打开剪贴板
Win+L	快速锁屏
Win+A	快速打开消息中心
Win+W	快速打开 Windows Ink 功能
Win+Tab	快速打开任务视图
Win+方向键	窗口分屏功能，释放后回到任务视图可继续分屏
Win+D	快速显示桌面，再按一次恢复原来的窗口

表 2-9　Ctrl 常用组合快捷键

按键	作用
Ctrl+A	全选，选中当前区域中的所有对象
Ctrl+C	复制，复制选中的对象
Ctrl+V	粘贴，粘贴剪贴板中的元素到指定区域
Ctrl+Z	撤回，撤回上一步操作
Ctrl+Y	恢复上一步操作
Ctrl+W	关闭当前窗口
Ctrl+空格键	中英文输入法切换
Ctrl+鼠标左键	分别选中多个

2）鼠标。鼠标也是计算机的一种常见的主要输入设备，鼠标的基本操作方法主要有以下几种。

① 指向：将鼠标指针移动到预期位置的操作。

② 单击：在不移动鼠标指针的基础下，按下鼠标左键然后松开的操作。

③ 右击：在不移动鼠标指针的基础下，按下鼠标右键然后松开的操作。

④ 拖曳：单击鼠标左键且不松开，然后移动鼠标指针的操作。

⑤ 双击：在不移动鼠标指针的情况下，连续两次快速地按下鼠标左键的操作。

⑥ 滚动：对于有滚动轮的鼠标，在垂直方向上滚动中间滚轮的操作。

计算机在收到用户通过鼠标发出的操作命令后，就会执行相应的程序，这时鼠标指针的形状也会发生相应的变化，用来表示当前计算机的工作状态。不同的指针形状及对应的工作状态如表 2-10 所示。

表 2-10　鼠标指针的状态

鼠标指针	表示的状态	鼠标指针	表示的状态	鼠标指针	表示的状态
▯	正常状态	↕	调整对象垂直大小	＋	精准调整对象
▯	帮助选择	↔	调整对象水平大小	I	文本输入状态
▯	后台处理	↖	沿对角线调整对象 1	⊘	禁用状态
○	忙碌状态	↗	沿对角线调整对象 2	✎	手写状态
✥	移动对象	↑	候选	☝	连接状态

3）触摸屏。除了台式计算机外，Windows 10 也支持移动设备，如手机、平板计算机等，此时，操作这些设备就需要使用触摸屏，所以在 Windows 10 平板计算机上，触摸动作也是一种图形界面操作。

（2）用户操作的对象

对于 Windows 10 操作系统而言，需要了解的可操作对象包括以下几个。

1）桌面及桌面上的组成元素，如桌面程序图标、桌面背景、任务栏、"开始"菜单、通知中心等。

2）Windows 窗口。

3）对话框及其控件。

4）各种菜单，包括窗口菜单、"开始"菜单、控制菜单和快捷菜单。

5）文件及文件夹。

2. 命令行界面交互

在现在的操作系统（如 Windows 10、Linux）中，不仅可以使用图形界面交互，也可以使用字符命令行界面交互。在 Windows 10 中，有如下 3 种字符命令行交互方式：CMD 命令窗口、Windows Power Shell、WSL（Windows Subsystem for Linux）。

2.3.3　Windows 10 的桌面与基本组成元素

用户开机后，首先呈现在用户面前的就是 Windows 10 的桌面。它可分为两大区域，即左边区域和任务栏。桌面的左边区域包括桌面背景、桌面图标、桌面快捷菜单；桌面下方的区域为任务栏，包括"开始"菜单、Cortana、任务视图、任务栏快速启动区、通知中心、任务栏快捷菜单等。图 2-13 所示就是一个完整的桌面。

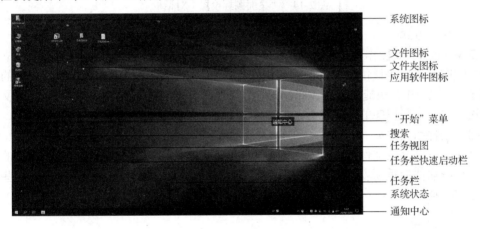

图 2-13　完整的桌面

桌面是文本与程序运行的主展示区，一般程序运行视窗都在该区域展示。桌面相关元素主要包括桌面图标、桌面背景、桌面快捷菜单和任务栏。

1. 桌面图标

桌面图标既可以是系统图标、快捷方式，也可以是文件或文件夹。

（1）系统图标

Windows 10 桌面图标默认只显示回收站，而桌面完整的系统图标有 5 个图标，包括计算机、垃圾回收站、用户的文件夹、控制面板及网络。

上述系统图标是可以进行定制的，方法如下：在桌面空白处右击，在弹出的快捷菜单中选择"个性化设置"|"主题"|"桌面图标设置"选项，弹出如图 2-14 所示的"桌面图标设置"对话框。通过选中"计算机"复选框，即可将计算机这一图标放到桌面；取消选中后，系统会隐藏该图标。其他选项的操作原理与此相同。

图 2-14　"桌面图标设置"对话框

（2）快捷方式

在 Windows 10 操作系统中，每安装一个应用程序，系统都会自动地为该程序建立一个快捷方式图标或包含该快捷方式的程序组图标，而且大多数图标放在"开始"菜单的"所有程序"子菜单中。快捷方式是 Windows 10 提供的一种快速启动程序、打开文件或文件夹的方法，它是应用程序的快速链接。

（3）文件和文件夹

桌面上可以存放文件及文件夹。一般情况下，系统默认的桌面是存储在 C 盘上的，为了防止系统崩溃后重新安装系统而导致文件丢失，用户最好不要将文件及文件夹这些重要数据存储在桌面上。

2. 桌面背景

桌面背景是 Windows 10 桌面所使用的背景图片，系统支持用户定制该图片。定制方法如下：在桌面空白处右击，在弹出的快捷菜单中选择"个性化"选项，在弹出的"设置"对话框中选择"背景"选项，右侧出现"背景"个性化设置选项，在"选择图片"选项组中选择个人需要的图片，如图 2-15 所示，单击即成功替换桌面背景。Windows 10 还支持幻灯片动态或动画或视频替换桌面背景的功能。

图 2-15　选中图片修改桌面背景操作示例

3. 桌面快捷菜单

在 Windows 10 中,不仅文件对象有快捷菜单,桌面也有快捷菜单。右击桌面上的对象,会弹出该对象的快捷菜单,如图 2-16 所示,主要包括查看、排序方式、重命名、新建、显示设置和个性化等选项。

图 2-16 桌面快捷菜单

4. 任务栏

在 Windows 10 中,可以通过任务栏来快速启动任务,管理与切换各个运行中的应用程序,观察每个运行程序的运行状态,获得 Windows 10 操作系统传达给用户相关的通知信息等。

完整的 Windows 10 任务栏如图 2-17 所示,包括"开始"菜单、工具栏、Cortana、任务视图、人脉、Windows Ink 工作区、触摸键盘按钮、任务控制区、语言按钮、状态提示区、通知中心。用户可根据自己的需求,在任务栏快捷菜单中选择显示或隐藏相关功能。

图 2-17 Windows 10 任务栏

(1)"开始"菜单

使用 Windows 10"开始"菜单(图 2-18)可以完成以下功能。

1)用户账号管理,包括锁定、注销及更改账号设置。

2)快速打开当前用户文件夹。

3)快速打开当前用户图片。

4)Windows 设置,能很好地代替以前 Windows 版本的控制面板,但比其更加简洁、好用。

5)电源键,子菜单有睡眠、关机、重启 3 个选项,可使计算机进入睡眠模式、重启或关闭计算机。

图 2-18 "开始"菜单

（2）Cortana

Cortana（搜索按钮）是为用户准备的人工智能助手，须登录微软账号才能使用。否则，该按钮只具有搜索功能。使用 Win+S 组合键即可调出其搜索功能，输入关键字后 Windows 10 操作系统会按照应用、文档、设置、设备、文件、网页搜索等分类找出最匹配的对象，如图 2-19 所示。其功能十分强大，是 Windows 10 日常使用中较方便的功能之一。

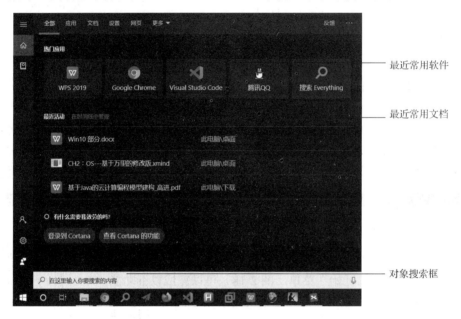

图 2-19   Cortana

（3）快速启动栏

快速启动栏可放置常用对象（如浏览器、文件夹等）的快捷方式，用户通过该快捷方式即可快速使用该对象。

为使用方便，同时保持桌面不会呈现过多的快捷图标，可将桌面建立的常用快捷方式复制到快速启动栏中，操作方法如下：将快捷方式直接用鼠标拖动到快速启动栏。

（4）任务控制区

任务控制区显示当前正在运行的程序任务，会在图标下有长度相同的横线。若有多个任务正在执行，则会显示多个运行程序图标，如图 2-20 所示。若运行的图标颜色比周围图标颜色更亮，则表明该程序是正在运行的最上层的视窗程序。

切换当前运行程序视窗有 3 种常用方式，第一种是在桌面区域单击需要切换的程序窗体进行切换；第二种是单击任务栏在运行的另一个任务，进行最上层的程序窗体替换；第三种是使用 Alt+Tab 组合键，这样就可以对当前运行的任务窗体进行选择切换。

图 2-20   任务控制栏多程序运行时

（5）状态栏

状态栏中的图标一般显示当前系统的信息，如电量图标、网络图标、音量图标、输入法图标、时间及日期图标、Windows 安全中心图标等，如图 2-21 所示。

图 2-21　状态栏

鼠标指针在这些图标上停留一段时间后，会弹出相应的情况说明。单击它可进一步查看相关详细信息，一般还可做进一步的设置。例如，鼠标指针在网络图标上停留一段时间后，会弹出网络使用情况说明，单击它还可进一步查看网络的详细信息并做进一步的设置。

图 2-22　通知中心

值得一提的是，单击"Windows 安全中心"图标后，用户可设置系统的病毒与威胁防护，能对用户账户进行保护，如动态锁、PIN 锁屏等，也提供系统级别的防火墙与网络的保护，如对浏览器进行保护，还能查看并调整设备的安全性、查看设备的性能与运行情况。

（6）通知中心

通知中心是 Windows 10 提供的新特性，类似手机屏幕顶部下拉显示的通知与操作中心，如图 2-22 所示，上方是信息显示区域，应用程序与操作系统可以在此处给用户发送通知信息，如 Windows Defender 安全通知。下方是常用功能设置，用户可以在功能设置区域对系统常用功能做出修改，如更改网络连接设置、调整屏幕亮度、开启或关闭蓝牙等。

2.3.4　Windows 10 的窗口及对话框

窗口与对话框是 Windows 操作系统图形用户界面的基石，而窗口作为 Windows 操作系统的基本特征，也是用户与计算机交互的重要手段。因此，为使用 Windows 操作系统，用户有必要了解窗口的基本构成，掌握窗口的一些基本的操作方法，了解对话框及对话框的常用操作。

1. Windows 10 的窗口

在 Windows 10 图形用户交互层面，窗口是图形用户界面的对象之一，它是屏幕上的一个应用程序相对应的矩形区域，是用户与程序间的可视化操作界面。一般而言，用户每开始运行一个用户程序，该程序就会创建并显示一个窗口。

（1）Windows 10 窗口的组成

不同程序的窗口大体部分相似，具体构成各不相同。Windows 10 的窗口主要包含以下 7 部分：标题栏、菜单栏、程序运行区域、状态通知栏、"最小化"按钮、"最大化"按钮及"关闭"按钮等，如图 2-23 所示。

双击要打开的对象或程序即可打开窗口。若是文件，系统会自动用与该文件关联的程序来打开该文件。例如，在桌面双击"桌面示例文件.txt"，随后该文件对应的窗口会出现在屏幕上，如图 2-23 所示。

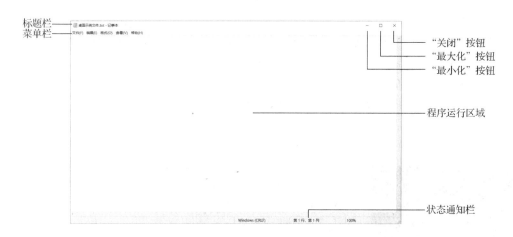

图 2-23　记事本程序运行窗口

（2）Windows 10 窗口的常用操作

窗口的常用操作包括：窗口的打开、关闭，窗口的最大化、最小化与恢复，窗口大小的改变，窗口的移动，多窗口的排序，多窗口的切换，窗口的分屏等。

1）窗口的最大化、最小化与恢复。窗口的最大化、最小化与恢复操作可以通过单击相应的窗口按钮来实现。用户双击窗口标题栏时，可在窗口最大化与窗口恢复操作之间进行切换。还可以利用一些组合键来完成相关功能：如使用 Alt+空格+X 组合键可最大化当前窗口，使用 Alt+空格+N 组合键可最小化当前窗口，使用 Alt+F4 组合键可关闭当前窗口。

2）窗口大小的改变。将鼠标指针移动到窗口 4 个方向的边框上或 4 个边框角上，鼠标指针会根据情况改变形态，此时按照鼠标指针所指方向拖动鼠标，即可改变窗口的尺寸。

3）窗口的移动。用鼠标拖动窗口的标题栏，窗口会跟着鼠标指针移动，当移动到指定位置后，松开鼠标即可。

4）多窗口的排序。Windows 10 操作系统窗口排序有 3 种方式，分别是层叠窗口、堆叠窗口、并排显示窗口。在任务栏空白处右击，在弹出的快捷菜单中选择对应的窗口排序模式即可。

① 层叠窗口：多个窗口一层压一层的显示方式，并且窗口之间稍微错位。

② 堆叠窗口：将多个窗口等比例缩小平铺，直到铺满整个屏幕。

③ 并排显示窗口：将多个窗口等比例缩小并列排在一起。

5）多窗口的切换。多窗口的切换既可以通过单击想要切换的窗口标题栏来实现，也可以使用 Alt+Tab 组合键来实现。在使用组合键时，会在屏幕上出现不同运行程序窗口的缩略图，用户保持按住 Alt 键，通过按 Tab 键可以在不同的窗口之间进行切换，当选择了指定的窗口后即可释放 Tab 键，此时屏幕上显示的就是刚刚选定的程序窗口。

6）窗口的分屏。在打开多个任务或程序之后，当需要监控多个窗口变化时，若使用多窗口切换会比较麻烦，此时可借助分屏功能来操作多个窗口。

具体操作如下：单击任务栏中的"任务视图"按钮■或按 Win+Tab 组合键，选中某一任务窗口并右击，在弹出的快捷菜单中选择"左侧贴靠"选项，然后重复上述操作后选中另一任务窗口并右击，在弹出的快捷菜单中选择"右侧贴靠"选项，此后即可查看左右分屏操作的结果。

2. Windows 10 的对话框

对话框是基本图形用户界面的对象之一，它通常分为有模式对话框与无模式对话框。两者区别如下：当用户与系统进行交互时，有模式对话框会强制用户进行回应，否则用户不能执行下一步操作，并且当用户试图操作对话框外的界面对象以试图让任务执行其他功能时，系统通常会有"当当当"的声音提示。常见的打开文件对话框是一个典型的有模式对话框。而无模式对话框则不强制用户进行回应，用户可不理会该对话框而操作对话框外的界面对象，它不影响程序的运行。常见的工具栏等是一个典型的无模式对话框。

对话框是一种特殊窗口，不能改变大小，没有"最大化""最小化"按钮。不同对话框的外形与内容差异很大，但大多数对话框由以下几种界面元素组成：标题栏、选项卡（标签）、文本框、列表框、命令按钮、单选按钮、复选框、提示文字等，如图 2-24 所示，常用的对话框元素及其功能如表 2-11 所示。

图 2-24　对话框实例

表 2-11　常用的对话框元素及其功能

组成元素	功能描述	对应于图 2-24 对话框的元素
标题栏	给出当前对话框的名称	标题"文件夹选项"所在位置
命令按钮	执行命令按钮，多数有"确定""取消"两个按钮	"清除""确定""取消"等按钮
选项卡（标签）	显示程序提供给用户的选项	图中 3 个选项卡："常规""查看""搜索"
单选按钮	用户能且只能选中一个选项，与其他选项互斥；空白的圆为单选按钮，选中状态为中间出现小实心圆点	"浏览文件夹"选项组中的两个单选按钮
复选框	用户能选中多个选项；空心的矩阵为复选框，选中状态为勾选	"隐私"选项组中的两个复选框
提示文字	向用户提示相关信息	"打开文件资源管理器时打开："
文本框	在文本框内用户可以输入某些信息	—
列表框	下拉显示用户可选择的内容	—

2.3.5　应用程序的基本操作

在 Windows 10 操作系统中，用户除了使用系统自带的工具以外，还可以在系统中自行安装、管理和配置应用程序，如 QQ 播放器、QQ 音乐等。用户既可以通过 Windows 应用商店，也可以通过互联网来下载并安装应用。

常见的应用程序操作包括应用程序的安装、应用程序的卸载、应用程序的启动、应用程序的退出、应用程序的强制退出、应用程序之间的数据交换等。

1.　应用程序的安装和卸载

为安全起见，安装软件时建议到该软件的官方网站下载对应的安装程序，下载后直接双击安装用的"exe 文件"（一般标示为"setup.exe"），之后根据提示即可完成安装。例如，若想要安装即时通信软件 QQ，在浏览器地址栏中输入腾讯官网"im.qq.com"后，按 Enter 键，选择"下载"选项卡下载 QQ 安装包，然后双击安装包，根据对话框提示即可完成该软件的安装。

当需要卸载软件时，右击需要卸载的应用程序，在弹出的快捷菜单中选择"卸载"选项，在弹出的对话框中，根据提示即可完成卸载操作。需要说明的是，不能通过删除"C:\Program Files (x86)\"中对应的文件夹来删除某软件，因为安装软件时还会有很多其他设置，而不仅仅只是在 C 盘中新建了一个文件夹。

2.　应用程序的启动与退出

使用应用程序前，需先找到该应用程序。可通过桌面的快捷方式或搜索栏来搜索该应用程序，例如，通过搜索找到 Microsoft Edge 的过程如图 2-25 所示，此后双击该程序图标，即可启动程序，之后会在屏幕上打开相应的程序窗口，如图 2-26 所示。

图 2-25　通过任务栏搜索 Microsoft Edge 浏览器程序

图 2-26 运行 Microsoft Edge 浏览器

关闭程序既可以通过单击程序运行窗口右上角的"关闭"按钮，也可以通过 Alt+F4 组合键来实现。

3. 应用程序的强制退出

应用程序的强制退出可使用任务管理器来实现。

打开任务管理器的方法如下：使用 Ctrl+Alt+Esc 组合键或在任务栏的空白处右击，在弹出的快捷菜单中选择"任务管理器"选项。

任务管理器的图形窗口为用户提供了应用软件进程、性能、应用历史记录及执行情况等信息，当某个应用程序未响应不能执行时，可用来强制关闭这些应用程序，具体操作如图 2-27 所示。

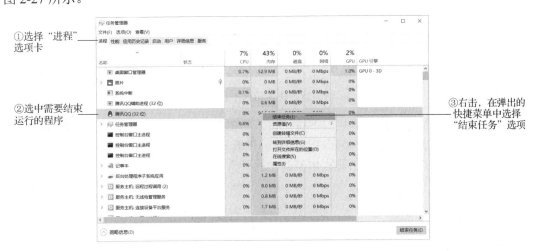

图 2-27 在任务管理器中结束某应用程序的操作步骤

4. 应用程序之间的数据交换

不同应用之间可以使用剪贴板交换数据，如可以将.docx 文档中的文字通过剪贴板复制到.txt 文档中去，也可以在登录微软账户后使用剪贴板在不同计算机上传输信息。

剪贴板是内存中一块临时存放交换信息的区域，为用户在不同应用程序之间实现信息交换提供了非常方便有效的手段。借助剪贴板可以实现不同应用程序之间或同一个应用程序的不同文档之间的信息传送和信息共享，这些信息可以是一段文字、数字或符号组合，也可以是声音或图形等操作对象。只要 Windows 操作系统处于运行状态，剪贴板便处于工作状态，随时准备接收或发送所需传送的信息。

Ctrl+C 组合键就是将要复制的数据信息复制到剪贴板，Ctrl+V 组合键就是将剪贴板中的数据信息粘贴到当前光标所指定的区域。

2.3.6 Windows 10 的资源管理器

资源管理器是 Windows 操作系统提供的资源管理工具，可以通过它查看本台计算机的所有资源，特别是提供的树形文件系统结构，能更清楚、更直观地认识计算机中的文件和文件夹，这是"我的电脑"所没有的。在实际的使用功能上，"资源管理器"和"我的电脑"没有什么不一样，两者都是用来管理系统资源的，也可以说都是用来管理文件的。另外，在资源管理器中还可以对文件进行各种操作，如选择、打开、复制、移动和删除等。

下面简单介绍资源管理器的构成及其常见操作。

1. 工具栏的使用与设置

（1）快速访问工具栏

在 Windows 10 中，为了提高用户的使用体验，添加了快速访问工具栏，通过它可进行属性、新建文件夹和自定义快速访问工具栏的操作，如图 2-28 所示。

图 2-28　快速访问工具栏

单击"自定义快速访问工具栏"下拉按钮，如图 2-29 所示，在弹出的下拉列表中选择"属性"和"新建文件夹"选项，表示在快速访问工具栏中添加这两个图标。若取消选中"属性"状态，则表示在快速访问工具栏中删除"属性"命令对应的图标。

图 2-29　自定义快速访问工具栏

（2）工具栏

在资源管理器中，工具栏的构成如图 2-30 所示。

图 2-30　资源管理器的工具栏

1）"主页"选项卡。选择"主页"选项卡，如图 2-31 所示，它包含了对当前目录中文件或文件夹的一系列操作，包括选择、复制、粘贴等。

图 2-31　"主页"选项卡

2）"共享"选项卡。选择"共享"选项卡，如图 2-32 所示，它包含了对当前目录中文件或文件夹的共享操作。

图 2-32　"共享"选项卡

3）"查看"选项卡。选择"查看"选项卡，如图 2-33 所示，它包含了对当前目录中文件的查看操作。此时，用户可在"窗格"选项组中选择文件夹的不同布局，在"布局"选项组中选择文件的显示方式，在"当前视图"选项组中选择文件的排序方式、分组依据等，在"显示/隐藏"选项组中选择隐藏或显示隐藏的项目、隐藏或显示文件扩展名，也可单击"选项"按钮以选择对文件的其他更多操作。

图 2-33　"查看"选项卡

2. 文件与文件夹的相关概念及基本操作

（1）文件与树形存储结构

文件是一组相关信息的集合，计算机中的任何程序和数据都是以文件的形式存放在计算机的外存储器（如硬盘等）上的。

在 Windows 操作系统（包括 Windows 10）中，每个文件都有一个"文件名"，它是文件存取的唯一标志，它由主文件名和文件扩展名组成。

（2）文件名

在 Windows 操作系统中，文件的命名或文件夹的命名都是由用户遵循一定的命名规则来指定的，其规则如下。

1）在文件名中，最多可以有 255 个字符，其中包括驱动器和完整的路径信息。

2）文件名中不能出现\、/、:、*、?、"、<、>、|这些字符。

3）文件名中的英文字母不区分大小写，如 MYFILES 和 myfiles 是同一个文件名。

4）在一个文件名中可以使用多个分隔符，如 sys docment.text.2019。另外，空格字符和圆点字符作为分隔符，不能单独使用，也不能作为文件名的开头字符。

5）Windows 10 的文件名中还可以使用汉字，且一个汉字占 2 字符的位置。

6）同一文件夹中不能有同名的文件或文件夹，即在同一文件夹下，两个文件的文件名（即主文件名和文件扩展名的组合）不可重复，两个文件夹的名称也不可重复，但在不同文件夹中，则不受此约束。

需要说明的是，日常生活中，如果不加特殊说明，人们所讨论的文件名实为这里的主文件名。

（3）扩展名

主文件名与文件扩展名之间会用一个"."隔开。文件扩展名通常由 1～4 个英文字符构成，用以说明文件中的数据在计算机中的存储格式和使用范围，用来标识文件的类型。常用的扩展名和与之对应的文件类型如表 2-12 所示。

表 2-12 常用的扩展名和与之对应的文件类型

扩展名	文件类型	打开文件所使用的应用程序
exe	可执行文件	直接运行，无须软件打开
rar	一种压缩包	WinRAR、7ZIP、360 压缩等压缩软件
zip	一种压缩包	WinRAR、7ZIP、360 压缩等压缩软件，Windows 10 可直接打开
iso	虚拟光驱	WinRAR 或虚拟光驱软件（如 Daemon）,
doc/docx	Word 文档	Microsoft Word 或金山 WPS
ppt/pptx	幻灯片	Microsoft PowerPoint 或金山 WPS
xls/ xlsx	电子表格	Microsoft Excel 或金山 WPS
wps	WPS 文档	金山 WPS
txt	文本文档	Windows 自带的记事本
mp3	一些音乐文件	Windows Media Player 或其他音乐播放器（如 QQ 音乐播放器）
jpg	图片	图片查看或编辑软件（如 Windows 自带的图片查看器、Photoshop 等）
bmp	图片	图片查看或编辑软件（如 Windows 自带的图片查看器、Photoshop 等）
gif	动态图片	用 Windows 自带的图片查看器打开时是静态的，用 Internet Explorer 打开时是动态的
torrent	BT 文件	支持 BT 下载的软件（如迅雷、电驴 VeryCD、比特精灵 BitSpirit 等）

由表 2-12 可知，不同类型的文件一般需要不同的应用程序来打开，且同一个类型的文件一般可用多种不同的应用程序打开。将一种类型的文件与一个可以打开它的应用程序建

立起一种依存关系，被称为"文件关联"。一个文件可以跟多个应用程序进行关联，如一个MP3 格式的文件可以使用多个不同的音乐播放程序打开。通常可以利用文件快捷菜单中的"打开方式"进行关联，以设置该类文件默认打开的应用程序。

（4）路径

文件是以树形结构的方式进行组织和索引的。文件夹和子文件夹相当于树枝，各级文件夹中的文件则相当于树叶，所在的驱动器则称为根。

对于每一个文件，都可以用它所在的驱动器名、各级文件夹名及文件名来描述其位置，这种位置的表示方法称为路径。路径从左至右依次为：驱动器号、各级文件夹名和文件名，如"D:\计算机基础\课件\第 1 章.pptx"，表示在"D 盘"上的文件夹"计算机基础"中的子文件夹"课件"中的文件"第 1 章.pptx"。这种从根开始，逐级向下给出每个文件夹的名称，最后给出文件名的路径称为绝对路径。

文件的另一种定位方法是，从当前正在访问的文件夹开始，逐级向下给出每个子文件夹的名称，最后给出文件名，这种路径称为相对路径。例如，假设当前正在访问的文件夹为"D:\计算机基础"，则定位上述例子中的文件"第 1 章.pptx"的相对路径为"\课件\第 1 章.pptx"。

3. 文件和文件夹的基本操作

在 Windows 资源管理器中，对文件或文件夹进行操作时，必须先选定作为操作对象的文件或文件夹，然后对它们进行相应的操作。

（1）文件或文件夹的选定

Windows 操作系统的选定方式是，单击选定，双击打开。用户也可以根据自己的需要将选定方式更改。在单击选定的方式下，选定对象的主要操作方法如下。

1）选定单个对象：单击要选定的文件或文件夹，当文件名呈现出淡蓝色的底色时，表示该对象已被选定。

2）选定多个连续对象：选定第一个文件或文件夹后，按住 Shift 键的同时再选定最后一个文件或文件夹，则可选定两者之间的所有对象；或者在待选定的对象之外按住鼠标左键并拖动鼠标，此时，在鼠标按下的位置与鼠标当前位置之间会出现一个虚线矩形框，释放鼠标左键，则位于矩形框内的对象均被选中。

3）选定多个不连续对象：选定第一个文件或文件夹后，按住 Ctrl 键的同时，再依次单击要选中的其他对象，选完后释放 Ctrl 键即可。

4）全选：可以直接用 Ctrl+A 组合键来选择一个区域内的所有对象，如一个文件夹内的所有对象；或者单击"主页"选项卡"选择"选项组中的"全部选择"按钮。

5）反向选定法：如果在所有对象中不想选定的文件或文件夹只有少数几个，而其他大部分都要选定，则可以考虑使用反向选择的方法。操作步骤如下：先选定那些不想选定的对象，然后单击"主页"选项卡"选择"选项组中的"反向选择"按钮，则刚才选定的对象变为未选定状态，而刚才未选定的对象则变为选定状态。

6）取消选定：如果想放弃部分原先选定的对象，可以按住 Ctrl 键不放，然后逐个单击想要放弃的已选定对象，于是，这些被再次选定的对象变为未选定状态。如果想要放弃全部选定的对象，只要在文件列表区中的任何空白处单击即可。

（2）复制、移动和删除文件或文件夹

1）复制：选择需要复制的文件右击，在弹出的快捷菜单中选择"复制"选项，打开文件复制的目的路径右击，在弹出的快捷菜单中选择"粘贴"选项；或者单击"主页"选项卡"组织"选项组中的"复制到"下拉按钮，在弹出的下拉列表中选择目标路径；或者使用组合键，复制的组合键是 Ctrl+C，粘贴的组合键是 Ctrl+V，运用组合键可加快对文件的操作；或者按住 Ctrl 键的同时拖动选择的文件或文件夹到目标路径。

2）移动（剪切）：选择需要移动的文件右击，在弹出的快捷菜单中选择"剪切"选项，打开文件移动到的目的路径右击，在弹出的快捷菜单中选择"粘贴"选项；或者单击"主页"选项卡"组织"选项组中的"剪切到"下拉按钮，在弹出的下拉列表中选择目标路径；或者使用组合键，剪切的组合键是 Ctrl+X，粘贴的组合键是 Ctrl+V；或者按住 Shift 键的同时拖动选择的文件或文件夹到目标路径。

3）删除：选择需要删除的文件或文件夹右击，在弹出的快捷菜单中选择"删除"选项，或者按 Delete 键，或者单击"主页"选项卡"组织"选项组中的"删除"下拉按钮，在弹出的下拉列表中选择"回收"选项，此时，删除的文件或文件夹被放入回收站中。

回收站是 Windows 操作系统中的一个系统文件夹，主要用来存放用户临时从硬盘上删除的文件或文件夹，它默认在每个硬盘分区目录下的 RECYCLER 文件夹中，且是隐藏文件夹。

如果要恢复被删除的文件，双击桌面上的"回收站"图标，打开"回收站"窗口，在文件区域选择需要恢复的文件右击，在弹出的快捷菜单中选择"还原"选项即可。

4）永久删除：选择需要永久删除的文件或文件夹，按 Shift+Delete 组合键，或者单击"主页"选项卡"组织"选项组中的"删除"下拉按钮，在弹出的下拉列表中选择"永久删除"选项，此时，删除的文件或文件夹不再被放入回收站中。

5）抓图：在 Windows 操作系统处于正常的运行状态下，按 Print Screen 键可以将整个屏幕的信息以位图的形式复制到剪贴板中，这个过程又叫抓图。如果只想抓取屏幕中当前窗口的信息图片，可以按 Alt+Print Screen 组合键。抓取的屏幕图片可以被粘贴到某个文档中进行进一步的处理。

（3）更改文件或文件夹的名称

选择需要更改名称的文件或文件夹，单击"主页"选项卡"组织"选项组中的"重命名"按钮，或者右击该文件图标，在弹出的快捷键中选择"重命名"选项，输入新的名称即可。

（4）查看文件或文件夹的属性

在 Windows 资源管理器中，可以方便地查看文件和文件夹的属性，并可以对它们进行修改。其操作步骤如下。

1）选定要查看的文件或文件夹。

2）单击"主页"选项卡"打开"选项组中的"属性"下拉按钮，在弹出的下拉列表中选择"属性"选项；或右击选定的对象，在弹出的快捷菜单中选择"属性"选项，弹出如图 2-34 所示的属性对话框。

图 2-34　文件属性对话框

3）查看或修改文件或文件夹的属性。如果设置为"隐藏"属性，则该文件或文件夹在资源管理器窗口中一般不显示出来。如果设置为"只读"属性，则用户只能对文件进行浏览但不能修改。

文件属性对话框中还有一个"高级"按钮，单击此按钮将弹出"高级属性"对话框，如图 2-35 所示。可以在"高级属性"对话框中更改存档、索引、压缩或加密等属性。在默认情况下，系统为文件选择了"可以存档文件"和"除了文件属性外，还允许索引此文件的内容"属性。为节约磁盘空间，用户可选择"压缩内容以便节省磁盘空间"对文件进行压缩。为保护数据不被其他用户访问，可选中"加密内容以便保护数据"复选框。

图 2-35　"高级属性"对话框

（5）显示或隐藏文件及文件的扩展名

为了防止其他用户查看或修改重要文件和文件夹，可以将其隐藏起来。一般情况下，其他计算机用户无法看到隐藏后的文件。

1）隐藏文件：打开需要隐藏的文件或文件夹的属性对话框，选中"隐藏"复选框，并单击"确定"按钮。

2）显示文件和文件的扩展名：为了找到被隐藏的文件，可在"查看"选项卡"显示/

隐藏"选项组中，选中"文件扩展名"和"隐藏的项目"复选框，如图 2-36 所示；或者单击"选项"按钮，在弹出的"选项"对话框的"查看"选项卡中进行相应的设置即可。

图 2-36　"查看"选项卡

（6）更改文件夹图标

文件夹可以修改图标，而文件的图标不能修改，其操作方式如下。

1）选定文件夹右击，在弹出的快捷菜单中选择"属性"选项，如图 2-37 所示。

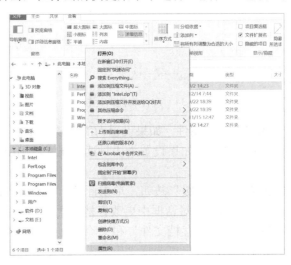

图 2-37　"属性"选项

2）在弹出的属性对话框中，选择"自定义"选项卡，单击"更改图标"按钮，如图 2-38 所示。

3）弹出如图 2-39 所示的对话框，在列表框中选择所需的图标，然后单击"确定"按钮，即可更换文件夹图标。

图 2-38　更改文件夹图标

图 2-39　选择更改的图标

4. 磁盘操作

（1）磁盘属性的查看与设置

选择需要查看的磁盘，如本地磁盘 C，右击，在弹出的快捷菜单中选择"属性"选项，弹出"本地磁盘（C:）属性"对话框，如图 2-40 所示。

在"常规"选项卡中，可以查看磁盘的总容量、已使用空间及可用空间，同时也可以对相应的驱动器进行磁盘清理（磁盘清理的目的是清理磁盘中的垃圾文件，并释放磁盘空间，使计算机运行得更快）。在"工具"选项卡中，可以对驱动器进行错误检查及优化驱动器。在"硬件"选项卡中，可以查看驱动器对应的硬盘信息。在"共享"选项卡中，可以配置该磁盘的共享功能。在"安全"选项卡中，可以配置该磁盘的访问控制权限等功能。在"以前的版本"选项卡中，显示该磁盘在以前版本的状态，一般与计算机系统还原等设置有关。在"配额"选项卡中，管理员为每个用户分配可用的最大空间，用户只能在管理员指定的磁盘范围内使用存储量。

（2）格式化磁盘

磁盘格式化实质上是对磁盘上的存储空间进行规划，并在磁盘上建立磁道和扇区等信息的过程。新磁盘未经格式化操作是不能保存文件的，有数据的磁盘经过格式化操作后，磁盘上存放的所有信息都将丢失。一般情况下，最好不要对硬盘进行格式化，如果确有必要，应先对硬盘中需要的数据进行备份，然后进行格式化操作。

选择需要格式化的磁盘右击，在弹出的快捷菜单中选择"格式化"选项，弹出"格式化 工具"对话框，如图 2-41 所示。单击"开始"按钮即可开始格式化操作，格式化完毕后，单击"关闭"按钮关闭"格式化 工具"对话框。

图 2-40　磁盘属性对话框　　　　　图 2-41　"格式化 工具"对话框

（3）磁盘碎片整理

硬盘在使用一段时间后，由于反复写入和删除文件，磁盘中的空闲扇区会分散到整个磁盘中不连续的物理位置上，从而使文件不能存在连续的扇区中，由此便产生了磁盘碎片。磁盘碎片多了，计算机读取文件的速度就会变得很慢。

磁盘碎片整理程序可以重新排列碎片数据，以便磁盘和驱动器能够更有效地工作。磁盘碎片整理程序可以按计划自动运行；也可以由用户手动分析某个磁盘分区的碎片分布情况，以便及时对其进行碎片整理。

单击"驱动器工具"选项卡"管理"选项组中的"优化"按钮，如图 2-42 所示，弹出"优化驱动器"对话框，如图 2-43 所示。在"状态"列表框中选择需要优化的驱动器，单击"优化"按钮，开始对驱动器进行磁盘碎片情况分析，并进行碎片整理。

图 2-42　"驱动器工具"选项卡

图 2-43　"优化驱动器"对话框

2.3.7　Windows 10 的控制面板

Windows 10 的控制面板是用来对计算机系统的工作方式和工作环境进行设置的一个工具集，如图 2-44 所示。用户也可以在控制面板中查看基本的系统设置，并能对计算机的硬/软件的各个组成部分进行设置和调整，如添加/删除软件、控制用户账户、更改辅助功能选项等。

图 2-44　控制面板

1. 控制面板的启动和视图方式

以下两种方式都可以打开控制面板。

1）右击桌面上的"此电脑"图标，在弹出的快捷菜单中选择"属性"选项，弹出"系统"对话框，如图 2-45 所示，选择左侧的"控制面板主页"选项，打开"控制面板"窗口。

图 2-45　桌面方式打开控制面板

2）单击"开始"按钮，弹出"开始"菜单，选择"Windows 系统"中的"控制面板"选项，也可打开控制面板窗口。

"控制面板"窗口打开后默认情况下是按"类别"视图显示的，如图 2-44 所示，在"查看方式"下拉列表中还可以选择"大图标"或"小图标"查看方式，如图 2-46 所示即以"小图标"方式来查看。

图 2-46　"小图标"方式查看控制面板

2. 系统日期与时间的设定

系统时间通常都是不需要更改的，Windows 10 默认在开机联网后自动同步本地时间，只有当 CMOS 电池没电或计算机没有联网且时间不准时，才需要手动调整系统时间。

修改系统时间的操作步骤如下。

1）在"控制面板"窗口中，单击"时钟和区域"图标，如图 2-47 所示，打开"时钟和区域"窗口。

2）单击"设置时间和日期"按钮，弹出"日期与时间"对话框，选择"日期和时间"选项卡，单击"更改日期和时间"按钮，弹出"日期和时间设置"对话框，如图 2-48 所示，在"日期"和"时间"中进行相应的设置即可。

图 2-47　时间和区域　　　　　　　　　图 2-48　修改日期和时间

3. 键盘和鼠标

键盘和鼠标是常用的与计算机交互的外部设备。在控制面板中，可以根据不同的需求进行个性化的设置，如鼠标的移动速度等。

在控制面板"小图标"视图（图 2-49）下，单击"鼠标"或"键盘"图标，在弹出的"鼠标属性"或"键盘属性"对话框中进行设置。

图 2-49　控制面板"小图标"视图

（1）键盘的设置

在"键盘 属性"对话框中，选择"速度"选项卡，如图 2-50 所示，可根据个人习惯进行设置。

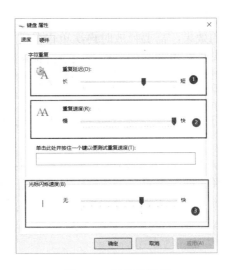

图 2-50 键盘的设置

1）重复延迟：长按一个键的时候就会触发重复，重复延迟是指按下这个键到开始重复输入这个键的时间。

2）重复速度：指字符重复输入的速度，速度越快，在单位时间内输入的字符越多。

3）光标闪烁速度：指输入文本时光标闪烁的速度。

（2）鼠标的设置

在"鼠标 属性"对话框中，鼠标的设置包含有"鼠标键""指针""指针选项""滑轮""硬件"等选项卡，同样可根据个人习惯进行相关的设置，如图 2-51 所示。

1）鼠标键。"鼠标键"选项卡主要设置鼠标的左右键的功能，如图 2-52 所示。

图 2-51 鼠标的设置

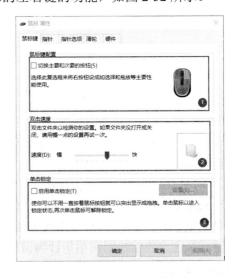

图 2-52 "鼠标键"选项卡

① 鼠标键配置：选中"切换主要和次要的按钮"复选框，可切换鼠标的左右键的功能。

② 双击速度：配置双击速度，速度越慢，第一次单击到第二次单击之间的间隔越长。

③ 单击锁定：选中"启用单击锁定"复选框，在拖曳文件或图标时，按住鼠标左键一段时间后释放也可达到长按的效果，需要释放时再次单击左键。

2）指针。"指针"选项卡主要设置不同工作状态下鼠标指针的形状，如图 2-53 所示。例如，在默认指针设置下，它的形状是一个向左斜的箭头，而当系统前台忙时，指针会变成一个圆圈。

① 方案：单击"方案"下拉按钮，在弹出的下拉列表中选择系统提供给用户的各种指针形状方案。

② 自定义：也可自己定义指针形状方案，在"自定义"列表框中，选定要更改的选项，然后单击"浏览"按钮，在弹出的"浏览"对话框中选择所需的图标方案即可。

3）指针选项。"指针选项"选项卡主要设置指针的移动速度和轨迹显示，它会影响指针移动的灵敏度和指针移动时的视觉效果，如图 2-54 所示。可根据个人需求进行相关的设置。

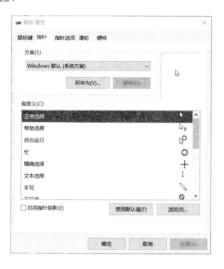

图 2-53　"指针"选项卡

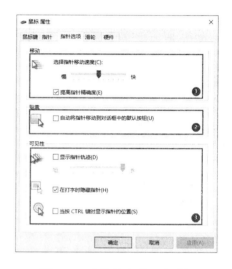

图 2-54　"指针选项"选项卡

① 移动：设置指针的移动速度。

② 贴靠：选中"自动将指针移动到对话框中的默认按钮"复选框，指针将在打开窗口时自动移动到对话框中的默认按钮处。例如，选择此选项后，关闭当前窗口再打开时，指针会自动停靠在"确定"按钮上。

③ 可见性：选中"显示指针轨迹"复选框，移动鼠标指针时可以看见一段拖影在指针的运动轨迹上；选中"在打字时隐藏指针"复选框，表示在打字之前就不需要再移开鼠标指针以避免影响打字；选中"当按 CTRL 键时显示指针的位置"复选框，表示按 Ctrl 键时，会出现一个逐渐收缩的圈指明指针当前的位置。方便用户在不移动鼠标指针的前提下快速知道指针的位置。

4）滑轮。"滑轮"选项卡主要设置当鼠标滑轮滚动一个齿格时屏幕文档的滚动行数，如图 2-55 所示。

① 垂直滚动：当垂直方向的内容超出屏幕范围时可用滑轮来翻滚内容。可设置翻滚的行数或整页翻滚。

② 水平滚动：普通的鼠标不具有水平滚动的滑轮，此选项供带有触摸板的笔记本使用，双指在触摸板上左右滑动即可左右翻滚显示内容，同理双指上下滑动可垂直翻滚显示内容。

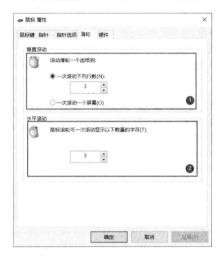

图 2-55　"滑轮"选项卡

4. 打印机

打印机是非常重要的输出设备之一，用来将计算机的处理结果打印在相关介质上。在日常生活中，使用打印机之前必须安装好相应的驱动程序。

（1）安装打印机

打印机在未安装驱动前，其对应的打印机图标并不会在 Windows 操作系统中出现，如图 2-56 所示。

图 2-56　安装驱动之前

安装打印机驱动需要根据打印机的厂家信息与型号信息，下载相应的驱动程序，再添加到当前计算机上。安装打印机的步骤如下：将打印机连接计算机，打开打印机电源，根据打印机型号添加驱动程序。在控制面板中，单击"硬件和声音"图标，弹出"设备和打印机"窗口。单击"添加打印机"按钮，计算机会自动适配相关的打印机。安装打印机驱动程序后，如图 2-57 所示，在打印机选项中出现打印机的型号，可以打印测试页以测试打印机是否良好地安装到计算机上。

图 2-57　安装驱动程序之后

（2）查看打印机的状态

查看打印机属性的操作步骤如下：打开"设备和打印机"窗口，双击需要查看的打印机，即可看到当前打印机的状态，如图 2-58 所示。

图 2-58　查看打印机的状态

（3）更改打印机的设置

用户也可以更改打印机的属性，在图 2-58 中，选择"打印机"下拉列表中的"属性"选项，弹出打印机的属性对话框，如图 2-59 所示，包括"常规""共享""端口""高级""颜色管理""安全""配置"7 个选项卡。用户可以设置打印机打印的默认值，选择"高级"选项卡，单击"打印默认值"按钮，在弹出的对话框中进行纸张、效果等相应设置。

图 2-59 打印机的属性对话框

2.3.8 Windows 10 的常用附件程序

为了方便用户的日常办公，Windows 10 提供了很多实用的附件程序，如图 2-60 所示，熟练地使用这些工具可以提高工作效率。

Windows 10 的附件位于"开始"菜单的"Windows 附件"中，单击其中一个附件程序即可打开。

1. 记事本

记事本是 Windows 自带的用来创建或编辑不需要格式的简单文档的文档编辑器，如图 2-61 所示。记事本常用来查看或编辑纯文本文件（.txt），也是创建 Web 页面的简单工具。

在记事本中不能对文档设置特殊的格式，所以从网页上复制的内容（包括图片和文字）先复制到记事本中，再由记事本复制到 Word 中就可以删除原有的文字格式及图片。

图 2-60 附件程序

图 2-61 记事本

2. 画图

如果需要创建、编辑和查看图片文件，可以选择 Windows 操作系统附件中的"画图"程序，如图 2-62 所示。

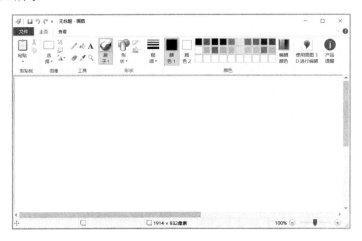

图 2-62　"画图"程序

通过"画图"程序可将设计好的图片插入其他应用程序中，也可将其他应用程序中的图片复制、粘贴到"画图"窗口中。在"画图"软件中，可对图片进行裁剪、拼接、移动、复制、保存和打印。保存用"画图"软件创建的文件时，系统会将文件自动保存为位图文件，扩展名是.bmp。

3. 计算器

标准型计算器如图 2-63 所示，可单击其左上角的▤图标，在弹出的如图 2-64 所示的下拉列表中选择不同功能。

图 2-63　标准型计算器

图 2-64　计算器的功能

标准型计算器只允许用户做一些加、减、乘、除简单的运算；科学型计算器允许用户做一些较高级的科学性计算，并有多种函数可供用户使用，计算时采用运算符优先级，计算结果精确到 32 位数；程序员型计算器只是整数模式，小数部分将被舍弃，计算时采用运算符优先级，计算结果精确到 64 位数；转换器用于进行单位换算。

例如，计算二进制、十进制、十六进制的转换，首先把计算器调为程序员型计算器模式，输入需要转换的十进制数"23"，如图 2-65 所示，结果自动显示在相应进制后，其中 HEX 为十六进制，DEC 为十进制，OCT 为八进制，BIN 为二进制。

4. 放大镜

放大镜在"开始"菜单的"Windows 轻松使用"目录下，如图 2-66 所示。

图 2-65　进制的转换

图 2-66　放大镜

首先按 Win ++组合键打开放大镜，然后通过按 Win ++组合键放大图像，按 Win+-组合键缩小图像，按 Win+Esc 组合键退出放大镜。

本 章 小 结

本章主要介绍了操作系统的发展史、主流操作系统、操作系统的功能及 Windows 10 的基本知识与基本操作。

习题 2

一、选择题

1. Windows 10 操作系统是一个（　　）。
   A. 分布式操作系统　　　　　　　B. 多道批处理操作系统
   C. 实时操作系统　　　　　　　　D. 交互式分时操作系统
2. Windows 10 操作系统正确关机的过程是（　　）。
   A. 先关闭所有的运行程序，然后选择"开始"菜单中的"关机"选项
   B. 在运行 Windows 10 时直接关闭计算机的电源

C．先关闭显示器的电源，再关闭计算机的电源

D．关闭所有任务栏的窗口后，直接关闭计算机的电源

3．Windows 10 中，可以打开"开始"菜单的组合键是（　　）。

　　A．Shift + Esc　　B．Alt + Esc　　C．Tab + Esc　　D．Ctrl + Esc

4．批处理系统相比手工操作方式，下列说法错误的是（　　）。

　　A．在主机上加载和运行了一个软件——监督程序

　　B．当时的人们在主机和输入机之间增加了一个存储设备——磁带

　　C．避免了人机直接进行交互，减少了作业建立及衔接的时间

　　D．完美地解决了"人机矛盾"

5．关于 Windows 10 操作系统的一些实用技巧，下列说法错误的是（　　）。

　　A．将默认的 C 盘桌面的存储位置更改到其他磁盘，防止因系统损坏导致桌面文件丢失

　　B．使用 Win+R 组合键实现当前程序窗体的快速隐藏或显示

　　C．将一些小程序如截图工具、计算器、放大镜等固定到任务栏，以方便启用

　　D．将常用的软件的图标固定到"开始"菜单，方便启用

6．关于 Windows 10 操作系统的窗口描述中，下列说法错误的是（　　）。

　　A．用户可以改变窗口的大小和在屏幕上移动窗口

　　B．窗口是 Windows 10 应用程序的用户界面

　　C．Windows 10 操作系统的桌面也是 Windows 10 窗口

　　D．窗口主要由边框、标题、菜单栏、工作区、状态栏、滚动条组成

7．在 Windows 10 操作系统中，下列关于关闭窗口的做法错误的是（　　）。

　　A．单击窗口右上角的"关闭"按钮

　　B．选择"文件"菜单中的"关闭"选项

　　C．双击窗口左上角的"控制"按钮

　　D．单击窗口右上角的"最小化"按钮

8．当前窗口处于最大化状态，双击该窗口标题栏，则相当于单击（　　）。

　　A．"最小化"按钮　　　　　　　　B．"关闭"按钮

　　C．"还原"按钮　　　　　　　　　D．"系统控制"按钮

9．在 Windows 10 中，当一个应用程序窗口被最小化后（　　）。

　　A．程序仍在前台运行

　　B．程序转为后台运行

　　C．程序运行被终止

　　D．程序运行被暂时中断，但可随时恢复

10．在 Windows 10 操作系统中，选择某个后面带有三角形（▶）的菜单项，系统将（　　）。

　　A．弹出对话框　B．删除该菜单项　C．弹出子菜单　D．没有反应

11．在 Windows 10 中，对话框允许用户（　　）。

　　A．最大化　　　B．移动其位置　　C．最小化　　　D．改变其大小

12．在常见的应用程序基本操作中，不包含（　　）。

　　A．应用程序间交换数据　　　　　B．安装或卸载应用程序、启动与退出

C．控制面板的使用　　　　　　D．应用程序间的切换

13．Windows 10 操作系统的文件夹结构是一种（　　）。

A．树形结构　　B．网状结构　　C．环形结构　　D．关系结构

14．下列（　　）字符不允许出现在 Windows 操作系统的文件名中。

A．:*?　　　　B．/\|　　　　C．其他 3 项都是 D．<>"

15．在 Windows 资源管理器窗口中，单击第一个文件名后，按住（　　）键，再单击最后一个文件，可选定一组连续的文件。

A．Shift　　　B．Ctrl　　　C．Alt　　　D．Tab

16．在 Windows 资源管理器窗口中已经选定了若干个文件，如果要添加或取消某些文件的选定，应进行的操作是（　　）。

A．依次单击各个要添加或取消选定的文件

B．按住 Ctrl 键，再依次单击各个要添加或取消选定的文件

C．按住 Shift 键，再依次单击各个要添加或取消选定的文件

D．依次右击各个要添加或取消选定的文件

17．在 Windows 资源管理器中，要把 D 盘上的某个文件移到 U 盘上，用鼠标操作时应该（　　）。

A．Shift+拖动　　B．Ctrl+拖动　　C．直接拖动　　D．Alt+拖动

18．下列关于文件和文件夹的命名规范的叙述中，错误的是（　　）。

A．同一台计算机中不能存在名称相同的文件或文件夹

B．在文件名中，最多可以有 255 个字符，其中包括驱动器和完整的路径信息

C．文件名中的英文字母不区分大小写，如 MYFILES 和 myfiles 是同一个文件名

D．Windows 10 的文件名中还可以使用汉字，且一个汉字占两字符的位置

19．如果你发现重要的文件被自己误删了，你首先应该想到（　　）。

A．先发个朋友圈警示他人

B．打开回收站尝试找到它，并将其还原

C．去网上下载用于找回文件的软件，并在其提示下花钱开通会员以进行文件修复

D．重新制作一份

20．在 Windows 资源管理器窗口中选定若干个文件后，按 Shift+Delete 组合键的结果是（　　）。

A．删除选定文件并放入回收站

B．对选定的文件不产生任何影响

C．选定文件不放入回收站而直接删除

D．只删除选定的多个文件中位于最上面的一个文件

21．在 Windows 10 中，被删除并放入回收站中的文件占用计算机的（　　）。

A．硬盘空间　　　　　　B．内存空间

C．虚拟内存的空间　　　　D．光盘空间

22．在 Windows 10 的回收站中，存放的（　　）。

A．可以是硬盘或 U 盘上被删除的文件或文件夹

B．可以是在硬盘上用剪贴板剪切掉的文档

C．可以是 U 盘上被删除的文件或文件夹

D．只能是硬盘上被删除的文件或文件夹

23．磁盘清理的主要作用是（　　　）。

A．进行文件清理并释放磁盘空间　　B．删除磁盘中的病毒程序

C．格式化磁盘　　　　　　　　　　D．清除磁盘灰尘

24．在 Windows 10 操作系统中，为结束陷入死循环的程序，应首先按的键是（　　　）。

A．Ctrl+Shift+Esc　　　　　　　　B．Ctrl+Delete

C．Alt+Delete　　　　　　　　　　D．Shift+Delete

25．在 Windows 10 中，鼠标指针为箭头加转圈状时表示（　　　）。

A．正在执行复制任务或打印任务

B．正在后台执行一项任务，但仍可执行其他任务

C．正在执行一项任务，不可执行其他任务

D．没有任务正在执行，所有任务都在等待

26．在 Windows 10 中删除某程序的快捷键方式图标，表示（　　　）。

A．将图标存放在剪贴板上，同时删除了与该图标与对应程序之间的联系

B．既删除了图标，又删除了与该图标对应的程序

C．隐藏了图标，删除了与该图标对应的程序之间的联系

D．只删除了图标，而没有删除与该图标对应的程序

27．利用控制面板中的"程序和功能"（　　　）。

A．可以删除某个指定的 Word 文档

B．可以删除某个指定的打印机的驱动程序

C．可以卸载指定的应用程序，并删除该程序的快捷方式

D．可以删除某个指定的 Windows 组件程序

28．五笔字型输入法是一种（　　　）。

A．音码输入法　　　　　　　　　　B．形码输入法

C．音形结合的输入法　　　　　　　D．手写输入法

29．打开 Windows 命令行终端的快捷方法是按 Win+R 组合键，输入（　　　）后确定即可。

A．regedit　　　　B．mmc　　　　C．cmd　　　　D．explorer

30．关于分时系统，下列说法错误的是（　　　）。

A．作业之间可以互相独立执行，而互不干扰

B．是一个多任务、多用户的系统

C．用户可在作业运行中，根据实际情况提出新的要求，来完成人机交互

D．分时系统是一个完美的解决方案，适用于任何场景

31．实时操作系统追求的目标是（　　　）。

A．高吞吐率　　　　　　　　　　　B．充分利用内存

C．快速响应　　　　　　　　　　　D．减少系统开销

32．UNIX 操作系统是一个（　　　）。

A．交互式分时操作系统　　　　　　B．多道批处理操作系统

  C．实时操作系统　　　　　　　　D．分布式操作系统

33．Windows 10 中，按 Print Screen 键，则使整个桌面内容（　　）。

  A．打印到打印纸上　　　　　　　B．打印到指定文件

  C．复制到指定文件　　　　　　　D．复制到剪贴板

34．在操作系统诞生前，手工操作时，用户首先需要利用（　　）将程序或数据以手工方式装入输入机。

  A．穿孔的卡片或纸带　　　　　　B．纸带或卡片

  C．光盘　　　　　　　　　　　　D．磁带

35．关于 Linux 操作系统，下列说法错误的是（　　）。

  A．是一个单用户、多任务的操作系统

  B．性能稳定、安全性高

  C．可安装在很多种计算机硬件设备中

  D．Android 就是一个 Linux 发行版

二、填空题

1．操作系统的 5 大功能是，处理器管理、存储管理、_____、文件管理和作业管理。

2．在 Windows 10 操作系统中，按 Win++组合键打开放大镜，然后通过按 Win++组合键放大图像，按_____组合键缩小图像，按_____组合键退出放大镜。

3．在 Windows 10 操作系统中，在任意对象上右击，可以打开该对象的_____菜单。

4．Windows 10 操作系统的快捷键通常与_____键、_____键、_____键、Fn（n=1,2,…,12）键及 Windows 键等功能键配合使用。

5．打开任务管理器的快捷键是_____或 Ctrl + Alt + Delete。

6．在打印机与计算机相连后需要安装_____才能正常使用。

7．记事本是用于编辑_____文件的实用程序。

8．Windows 10 操作系统还免费提供了一些短小实用的应用程序。如果用户想要编辑一个图形文件，可以使用附件组中的_____程序。

9．在 Windows 10 操作系统中，文件的属性窗口主要有隐藏属性和_____属性。

10．在 Windows 10 操作系统中，利用_____可以方便地在应用程序之间进行信息交换。

三、调研题

1．查阅有关"千年虫"的相关资料。

2．自学重装系统的步骤及注意事项。

3．练习如何结束和新建 explorer.exe（Windows 资源管理器）进程。

4．查看任务管理器中有哪些常见的进程，了解常见进程的作用。

习题 2 参考答案

第 3 章　Office 2016 办公基础与应用

Office 是目前广泛使用的办公软件系统，包括 Word、Excel、PowerPoint、Outlook、Access 等组件，本章主要介绍 Office 2016 系列中文字处理软件 Word、表格处理软件 Excel 和演示文稿制作软件 PowerPoint。

3.1　文字处理软件 Word

Microsoft Word 是目前办公人员常用的文字处理软件，可以快速创建各式各样的文档，制作复杂多样的表格，进行长文档排版与批量处理文件等方面的操作。

3.1.1　文件的基本操作

在使用 Word 编辑处理文档之前，用户需要了解 Word 2016 的工作界面，对工作环境进行常规设置及文件的一些基本操作，包括新建文档、保存文档和查看文档等。

1. Word 2016 的工作环境

启动 Word 2016 应用程序，其工作界面主要由快速访问工具栏、标题栏、"文件"菜单、功能区、编辑区、标尺和状态栏等组成，具体分布如图 3-1 所示。

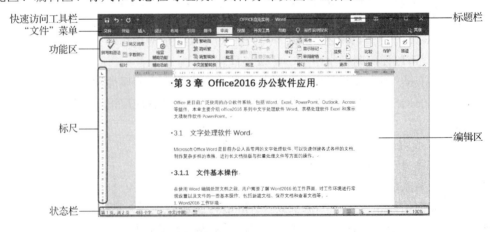

图 3-1　Word 2016 的界面

1）快速访问工具栏：该工具栏集成了多个常用按钮，默认状态下包括"保存""撤销""恢复"按钮，用户可根据个人需要进行添加或更改。

2）"文件"菜单：选择该菜单，在打开的"文件"菜单中选择相应的选项，对文件进行操作。

3）功能区：单击相应的标签，可以切换至相应的功能选项卡，在各个功能选项卡中提供了多种不同的操作设置选项。用户可根据个人需要增加功能选项卡并添加常用的操作命令。

4）编辑区：用户可以在此区域进行输入文本、插入表格、插入图片等操作，并对文件进行复制、移动、删除等编辑操作。

5）状态栏：位于窗口的最低端，用于显示当前文档窗口的状态信息，包括总页数、页码、字数等内容，还可以通过右侧缩放比例来调整页面的比例。

2. 文档的常见设置

在 Word 操作过程中，为了提高工作效率，通常需要对文档的默认打开位置、文档的自动保存时间和默认保存文档格式等进行设置。

（1）设置打开文档的默认位置

用户可以将平时频繁处理的文件保存在特定的文件夹中，然后将此文件夹设置为默认打开文档的位置，节省时间，方便操作。具体操作如下。

1）选择"文件"菜单，然后选择左侧的"选项"选项，弹出"Word 选项"对话框，选择"保存"选项，单击"默认本地文件位置"文本框右侧的"浏览"按钮，如图 3-2 所示。

图 3-2　"保存"选项

2）在弹出的"修改位置"对话框中单击"查找范围"下拉按钮，可以在其中选择打开文件的默认位置，如图 3-3 所示，设置完成后单击"确定"按钮即可。

图 3-3　修改默认位置

（2）设置文档的自动保存时间

在使用 Word 编辑处理文档时，为了防止因断电等意外事件发生导致数据发生错误，用户可以根据需要对文件设置自动保存时间，从而减少数据的丢失。具体操作如下。

在"Word 选项"对话框的右侧选中"保存自动恢复信息时间间隔"复选框，然后在其右侧的调整框中输入一个时间值，如图 3-4 所示。单击"确定"按钮后，Word 会按照指定的时间自动保存文档。用户还可以根据个人需求，在此对话框中设置自动恢复文档位置和默认保存文档格式等。

图 3-4　设置自动保存时间

3. 文档的基本操作

在使用 Word 进行文档编辑之前，必须熟练掌握文档的创建、保存、共享和导出等操作。

（1）新建文档

在 Word 工作界面中，选择"文档"菜单中的"新建"选项，在右侧弹出"新建"界面，如图 3-5 所示，根据个人需求可建立"空白文档"或新建"模板"文档。

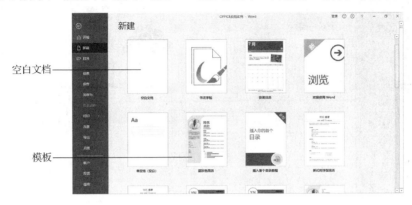

图 3-5　"新建"界面

"空白文档"是基于公共模板 Normal.dotx 的文档，用户可以在其中设置自己的样式、正文和图表等。"模板"文档是一种特殊文档，为用户提供已经设置完成的文档效果，如"蓝灰色简历"模板，用户打开后，只需对其中的内容进行修改即可，从而节省编排时间并提高效率。

（2）保存文档

文档创建后，用户应及时保存文档，否则可能会因为断电或误操作造成文档或数据的丢失。保存文档有两种方式：一种是直接在原位置保存，也就是使用"保存"命令；另一种是使用"另存为"命令，即将文档另外保存在其他位置，可为原文档建立备份文档，避免因修改丢失原来的数据。默认状态保存文件的类型为.docx。

（3）共享文档

在实际工作中，用户可以通过协作的方式来实现多人同时编辑同一个文档，用来完成文档的编写和信息的处理。

打开需要共享的文档，单击右上角的"共享"按钮，如图 3-6 所示，在右侧弹出"共享"设置界面，单击"保存到云"按钮，在弹出的新界面中选择"OneDrive"选项，然后单击右下方的"登录"按钮，如图 3-7 所示（如果没有账号，需要进行注册获取）。

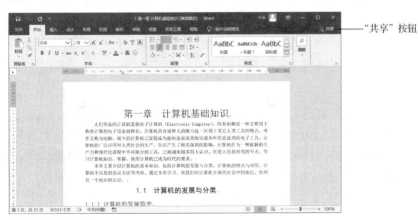

图 3-6　"共享"按钮

图 3-7 登录窗口

弹出"登录"对话框，需要输入本人的微软账号，如图 3-8 所示。

图 3-8 "登录"对话框

根据向导，还需输入密码，登录成功后，生成如图 3-9 所示的 OneDrive 个人文件夹，选择此文件夹，弹出如图 3-10 所示的"正在与服务器联系以获取信息"对话框。

与服务器联系成功后，弹出如图 3-11 所示的"另存为"对话框，单击"保存"按钮，将文件保存在 OneDrive 上。返回文档编辑界面，可以看到"共享"功能可以使用，并邀请人员，将生成的"共享链接"发送给邀请人员，最终实现了多人同时编辑同一个文档的操作。

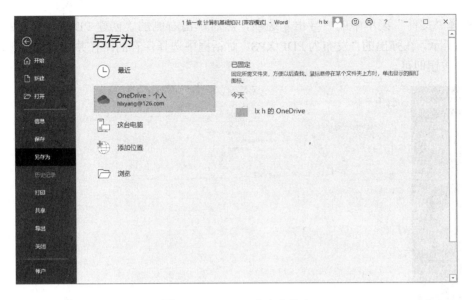

图 3-9　OneDrive 个人文件夹

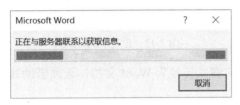

图 3-10　与服务器联系对话框

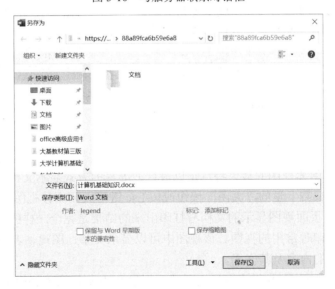

图 3-11　"另存为"对话框

（4）创建 PDF 文档

在 Word 2016 中，为了保证文件的格式在打印时不会改变，比较好的方法是将 Word 文档保存为 PDF 格式，具体操作如下。

选择"文件"菜单中的"导出"选项，然后单击右侧的"创建 PDF/XPS"按钮，如图 3-12 所示，在弹出的"发布为 PDF/XPS"对话框中选择保存的路径并输入文件名，单击"发布"按钮即可。

图 3-12　创建 PDF/XPS

Word 2016 还能将 PDF 格式转换为 Word 文档，无须借助其他软件进行格式转换。

（5）查看文档

Word 2016 的文档内容可以用多种形式显示，文档的不同显示形式称为文档视图。用户可以选择不同的视图从不同的角度来观察文档的内容。Word 2016 提供了 5 种文档视图：阅读视图、页面视图、Web 版式视图、大纲和草稿，如图 3-13 所示。

图 3-13　"视图"选项卡

1）阅读视图。阅读视图的最大特点是以最合适屏幕的方式显示文档内容，便于阅读和批注文档。单击屏幕右上角的"关闭"按钮或按 Esc 键可关闭阅读视图。

2）页面视图。页面视图显示的文档与打印出来的结果是完全一样的，也就是所见即所得。这是排版和打印时常用的视图。该视图中可以显示文字、图片、表格、页眉和页脚、页边距等所有元素的内容及其格式。

3）Web 版式视图。Web 版式视图主要用于创建 Web 页，它能够模拟 Web 浏览器来显示文档。在 Web 版式视图中的显示结果与在 Web 浏览器中的显示结果一致。

4）大纲视图。大纲视图主要用于查看文档的结构，不显示页边距、页眉和页脚、图片和背景，按标题、正文等分级显示文档内容。

切换到大纲视图后，屏幕上会显示"大纲"选项卡，通过选项卡中的命令可以选择查看文档的标题、升降各标题的级别等。

5）草稿视图。草稿视图简化了页面的布局，只能将多栏显示为单栏格式，页眉、页脚、页号、页边距等显示不出来，页与页之间使用一条虚线表示分页符，这样更易于编辑和阅读文档。

除了以上 5 种视图方式外，用户还可以选中"视图"选项卡"显示"选项组中的"导航窗格"复选框来浏览文档，"导航窗格"用于显示 Word 文档的标题大纲，用户单击"导航窗格"中的标题可以展开或收缩下一级标题，并且可以快速定位到标题对应的正文内容，还可以显示 Word 文档的缩略图。

（6）打印文档

一般情况下，用户排版完成后，需要对文档进行打印输出，为了确保打印输出效果，可先对打印文档进行预览，然后根据需求对各项输出参数进行设置后用打印机打印输出。

如图 3-14 所示，选择"文件"菜单中的"打印"选项，右侧出现打印预览窗口，可通过调整页码或显示比例查看预览结果。

图 3-14 打印设置

打印预览与预期效果一致时，设置打印参数，可在图 3-14 左侧设置打印"份数"、打印范围（整个文档，当前页或奇数页、偶数页等）、单面或双面打印、横向或纵向打印、纸张大小等。设置完成后，单击"打印"按钮即可。

3.1.2 文本的基本操作

为了更好地对文档内容进行编排，必须掌握输入文本、对文本进行编辑修改、查找和替换文本等操作。

1. 输入文本

在文本编辑区的光标处，通过键盘直接输入文本，对于不能输入的符号或各种格式的日期时间等，可以通过"插入"选项卡中的各种命令将其插入文档中。

（1）文本编辑模式

用户在输入文本时，一般情况下，新输入的文本直接插入原有文本之间，插入点后面的文本向后移动，这种文本编辑模式称为插入模式，是系统默认的方式。有时新输入的文本会覆盖插入点后面的原有文本，这种文本编辑模式称为改写模式。

可以通过选择"文件"菜单中的"选项"选项，在弹出的"Word 选项"对话框的"高级"选项卡中的"编辑选项"选项组中设置插入或改写模式，如图 3-15 所示。也可以通过按 Insert 键切换插入或改写模式，还可以通过单击状态栏中的"插入"或"改写"按钮进行切换。

图 3-15　编辑选项设置

（2）输入特殊符号

在输入文本时，经常会遇到一些键盘上无法找到的特殊符号。要插入这样的符号，可通过单击"插入"选项卡中的"符号"按钮，在弹出的"符号"对话框中根据个人需要选择"符号"选项卡或"特殊字符"选项卡，选择相应的符号，然后单击"插入"按钮即可，如图 3-16 所示。

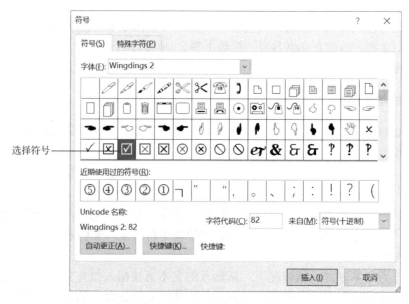

图 3-16　"符号"对话框

（3）输入公式

在 Word 2016 中可以插入各种类别的数学公式。单击"插入"选项卡"符号"选项组中的"公式"下拉按钮，在弹出的下拉列表中选择公式类别即可。如果需要输入二元一次方程的两个实根，直接选择"二次公式"下的" $x = \dfrac{-b \pm \sqrt{b^2 - 4ac}}{2a}$ "公式即可。

另外，选择"公式"下拉列表中的"插入新公式"选项，则在功能区增加了一个"公式工具"选项卡，在"设计"选项卡中可设置公式中的符号和结构，生成新公式。例如，用公式表示变量 i 从 1、2、3 依次递增到 n 的和，可选择"插入新公式"选项，这时功能区会出现"设计"选项卡，如图 3-17 所示，然后在"结构"选项组中单击"大型运算符"下拉按钮，在弹出的下拉列表中选择"求和"中的第二个求和结构，然后输入公式 $\text{sum} = \sum_{i=1}^{n} i$ 。

图 3-17　"公式工具-设计"选项卡

2. 编辑文本

在 Word 文档中输入文本之后，还需要对文本进行选择、复制、移动等操作。通过这些操作，可以减少重复性文本的输入操作，从而提高工作效率。

（1）选择文本

要对文本进行编辑，首先需要选择文本，然后才能进行后期操作。

1）选择一行。将鼠标指针移动至行的最左侧，当鼠标指针变成 ⟋ 时单击即可选择一行。最左侧空白区域成为文本选定栏。

2）选择一段文本。将鼠标指针移动到文本选定栏，双击即可选择整个段落。

3）选择全部文本。将鼠标指针移动到文本选定栏，快速单击 3 次或按住 Ctrl 键的同时单击即可选择整个文档内容。

4）选择连续文本。将鼠标指针定位到要选择文本的起始处，按住 Shift 键不放，在选择文本的末尾单击，即可选择连续文本。

5）选择不连续文本。选中要选择的第一处文本起始处，按住 Ctrl 键的同时选择其他文本即可。

6）选择矩形区域。要选择垂直文本，可按住 Alt 键不放，然后按住鼠标左键拖动要选择的文本即可。

（2）复制和移动文本

复制文本是将文本从一个位置移动到另一个位置，而原位置的文本仍然存在。复制文本时，先对要复制的文本执行"复制"命令或按 Ctrl+C 组合键，然后执行"粘贴"命令或按 Ctrl+V 组合键将文本粘贴到需要的位置。或者选择文本后，按住 Ctrl 键的同时，按住鼠标左键将文本拖动到指定位置。

移动文本可以将文本从一个位置移动到另一个位置，而原位置的文本不复存在。移动文本时，先对要移动的文本执行"剪切"命令或按 Ctrl+X 组合键，然后执行"粘贴"命令或按 Ctrl+V 组合键将文本移动到需要的位置。或者选择文本后，按住鼠标左键将文本拖动到指定位置。

（3）删除文本

如果要删除文档中不需要的文本，则先选择要删除的文本，然后按 Delete 键或 Backspace 键即可。

3. 查找和替换文本

在输入完一篇较长的文档内容后，可能会发生某一个重复出现的字、词等需要修改或需要对某些特定的文字进行统一的格式设置。如果逐个修改，则会花费很大的时间和精力，这时可使用查找和替换功能轻松解决这个问题。

下面通过两个例子来学习查找和替换操作。

例 3-1 打开"查找和替换之习题应用"文件，将选择题中的 Windows 全部替换成 Windows 7，同时将替换后的文本设置为加粗和在文字底部加着重号的格式。

分析：根据任务要求，首先需要通过"查找"功能找出所有"Windows"的文字信息，然后利用"替换"功能替换成文字"Windows 7"，同时对替换的文本设置相应的格式。

例 3-1 操作演示

具体操作如下。

1）单击"开始"选项卡"编辑"选项组中的"替换"按钮，弹出"查找和替换"对话框。

2）选择"查找"选项卡，在"查找内容"文本框中输入"Windows"，在下方的"搜索选项"选项组中，根据实际要求选择相应的选项，然后单击"在以下项中查找"下拉按钮，在弹出的下拉列表中选择"主文档"选项，这样在上方出现"Word 找到 4 个与此条件相匹配的项"的文字信息，如图 3-18 所示。

图 3-18　查找文本"Windows"

3）选择"替换"选项卡，在"替换为"文本框中输入"Windows 7"，再单击左下方的"替换"选项组中的"格式"下拉按钮，在弹出的下拉列表中选择"字体"选项。在弹出的"字体"对话框中，设置字形为"加粗"、着重号为"•"，单击"确定"按钮，返回"查找和替换"对话框，如图 3-19 所示，在"替换为"文字下方出现"字体：加粗，点"信息，表示替换的格式已经设置完成。

图 3-19　替换文本和格式

4）单击"全部替换"按钮完成替换操作，最终效果如图 3-20 所示。

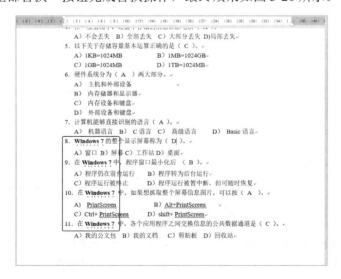

图 3-20　替换后的效果图

说明：在查找文本时，查找范围除了"主文档""主文档中的文本框"之外，还可以是"当前所选文本"，用户可根据实际情况选择相应的选项；在查找文本时，也可以设置格式进行查找，只是格式设置对象为"查找内容"；查找或替换完成后，为了能更好地进行下一次查找或替换操作，最好取消之前的查找或替换格式，通过单击"替换"选项卡"替换"选项组中的"不限定格式"按钮即可。此外还可以根据需求查找"特殊格式"，如"制表符""手动换行符""段落标记"等符号。

例 3-2 通过查找和替换功能，清除以上文件中的选择题答案（所有选择题答案填写在一对小括号内）。

分析：首先分析选择题答案的结构，所有答案都由"一对小括号"加中间的答案信息组成，然后用一个"通用的表达式"来描述这种结构，在"查找内容"文本框中填写此"表达式"；再用另一个"通用的表达式"描述清除后的结构，即"一对小括号"中加上若干个"空格"信息，在"替换内容"文本框中填写这样的表达式。

例 3-2 操作演示

具体操作如下。

1）按照前面例子的操作方式，打开"查找和替换"对话框，查找范围为"主文档"，查找内容为"(*)"，并在"搜索选项"选项组中，设置"搜索"为"全部"，并选中"使用通配符"复选框，如图 3-21 所示。

图 3-21 查找答案信息

2）选择"替换"选项卡，在"替换为"文本框中输入"(   )"，单击"全部替换"按钮即可。查找答案效果如图 3-22 所示，清除答案后的效果如图 3-23 所示。

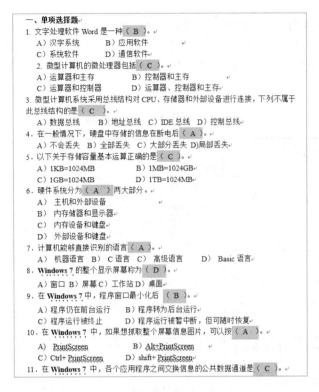

图 3-22 查找答案效果图

一、单项选择题

1. 文字处理软件 Word 是一种（ ）。
   A）汉字系统　　　　B）应用软件
   C）系统软件　　　　D）通信软件

2. 微型计算机的微处理器包括（ ）。
   A）运算器和主存　　　　B）控制器和主存
   C）运算器和控制器　　　D）运算器、控制器和主存

3. 微型计算机系统采用总线结构对 CPU、存储器和外部设备进行连接，下列不属于此总线结构的是（ ）。
   A）数据总线　　B）地址总线　C）IDE 总线　D）控制总线

4. 在一般情况下，硬盘中存储的信息在断电后（ ）。
   A）不会丢失　B）全部丢失　C）大部分丢失　D)局部丢失

5. 以下关于存储容量基本运算正确的是（ ）。
   A）1KB=1024MB　　　　　B）1MB=1024GB
   C）1GB=1024MB　　　　　D）1TB=1024MB

6. 硬件系统分为（ ）两大部分。
   A）主机和外部设备
   B）内存储器和显示器
   C）内存设备和键盘
   D）外部设备和键盘

7. 计算机能够直接识别的语言（ ）。
   A）机器语言　B）C 语言　C）高级语言　　D）Basic 语言

8. Windows 7 的整个显示屏幕称为（ ）。
   A）窗口　B）屏幕　C）工作站　D）桌面

9. 在 Windows 7 中，程序窗口最小化后（ ）。
   A）程序仍在前台运行　　B）程序转为后台运行
   C）程序运行被终止　　　D）程序运行被暂中断，但可随时恢复

10. 在 Windows 7 中，如果想抓取整个屏幕信息图片，可以按（ ）。
    A）PrintScreen　　　　　B）Alt+PrintScreen
    C）Ctrl+ PrintScreen　　　D）shift+ PrintScreen

11. 在 Windows 7 中，各个应用程序之间交换信息的公共数据通道是（ ）。

图 3-23 清除答案效果图

说明：此例"查找内容"的通用表达式为"(*)"，"替换内容"的通用表达式为"(　　)"。其中，查找内容中的"*"代表的是任意多个字符，是一种通配符。使用通配符，可以查找包含特定字母或字母组合的单词或短语。查找当中可以用的通配符还有很多，具体如表 3-1 所示。

表 3-1　查找中可用的通配符

通配符	用于查找	示例
?	任一字符	s?t 可找到 "sat" 和 "set"
*	任何字符串	s*d 可找到 "sad" 和 "started"
<	单词开头	<(pre) 可找到 "pretty" 和 "press"，但找不到 "spread"
>	单词结尾	(ing)> 可找到 "interesting" 和 "working"，但找不到 "ingredient"
[]	指定字符之一	s[ae]t 可找到 "sat" 和 "set"
[-]	此范围内的任一字符	[0-9]可找到 "0" ～ "9" 任意的一位数字，范围必须是升序
[!x-z]	除了括号内范围中的字符之外的任一字符	[!0-9]可找到非 0-9 的所有字符，但找不到 "11" 或 "520" 等的数字信息
{n}	前一个字符或表达式的 n 个完全匹配项	de{2}d 可找到 "deed"，但找不到 "ded"，表示找到有且只含有两个 e 的单词
{n,}	前一个字符或表达式的至少 n 个匹配项	10{1,}可找到形如 "10" "100" "1000" …… "100……0" 大于 1 位数的整数
{n,m}	前一个字符或表达式的 n 到 m 个匹配项	10{1,3} 可找到 "10"、"100" 和 "1000"
@	前一个字符或表达式的一个或多个匹配项	lo@t 可找到 "lot" 和 "loot"，可找到一个或多个前一个字符的单词

使用通配符查找时，如果要查找已被定义为通配符的字符，则要在该字符前输入反斜杠(\)。例如，要查找问号，必须输入"\?"。如果不使用通配符查找"？"，则直接在"查找内容"文本框中输入"？"即可。所以在进行查找时，一定要分清楚是否借助通配符进行查找。

使用通配符查找时，还可使用半角小括号对通配符和文本进行分组，以指明处理顺序。例如，在"查找内容"文本框中输入"(你好)(,)(中国)(!)"，将查找内容用小括号分为 4 组，并在"替换为"文本框中输入"\3\2 \1\4"，替换时"\1"代表内容"你好"，"\2"代表内容"，"，"\3"代表内容"中国"，"\4"代表内容"!"，所以替换结果为"中国，你好!"。

3.1.3　编辑与美化文档

文档输入完成后，需要对文档进行格式化操作，主要包括文本格式、段落格式、项目符号和编号及边框和底纹等的设置，以期达到美化文档及加快编辑速度的目的。

如果有多处文档内容需要设置为相同的格式，可在将其中一处格式设置完成后，单击"开始"选项卡"剪贴板"选项组中的"格式刷"按钮进行格式复制。操作过程为，首先选定复制格式的样本文档内容，单击"格式刷"按钮后选定需要设置同样格式的文档内容即可。

要将格式复制到多处位置，可双击"格式刷"按钮，然后逐个选定要改变其格式的各个对象，完成后按 Esc 键或再次单击"格式刷"按钮关闭格式刷。

1．设置文本格式

设置文本是格式化文本最基本的操作，包括设置文本字体格式、字形、字号、字符间距和字体颜色等内容。通过设置文本格式可以使文档看起来更加整洁、美观。可以通过3 种方式进行文本格式的设置。

1）在"开始"选项卡中设置字体及字号，如图 3-24 所示。

字体和字号

图 3-24　"开始"选项卡

2）在"浮动"工具栏中设置字体格式，如图 3-25 所示。

3）在"字体"对话框中设置字体格式。单击"开始"选项卡"字体"选项组右下角的对话框启动器，弹出"字体"对话框，如图 3-26 所示。

图 3-25　浮动工具栏

图 3-26　"字体"对话框

在此对话框中，有两个选项卡，分别是"字体"选项卡和"高级"选项卡。其中，在"字体"选项卡中可设置常用字符的外观格式。在"高级"选项卡中可设置字符之间的关系，包含文字横向缩放比例、字符之间的间距及相对高度等；除此之外，还可以使用 OpenType 功能。OpenType 是一种新的字体，它具有增强的跨平台功能，能够更好地支持 Unicode 标准定义的国际字符集，支持高级印刷控制能力，生成的文件尺寸更小，支持在字符集中加入数字签名，保证文件的集成功能。Word 2016 支持连字、样式集、可选的数字形式和数字间距等 OpenType 版式功能，为文档提供了专业排版外观。

单击"字体"选项卡中的"文字效果"按钮，在弹出的对话框中可为选定文本设置一组预设的文本效果，然后单击选择自定义的效果。也可单击"高级"选项卡中的"文字效果"按钮，进行同样的设置。

2. 设置段落格式

段落格式设置是对段落的布局进行设计，主要包括对齐方式、段落缩进、段间距、行间距和项目符号与编号等的设置。

（1）设置段落对齐方式

段落文本的对齐方式有左对齐、居中、右对齐、两端对齐与分散对齐等5种。

1）左对齐方式是指对段落在页面上靠左对齐排列，快捷键为Ctrl+L。

2）居中对齐方式能使整个段落在页面上居中对齐排列，快捷键为Ctrl+E。

3）右对齐方式使段落右侧文字具有整齐的边缘，快捷键为Ctrl+R。

4）两端对齐是使两侧文字具有整齐的边缘，所选的内容每一行全部向页面两边对齐，字与字之间的距离根据每一行字符的多少自动分配，这是 Word 默认的对齐方式，快捷键为Ctrl+J。

5）分散对齐是将段落按每行两端对齐分散，当某一行不满一行时，自动调整间距，使其铺满一行，快捷键为Ctrl+Shift+E。

单击"开始"选项卡"段落"选项组右下角的对话框启动器，弹出"段落"对话框，如图3-27所示，按排版要求在"对齐方式"下拉列表中进行选择。

图3-27　"段落"对话框

（2）设置段落缩进

段落缩进是指文本与页边距之间的距离，包括首行缩进、悬挂缩进、左缩进和右缩进 4 种方式。

打开"段落"对话框，在"缩进"选项组中，选择相应的缩进方式，如图 3-27 所示。如果对缩进的度量精度要求不高，也可拖动"水平标尺"栏中的"首行缩进"、"左缩进"和"右缩进"滑块，快速设置缩进效果。

1）首行缩进是将某个段落的首行即第一行向右进行段落缩进，其余行不进行段落缩进。在水平标尺左侧，其形状为倒三角形。

2）悬挂缩进是将某个段落首行不缩进，其余各行缩进。在水平标尺的左侧，其形状为正立三角形。

3）左缩进是将某个段落整体向右进行缩进，在水平标尺的左侧，其形状为矩形。

4）右缩进是将某个段落整体向左进行缩进，在水平标尺的右侧，形状为正立三角形。

（3）设置段落间距和行间距

段落间距是指相邻两个段落之间的距离，段间距分为段前和段后距离的设置。行间距是指行与行之间的距离，可根据排版要求设置单倍行距、多倍行距和固定值等格式，如图 3-27 所示。

打开"段落"对话框，在"间距"选项组中进行相应的段间距和行距设置。

（4）设置项目符号与编号

在排版文档内容时，需要使用统一列表格式的项目符号和编号，可使文档条理清晰、重点突出，阅读起来更方便，而且增加和删除某些列表项，都不会影响其一致性。

1）设置项目符号：选择文本或段落，单击"开始"选项卡"段落"选项组中的"项目符号"下拉按钮，在弹出的下拉列表中可直接选择常用的项目符号，如●、✓、◆和➢等符号；也可选择"定义新项目符号"选项，弹出如图 3-28 所示的"定义新项目符号"对话框。单击"符号"按钮，在弹出的符号库中选择项目符号；或单击"图片"按钮，在弹出的对话框中选择某一幅图片作为项目符号；或单击"字体"按钮，在弹出的对话框中对项目符号设置颜色、大小等。设置"对齐方式"，最后完成自定义项目符号的操作。

2）设置编号：选择文本或段落，单击"开始"选项卡"段落"选项组中的"编号"下拉按钮，在弹出的下拉列表中可选择"最近使用的编号格式"、"编号库"或"文档编号格式"中的任一种编号形式，如"1. 2. 3."、"一 二 三"和"A. B. C."等编号形式；也可选择"定义新编号格式"选项，弹出如图 3-29 所示的"定义新编号格式"对话框。选择"编号样式"，更改"编号格式"，设置"对齐方式"，完成自定义编号的操作。

（5）设置多级列表

为了使复杂文档（如法律或技术文档等）结构更明显，层次更清晰，可以给文档设置多级列表。单击"开始"选项卡"段落"选项组中的"多级列表"下拉按钮，在弹出的下拉列表中可选择常用的"列表"形式，也可选择"定义新的列表样式"选项，在弹出的对话框中自定义列表各级别的格式，如字体、颜色等的设置，还可选择"定义新的多级列表"选项更改现有的列表样式，如将原有级别 1 的格式"1."更改为"一、"，原有级别 2 的格式"1.1"更改为"（一）"等，也可在此设置相应的字体格式。

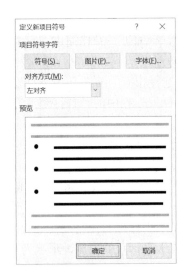

图 3-28　设置项目符号　　　　　　　　图 3-29　设置编号格式

3. 设置边框和底纹

有时为了突出文档的重点，增加文档的美观性，需要对文档设置边框和底纹，具体包括字符边框和底纹、段落边框和底纹及页面边框的设置。

1）设置字符边框和底纹：选择需要设置的文本信息，在"段落"选项组中，单击"边框"下拉按钮，在弹出的下拉列表中选择"边框和底纹"选项，弹出如图 3-30 所示的"边框和底纹"对话框。设置"应用于"文字，在"设置"选项组中，首先选择"方框"选项，然后在"样式"、"颜色"和"宽度"选项组中设置相应的格式，再通过预览区查看最终效果，如果对文字添加底纹，则选择"底纹"选项卡进行相关的设置即可，最后单击"确定"按钮。

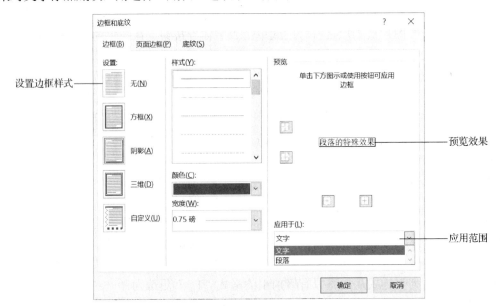

图 3-30　设置文字或段落的边框和底纹

2）设置段落边框和底纹：选择需要设置的段落文本，按照以上操作，打开"边框和底纹"对话框，设置"应用于"段落，其他设置与字符边框和底纹的设置方法一样。

3）设置页面边框：在"边框和底纹"对话框中，选择"页面边框"选项卡，然后根据个人需求进行相关的设置即可。

3.1.4　图文混排

Word 2016 除了对文字进行处理之外，为了丰富文档内容，还可以在文档中插入图片、形状和文本框等图形对象，通过设置图片格式，可以使图文合理地编排在文档中，从而提高文章的说服力和感染力。

1. 图片

在文档中，可以插入本地计算机中的图片，还可以插入联机图片、屏幕截图等。可根据要求通过单击"插入"选项卡"插图"选项组中的"图片"、"联机图片"或"屏幕截图"按钮插入所需图片。

插入图片之后，为了使图片能更好地适应文档的整体布局，还需要对图片进行一些编辑工作，如裁剪、旋转、环绕方式和对齐图片等操作。选中需要设置的图片，会出现如图 3-31 所示的"图片工具-格式"选项卡。

图 3-31　"图片工具-格式"选项卡

默认状态下，插入的图片是以嵌入式的形式显示的，这种方式使文字围绕在图片的上下方，图片和文字一样，只能在文字区域内移动。为了使图片以"浮动式"的形式显示，可设置图片的"环绕文字"方式为"四周型"、"穿越型环绕"、"上下型环绕"、"衬于文字下方"和"浮于文字上方"等。

2. 自选图形

在编辑文档时，有时需要插入一些自选图形，增加文档的可读性。自选图形包括线条、基本几何形状箭头、公式形状、流程图形状、星形和标注等元素。可通过单击"插入"选项卡"插图"选项组中的"形状"下拉按钮，在弹出的下拉列表中选择需要插入的形状。插入形状后，会出现关于形状设置的"格式"选项卡，在其中可进行形状轮廓、形状填充、形状效果、环绕方式和对齐方式等的设置。

如图 3-32 所示，这是使用插入形状绘制的流程图，表示结构化程序设计方法中 3 种基本结构中的循环结构。

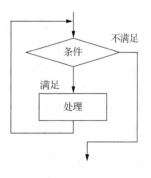

图 3-32　循环结构流程图

3. 文本框

文本框是一种可以移动的、大小可调的文本或图形容器。它不仅可以像图片一样随意放置，还可以在横排文字的文档中插入竖排方式的文本或段落，并且可以将文本框置于页面上的任意位置，甚至还可以通过创建文本框之间的链接，使文字从一个文本框顺排到另一个文本框中，即使这两个文本框不相邻或不在同一页上。例如，在有些报刊中，可能有一篇文章在报纸的第一版上，然后跳转到或接续到第三版上，这就可以通过使用文本框链接来很方便地实现。也可以在自选图形中添加文字，将自选图形作为文本框使用。总之，文本框可以使文档的版面形式更丰富多彩。

（1）插入文本框

单击"插入"选项卡"文本"选项组中的"文本框"下拉按钮，在弹出的下拉列表中选择一种文本框样式，删除文本框中的默认文字，重新输入文字内容。然后在出现的"格式"选项卡中，选择相应的功能，如文本框形状轮廓、文字方向等进行操作。

（2）创建文本框链接

需要进行文本框链接时，先单击源文本框，再单击"格式"选项卡"文本"选项组中的"创建链接"按钮，鼠标指针变成直立的罐状指针，移动鼠标指针到目标文本框，鼠标指针变成倾斜的罐状指针，单击目标文本框，这样源文本框的内容已满，则会自行显示到目标文本框中。

（3）断开文本框链接

要断开文本框的链接，首先选定源文本框，然后单击"格式"选项卡"文本"选项组中的"断开链接"按钮，这样目标文本框内容为空，所有文字内容都存放在源文本框中。

（4）更改文本框形状

文本框插入文字之后，还可以更改其形状。首先选择要更改其形状的文本框（如果要选择多个文本框，可按住 Shift 键单击），然后单击"格式"选项卡"插入形状"选项组中的"编辑形状"下拉按钮，在弹出的下拉列表中选择"更改形状"子菜单中的类别及形状即可。

4. SmartArt 图形

利用 SmartArt 图形可以快速将知识之间的关系通过可视化的图形形象清晰地表达出来，从而制作出具有专业设计水准的图示图形。

SmartArt 图形提供了包括列表、流程、循环、层次结构、关系、矩阵、棱锥图及图片等 8 种布局类型的图形，单击"插入"选项卡"插图"选项组中的"SmartArt"按钮，弹出"选择 SmartArt 图形"对话框，用户可以根据需要创建不同的图形。

创建完 SmartArt 图形之后，用户可以通过出现的"设计"与"格式"选项卡，更改图形布局，同时设置样式和色彩风格，以达到美化文档的效果。

3.1.5 表格应用

使用表格组织和显示数据可以使数据显得更有条理，更加直观，一目了然。在 Word 中，除了提供绘制表格功能之外，还提供了强大的表格编辑功能，不仅可以对表格的数据进行运算，还可以使表格与文本信息之间进行相互转换。

1. 创建表格

在 Word 中，用户可以通过插入内置的表格、插入快速表格或 Excel 电子表格，还可以使用绘制表格工具，按照具体要求绘制各种不同行列的表格。

单击"插入"选项卡"表格"选项组中的"表格"下拉按钮，在弹出的下拉列表中用户可根据个人需求选择创建表格的方式。

1）插入表格：可直接拖动鼠标选择行数和列数。

2）插入表格…：选择此选项，在弹出的"插入表格"对话框中，填写"表格尺寸"，进行自行调整操作，还可设置为新表格记忆此尺寸，即将当前各项设置保存为新建表格的默认状态。

3）绘制表格：选择此选项，鼠标指针变成"笔"的形状时，拖动鼠标即可在文档中绘制表格。

4）插入快速表格：快速表格是为用户提供一种表格模板，包括表格式列表、带副标题1、日历 1 等 9 种类型，选择其中一种模板即可插入表格。

5）文本转换成表格：选择要转换成表格的段落，选择"文本转换成表格"选项，在弹出的"将文本转换成表格"对话框中，根据文本特点设置相关参数。

6）Excel 电子表格：插入 Excel 电子表格，主要是在 Word 中调用 Excel 中的表格功能，可利用 Excel 对表格数据分析和计算的强大功能。

2. 编辑表格

插入表格之后，需要对表格的内容和布局进行修改，如选择单元格、插入单元格、调整单元格高度和宽度等。

1）选择单元格：选择一个单元格，将鼠标指针移动到单元格左边界，当鼠标指针形状变为指向右上的实心箭头时，单击即可选中；选择一行单元格，移动鼠标指针到该行左边界的外侧，当鼠标指针变成指向右上的空心箭头时，单击即可选中一行；选择一列单元格，移动鼠标指针到该列顶端，当鼠标指针变成指向下的实心箭头时，单击即可选择一列；选择不连续的单元格，单击要选择的第一个单元格，按住 Ctrl 键的同时单击其他需要选择的单元格即可；选择整个单元格，单击表格左上角的按钮即可。

2）复制和移动：对表格内容进行移动或复制，首先选定单元格、行或列。要移动选定内容，可将选定内容直接拖至新位置。要复制选定内容，可在按住 Ctrl 键的同时将选定内容拖动至新位置。注意，当复制或移动格式或整个单元格时，可通过右击，在弹出的快捷菜单中选择"粘贴选项"选项或选择"开始"|"剪贴板"|"粘贴"|"粘贴选项"选项来实现文字或格式或全部的复制或移动操作。

3）插入行和列：选择单元格，在"布局"选项卡"行和列"选项组中，用户可根据个人需求选择相应的功能完成操作。

4）合并与拆分单元格：选择需要合并的多个单元格，单击"布局"选项卡"合并"选项组中的"合并单元格"按钮即可完成合并单元格的操作。同理，选择需要拆分的单元格，只需按照前面步骤，单击"拆分单元格"按钮即可。

5）拆分表格：在 Word 中，表格只能拆分。选择需要拆分行的任意单元格，再单击"合并"选项组中的"拆分表格"按钮即可。

6）调整表格：根据表格中的实际内容，可在"布局"选项卡中的"单元格大小"和"对齐方式"选项组中，对表格的大小、列宽、行高、环绕方式及文字在表格中的对齐方式等进行设置，还可单击"设计"选项卡"边框"选项组右下角的对话框启动器进行内外边框的设置，以增加表格的美观性。

7）删除表格、行和列：选中需要删除的行、列或表格，按 Shift+Delete 组合键，即可快速删除。如果直接按 Delete 键，只能删除其中的内容。

3. 设置表格格式

Word 中默认的表格样式为白底黑框，比较单调。用户可通过应用表格内置样式、设置表格底纹、设置表格边框样式等方法，来美化表格。

选择表格中的任意单元格，在"设计"选项卡"表格样式"选项组中的列表框中选择要应用的表格样式即可。如果需要修改表格样式，则选择下拉列表中的"修改表格样式"选项，如果需要清除表格样式，则选择下拉列表中的"清除"选项。

4. 排序与计算

在对表格的处理过程中，有时需要将表格内容按某种顺序排列，Word 提供了对数据进行排序的功能，用户可以对表格中的数字或日期按升序或降序进行排序，还可以按中文习惯对表格中的中文字符按笔画、拼音等多种顺序进行排列。

选择表格中的任意单元格，单击"布局"选项卡"数据"选项组中的"排序"按钮，弹出"排序"对话框，可根据个人需求进行设置。

在对表格的处理过程中，有时需要对表格中的数据进行计算，用户可以在 Word 中运用数学公式或函数（如求和、求极值、平均值等）对数据完成简单的计算。但 Word 表格的主要功能在于以丰富的形式排列表格中的数据，而不是计算。

选择表格中的任意单元格，单击"布局"选项卡"数据"选项组中的"公式"按钮，弹出"公式"对话框，可根据个人需求输入公式或函数。

例 3-3 将以下学生成绩信息按要求完成操作。

1）将学生成绩信息转换成 12 行 4 列的表格。

2）在第一行前增加标题行，具体标题为姓名、计算机基础、大学英语、高数。

3）增加"总分"列，通过求和函数计算下列学生的总分。

金佳玲：99，59，94

冷德曼：99，70，90

柯遵兰：97，72，94

刘楠：87，84，85

刘云：81，84，75

李浪霞：95，90，99

刘方骏：92，91，79

刘娜：79，91，79

刘彦娜：84，92，80

路桥：78，92，70

杜子君：73，94，90

陈明浩：95，99，91

分析：首先将文字信息中的"："符号替换成"，"（注意全角和半角的区别），然后利用"文本转换为表格"功能，以"，"为分隔符将其转换为表格，接着在第一行前插入标题行，输入标题后，再对表格数据按照计算机基础列升序排序，最后在高数列右侧增加一列，并通过使用求和函数 SUM 进行总分计算。

具体操作如下。

1）选中以上文字信息，单击"开始"选项卡"编辑"选项组中的"替换"按钮，弹出"查找和替换"对话框，在"替换"选项卡中的"查找内容"文本框中输入"："，在"替换为"文本框中输入"，"，单击"全部替换"按钮，弹出信息提示框，询问"是否搜索文档的其他部分"，单击"否"按钮，即可完成选中文字信息的替换操作。

2）选中以"，"逗号为分隔符的文本信息，单击"插入"选项卡"表格"选项组中的"表格"下拉按钮，在弹出的下拉列表中选择"文本转换成表格"选项，在弹出的"将文字转换成表格"对话框中，进行如图 3-33 所示的设置。

3）单击"确定"按钮完成转换。

4）选择第一行的任意单元格右击，在弹出的快捷菜单中选择"插入"子菜单中的"在上方插入行"选项，然后在生成的第一行从左往右依次输入"姓名""计算机基础""大学英语""高数"。

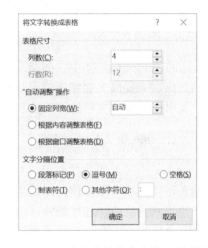

图 3-33　"将文字转换成表格"对话框

5）选择最后一列的任意单元格右击，在弹出的快捷菜单中选择"插入"子菜单中的"在右侧插入列"，在生成列的第一个单元格中输入"总分"。

图 3-34　"公式"对话框

6）选择第二行计算总分的单元格，按照前面所述步骤，打开"公式"对话框，如图 3-34 所示，在"公式"文本框中输入"=SUM(LEFT)"或在"粘贴函数"下拉列表中选择需要的函数进行编辑，单击"确定"按钮，完成第一个总分的计算。

7）选中计算出结果的单元格，复制然后粘贴到剩下的单元格，再按 F9 键，完成所有总分的计算。选中整个表格，单击"布局"选项卡"对齐方式"选项组中的"水平居中"按钮，最后效果如表 3-2 所示。

表 3-2　学生成绩信息表

姓名	计算机基础	大学英语	高数	总分
金佳玲	99	59	94	252
冷德曼	99	70	90	259
柯遵兰	97	72	94	263
刘楠	87	84	85	256
刘云	81	84	75	240
李浪霞	95	90	99	284
刘方骏	92	91	79	262
刘娜	79	91	79	249
刘彦娜	84	92	80	256
路桥	78	92	70	240
杜子君	73	94	90	257
陈明浩	95	99	91	285

3.1.6　编辑长文档

对于长文档，如学生的毕业设计论文，可以使用分页、分节、分栏等分隔符和插入页眉页脚，来提高文档编排的灵活性；可以通过生成目录、插入题注与脚注等说明性文字和交叉引用等提高文档的可读性和可控性。

1．插入题注和交叉引用

在文中插入图片时，用户对于图片标题说明和在文中的引用，一般采取的方法是直接输入，当文中有很多图片时，中间进行插入或删除图片操作，需要对后续的图片编号和引用进行一一修改，相当费时，这时可以通过插入题注和交叉引用功能节省排版时间。

将鼠标指针移动到第一张图片输入题注的位置，单击"引用"选项卡"题注"选项组中的"插入题注"按钮，弹出"题注"对话框。在"标签"下拉列表中选择"图"选项。如果没有此标签，可单击"新建标签"按钮，在弹出的"新建标签"对话框的"标签"文本框中输入"图"，单击"确定"按钮，返回"题注"对话框，在"题注"文本框中出现"图1"字样，如图 3-35 所示，然后在其后输入标题的内容，单击"确定"按钮即可。

对文档中的图片插入题注后，还需要在文中引用图片的整个或部分题注内容，在"题注"选项组中，单击"交叉引用"按钮，弹出"交叉引用"对话框。在"引用类型"下拉列表中选择"图"选项，在"引用哪一个题注"下方出现题注列表，并在"引用内容"下拉列表中选择"仅标签和编号"选项，如图 3-36 所示，单击"插入"按钮，文中出现引用文字"图1"，将"图1"文字设置为和正文文本一样的格式即可。

对于后续插入的图片，用以上方法插入题注和交叉引用，图片的编号会自动进行增加。当中间需要插入或删除图片时，只需按 Ctrl+A 组合键全选整篇文档，然后按 F9 键即可自动更新编号。此方法同样适用于文档中的表格或公式等对象。

图 3-35　"题注"对话框　　　　　图 3-36　"交叉引用"对话框

2. 分隔符

使用分隔符可以改变文档中一个或多个页面的版式或格式，具体包括分页符、分栏符、手动换行符和分节符。

（1）分页符

当文本或图形等内容填满一页时，Word 会自动分页并开始新的一页。如果需要在某个特定位置强制分页，如确保章节标题总在新的一页开始，可插入分页符，按 Ctrl+Enter 组合键可快速插入分页符。也可通过单击"布局"选项卡"页面设置"选项组中的"分隔符"下拉按钮，在弹出的下拉列表中选择"分页符"选项。

（2）分栏符

分栏是将文本拆分为一列或多列进行显示。可选中需要分栏的文本，单击"布局"选项卡"页面设置"选项组中的"栏"下拉按钮，在弹出的下拉列表中选择符合要求的栏数或选择"更多栏"选项，在弹出的"栏"对话框中进行"栏数"、"分割线"、"宽度与间距"和"应用于"等设置，然后单击"确定"按钮即可进行分栏操作。

（3）手动换行符

手动换行符是结束当前行，并强制文字在图片、表格或其他项目的下方继续，文字将在下一个空行上继续。

通常情况下，文本到达文档页面右边距时，会自动换行，再通过按 Enter 键强制换行，使之前的文字为一个段落，但是手动换行符产生的新行不能作为一个段落存在，而是和前一行的文字属于同一段落。通过选择"分隔符"下拉列表中的"手动换行符"选项或按 Shift+Enter 组合键即可插入手动换行符（符号显示为"↓"）。

（4）分节符

节是文档的一部分。插入分节符之前，Word 将整篇文档视为一节。在需要改变行号、分栏数或页面页脚、页边距等特性时，需要插入分节符，创建新的节。

将插入点定位到新节的开始位置，单击"布局"选项卡"页面布局"选项组中的"分隔符"下拉按钮，在弹出的下拉列表中选择"分节符"类型。

1）下一页：插入分节符并在下一页开始新节，在插入点后分页并另起一页开始新节。

2）连续：插入分节符并在同一页上开始新节，插入点所在页面为一节。

3）奇数页：插入分节符并在下一奇数页上开始新节，如果下一页为偶数页，插入此分节符后，下一页页码为奇数页。

4）偶数页：插入分节符并在下一偶数页上开始新节，如果下一页为奇数页，插入此分节符后，下一页页码为偶数页。

如果在页面视图看不到分隔符，单击"开始"选项卡"段落"选项组中的"显示/隐藏编辑标记"按钮即可显示。

3. 设置页眉和页脚

页眉和页脚是正文之外的内容，通常情况下，页眉位于页面上边距中，用来显示文档的主要内容；页脚位于页面下边距中，用来显示文档的页码、日期等内容。

（1）插入页眉

单击"插入"选项卡"页眉和页脚"选项组中的"页眉"下拉按钮，在弹出的下拉列表中选择 Word 提供的内置页眉样式，包括空白、奥斯汀、边线型、花丝型等，选择相应的页眉样式，输入页眉内容，再单击正文任意位置或单击"设计"选项卡中的"关闭页眉和页脚"按钮，完成页眉的插入。

（2）插入页脚

单击"插入"选项卡"页眉和页脚"选项组中的"页脚"下拉按钮，在弹出的下拉列表中选择 Word 提供的内置页脚样式，包括空白、奥斯汀、边线型、母版型、信号灯等，选择相应的页脚样式，输入页脚内容，再单击正文任意位置或单击"设计"选项卡中的"关闭页眉和页脚"按钮，完成页脚的插入。

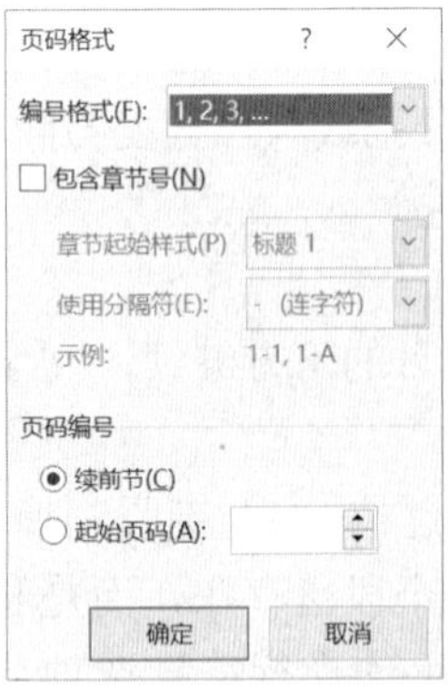

（3）插入页码

单击"插入"选项卡"页眉和页脚"选项组中的"页码"下拉按钮，在弹出的下拉列表中选择"设置页码格式"选项，弹出"页码格式"对话框，如图 3-37 所示。在"编码格式"下拉列表中选择页码编号格式，默认状态下，页码编号是"续前节"，即依次递增编号；如果需要重新设置起始页码，则在"起始页码"微调框中输入起始页码，单击"确定"按钮完成页码格式的设置。然后在"页码"下拉列表选择页码插入的位置和样式，包括"页码顶端"、"页码底端"、"页边距"和"当前位置"等，单击完成页码的插入。

图 3-37 "页码格式"对话框

（4）删除页眉和页脚

要删除页眉和页脚，只需将鼠标指针移至要删除的页眉或页脚处，在页眉或页脚区中选定要删除的文字或图形，然后按 Delete 键即可自动删除整个文档中同样的页眉或页脚。

（5）插入不同页眉或页脚

如果要为文档中的不同章节设置不同的页眉或页脚，首先在文档的章节间插入分节符将文档分成节，并单击"设计"选项卡"导航"选项组中的"链接到前一节"按钮，将其禁用（禁用后按钮为灰色）。然后对各节分别进行页眉和页脚的设置。

　　4. 使用目录

　　阅读长文档时，用户可以通过目录来了解正义的主要内容，并快速定位到某个标题。在 Word 中，可以通过操作使文档自动生成目录、更新目录。

　　（1）设置标题样式

　　使用 Word 自动生成目录，首先必须对各章节标题设置标题样式，如第 1 章、第 2 章等设置为一级标题，即标题 1 样式；1.1、1.2 等内容设置为二级标题，即标题 2 样式；依此类推。选中各章节标题内容，在"开始"选项卡的"样式"选项组中，根据文中章节标题的不同级别设置标题 1、标题 2 等样式。

　　（2）自动生成目录

　　对各章节设置完成标题样式后，单击"引用"选项卡"目录"选项组中的"目录"下拉按钮，在弹出的下拉列表中可直接选择 Word 提供的内置"自动目录 1"选项等，也可选择"自定义目录"选项，在弹出的"目录"对话框中可通过"打印预览"查看目录最终打印效果，如果不满意，可单击"修改"按钮，对生成目录中的样式进行修改，完成后单击"确定"按钮即可完成目录的生成。

　　（3）更新目录

　　如果目录的内容或文档中的页码发生变化，则需要更新目录。选择目录区域的任意位置，单击目录左上角的"更新目录"按钮，弹出"更新目录"对话框，根据个人需求选择"只更新页码"或"更新整个目录"选项即可。

3.1.7　其他应用

　　1. 保护文档

　　为了不让文档的内容被他人看到或被修改，用户可以对文档进行加密保护，或对文档进行限制他人编辑文档的设置。

　　（1）对文档添加密码

　　选择"文件"菜单中的"另存为"选项，在弹出的"另存为"对话框中选择"工具"下拉列表中的"常规选项"选项，弹出如图 3-38 所示的"常规选项"对话框。在"打开文件时的密码"文本框中输入密码，单击"确定"按钮；在弹出的"确认密码"对话框中再次输入密码，如图 3-39 所示，单击"确定"按钮即完成对文档添加密码的设置。

　　除了以上加密操作之外，用户还可以通过单击"文件"|"信息"中的"保护文档"下拉按钮，在弹出的下拉列表中选择"用密码进行加密"选项，在弹出的"加密文档"对话框中为文档设置密码。

　　如果需要取消密码，只需打开设置密码的对话框，将密码删除，然后单击"确定"按钮即可。

图 3-38　添加密码

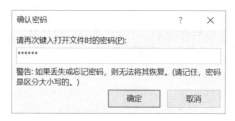

图 3-39　确认密码

（2）限制文档的编辑

用户可以通过 Word 的"限制编辑"功能，防止未经授权者查看、修改或破坏文档内容。

1）限制编辑。单击"审阅"选项卡"保护"选项组中的"限制编辑"按钮，在弹出的"限制格式和编辑"窗格中选中"仅允许在文档中进行此类型的编辑"复选框，根据个人需求在下面的下拉列表中选择编辑选项，包括不允许任何更改（只读）、只能进行修订、只能进行批注或只能进行填写窗体，然后单击"启动强制保护"选项组中的"是，启动强制保护"按钮，在弹出的"启动强制保护"对话框中输入两次密码，单击"确定"按钮，完成相应的编辑限制。

如果文档中部分内容可以被他人编辑，则先选中此部分内容，选中"例外项"选项组中的"每个人"复选框，然后如前面所述启动强制保护并输入密码，单击"确定"按钮，完成对未选择部分的保护。

2）取消限制。如果需要恢复文档对其他人的编辑权限，打开"限制格式和编辑"窗格，单击"停止保护"按钮，弹出"取消保护文档"对话框，在"密码"文本框中输入保护的密码，单击"确定"按钮即可。

2. 邮件合并

在办公中，经常需要制作大量的会议通知、邀请书之类的邮件，这些邮件的内容绝大部分是相同的，不同的仅仅是收信人的姓名、称呼、通信地址等。人工逐一填写姓名、称呼、通信地址等内容是一项非常烦琐的工作。使用邮件合并功能可以非常方便、快捷地完成这项工作。

邮件合并操作涉及 3 个文件：第一，主文档，包含所有文件共有内容；第二，数据源文件，所有文件中的信息填写部分，以表格形式存放；第三，将数据源文件中的数据信息合并到主文档中需要填写的位置，而最终生成的文档。

例 3-4　批量制作邀请函。图 3-40 所示为"邀请函"主文档，图 3-41 所示为"邀请名单"数据源文档。

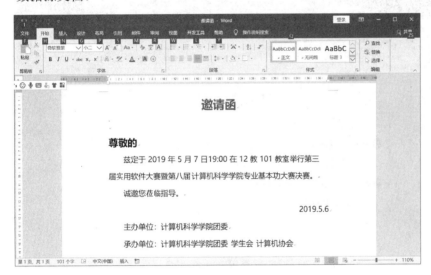

例 3-4 操作演示

图 3-40　"邀请函"主文档

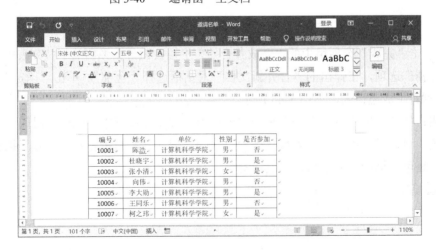

图 3-41　"邀请名单"数据源文档

分析：准备好主文档和数据源文档，然后通过邮件合并功能批量生成最终的邀请函文件。

具体操作如下。

1）单击"邮件"选项卡"开始邮件合并"选项组中的"开始邮件合并"下拉按钮，在弹出的下拉列表中选择"邮件合并分步向导"选项，弹出"邮件合并"对话框。选择类型为"信函"，单击"下一步"按钮，弹出"选择开始文档"界面；选择"使用当前文档"，单击"下一步"按钮，弹出"选择收件人"界面，单击"使用现有列表"中的"浏览"按钮，弹出"选取数据源"对话框，选择数据源文件"邀请名单"，单击"打开"按钮。

2）将光标定位在"尊敬的"后面位置处，单击"编写和插入域"选项组中的"插入合并域"下拉按钮，在弹出的下拉列表中选择"姓名"域，结果如图 3-42 所示。

图 3-42　插入"姓名"域

3）单击"完成"选项组中的"完成并合并"下拉按钮，在弹出的下拉列表中选择"编辑单个文档"选项，在弹出的"合并新文档"对话框选择"全部"，单击"确定"按钮。

4）批量生成邀请函，如图 3-43 所示。

说明：如果需要生成含有条件限制的邀请函，如在此案例中，生成有时间、参加人员的邀请函，可通过"编写和插入域"选项组中的"规则"按钮进行设置。除了批量生成邀请函外，还可以批量生成信封、座位标签等。

图 3-43　生成邀请函

3. 宏的应用

在处理文档时，经常会进行大量的重复性操作。例如，从网上复制的文本内容中包含很多空格或空行，手工去掉这些符号费时又麻烦，这时可以使用录制宏来轻松一键完成。

宏是将一系列 Word 命令和指令组合在一起，形成一个单独的命令以实现任务执行的自动化，提高工作效率。

Word 提供两种方法来创建宏：宏录制器和 Visual Basic 编辑器。

（1）创建宏

单击"开发工具"选项卡"代码"选项组中的"录制宏"按钮，弹出"录制宏"对话框。在"宏名"文本框中输入宏名，并选择宏的指定方式（"按钮"或"键盘"），单击"确定"按钮。这时鼠标指针变成了一个自带小磁带的鼠标指针，表示正在录制状态，然后开始进行一系列的操作，完成后，单击"代码"选项组中的"停止录制"按钮即可。或者直接单击上述"代码"选项组中的"Visual Basic"按钮，编写代码实现。

（2）执行宏

如果未选择宏指定方式，则单击"宏"按钮，弹出"宏"对话框，在宏列表中选择需要的宏名，单击"运行"按钮执行宏；如果选择宏指定方式为"按钮"，直接单击此按钮执行宏；如果选择宏指定方式为"键盘"，则直接使用按键就可以执行宏。

（3）修改宏

宏实际上就是一段代码，如果需要修改使其功能更加完善，可单击"宏"按钮，弹出"宏"对话框，选择需要修改的宏名，单击"编辑"按钮，打开 VBA 编辑窗口，在代码区进行修改即可。

图 3-44 "录制宏"对话框

例 3-5 操作演示

（4）删除宏

单击"宏"按钮，弹出"宏"对话框，从宏列表中选择宏名，单击"删除"按钮即可。

例 3-5 将《宏应用案例》文中的空格删除。

分析：通过"查找和替换"对话框，输入查找内容为空格，替换内容无须填写，单击"全部替换"按钮，将此过程录制宏为"消除空格"。

具体操作如下。

1）单击"录制宏"按钮，弹出"录制宏"对话框，在"宏名"文本框中输入"消除空格"，选择将宏指定到"按钮"，如图 3-44 所示，单击"确定"按钮。

2）弹出"Word 选项"对话框，将左侧工具栏列表中的"Normal.NewMacros.消除空格"添加到右侧列表框中，如图 3-45 所示。

图 3-45 "Word 选项"对话框

3）单击"修改"按钮，在弹出的如图 3-46 所示的"修改按钮"对话框中，将按钮名称修改为"消除格式"，也可为此按钮选择图标，单击"确定"按钮返回文档。

4）开始录制操作过程，单击"开始"选项卡"编辑"选项组中的"替换"按钮，弹出"查找和替换"对话框。在"查找内容"文本框中输入空格，在"替换为"文本框中不输入任何内容，在"搜索选项"选项组中，取消选中"区分全/半角"复选框，单击"确定"按钮返回文档。

图 3-46 "修改按钮"对话框

5）单击"停止录制"按钮。

6）打开宏应用案例文件，单击"自定义快速访问工具栏"中的"消除空格"宏按钮，如图 3-47 所示，即可一键实现消除文中的空格。

图 3-47 "消除空格"宏按钮

说明：图 3-48 是未消除空格的文档，图 3-49 是使用宏按钮消除空格后的文档。

图 3-48 含有空格的文档

图 3-49　使用宏按钮消除空格的文件

3.2　电子表格处理软件 Excel

Excel 2016 是一套功能强大的电子表格处理软件，可以创建电子表格、跟踪数据、编写公式以对数据进行计算、生成数据分析模型、以多种方式透视数据，并以各种具有专业外观的图表来显示数据，从而帮助用户做出更明智的决策。目前，其广泛应用于办公事务、财务、统计和数据分析等领域。

3.2.1　Excel 2016 基础操作

Excel 以电子表格形式存储和处理数据，用来存储数据的电子表格文件称为工作簿。一个工作簿由若干个工作表组成，一个工作表由若干个单元格组成。工作簿与工作表之间的关系类似于日常工作中的账簿与账页。

1.　认识 Excel

（1）Excel 工作界面

启动 Excel 2016，在默认状态下，Excel 的工作窗口主要包含快速访问工具栏、标题栏、功能区、名称框、编辑栏、工作表编辑区、列标、行标、滚动条、工作表标签和视图控制区等，如图 3-50 所示。

在工作窗口的最上方是由快速访问工具栏、工作簿名称和窗口控制按钮组成的标题栏；下面是功能区，由选项卡和选项卡中的选项组组成；然后是编辑栏与工作表编辑区，具体情况如下。

1）名称框：用于定义单元格或单元格区域的名称与地址。默认状态下，显示当前活动单元格的位置。

2）编辑栏：主要用于显示或编辑工作表的数据或公式。

3）行标：用数字表示每一行，如 1、2、3 等，单击行标可以选择整行单元格。

4）列标：用字母表示每一列，如 A、B、C 等，单击列标可以选择整列单元格。

5）工作表标签：主要显示当前工作簿中的工作表名称与数量，单击工作表名称可以切换工作表。

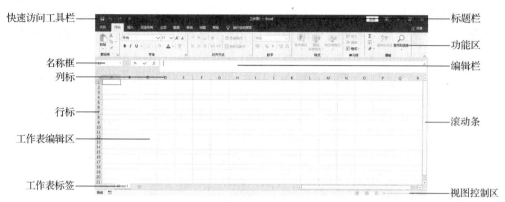

图 3-50　Excel 工作界面

（2）基本概念

为了方便用户以后的学习与操作，用户必须掌握以下几个基本概念。

1）工作簿：一个 Excel 文档就是一个工作簿，它由一个或多个工作表组成，如图 3-50 所示的工作簿为"工作簿 1"。

2）工作表：用于存储和处理数据的主要文档，也称为电子表格，它由单元格组成，如图 3-50 所示的"Sheet1"为工作表。

3）单元格：一行与一列的交叉处为一个单元格，单元格是组成工作表的最小单位，用于存放各种各样类型的数据或公式。

4）单元格地址：每一个单元格都有一个名称，也称为单元格地址，用列的字母加上行的数字来表示。例如，第一行第一列的单元格地址为"A1"。

5）填充柄：是 Excel 中提供的快速填充单元格工具。在选定的单元格右下角，当鼠标指针移动到上面时，形状会由空心十字形变成细黑十字形，此形状称为填充柄。拖动填充柄即可完成对单元格的数据、格式、公式的填充。

2．工作簿与工作表的操作

工作簿的基本操作包括创建工作簿，保存、打开工作簿和设置密码等，与 Word 文档的相应操作类似，这里不再阐述。

工作表是 Excel 中非常重要的组成部分，数据主要是以工作表为单位进行显示编辑的。因此工作表的基本操作显得尤为重要，具体包括设置工作表数量、新建工作表、重命名工作表、编辑工作表（移动、复制和删除等）、显示和隐藏工作表等。

（1）设置工作表数量

一个工作簿可以包含多个工作表，在早期的 Excel 版本中，新建的工作簿默认包含 3

个工作表。而 Excel 2016 中，新建的工作簿默认只包含 1 个工作表，用户可以为新建的工作簿设置包含工作表的数量。

选择"文件"菜单中的"选项"选项，弹出"Excel 选项"对话框。在对话框左侧列表中选择"常规"选项，然后在"新建工作簿时"选项组中设置"包含的工作表数"的值为 3，单击"确定"按钮，在下次新建工作簿时，工作簿将包含 3 个工作表。

（2）新建工作表

在创建工作簿之后，如果工作簿中的工作表不够用，可以通过以下几种方式新建工作表。

1）单击工作表选项卡右侧的"插入工作表"按钮 ⊕，插入的工作表在"Sheet1"工作表之后生成。

2）单击"开始"选项卡"单元格"选项组中的"插入"下拉按钮，在弹出的下拉列表中选择"插入工作表"选项，也可完成工作表的创建。

3）右击 Sheet1 工作表标签，在弹出的快捷菜单中选择"插入"选项，弹出"插入"对话框，在"常用"选项卡中选择"工作表"选项，单击"确定"按钮即可新建工作表。

（3）重命名工作表

在工作簿中创建多个工作表后，为了能分辨或快速查找所需要的工作表，就需要对工作表进行重命名，右击需要重命名的工作表标签，在弹出的快捷菜单中选择"重命名"选项，工作表标签变为可编辑状态，输入工作表的名称，按 Enter 键完成操作。也可直接双击工作表标签，输入名称后按 Enter 键。

（4）编辑工作表

在 Excel 中，有时需要对工作簿中的某个工作表进行复制、移动或删除操作，只为更方便地处理或分析数据。

1）复制工作表。

① 同一工作簿：选中需要复制的工作表标签，按住鼠标左键的同时按 Ctrl 键，向左右拖动，在合适的地方释放鼠标左键和键盘；或者右击工作表标签，在弹出的快捷菜单中选择"移动或复制"选项，弹出"移动或复制工作表"对话框，在"下拉选定工作表之前"列表框中选择工作表（复制的位置在此工作表后），然后选中"建立副本"复选框，单击"确定"按钮即可完成复制工作表。

② 不同工作簿：打开源工作簿和目标工作簿，右击源工作簿中需要复制的工作表标签，在弹出的快捷菜单中选择"移动或复制"选项，弹出"移动或复制工作表"对话框，在"工作簿"下拉列表中选择目标工作簿，在"下拉选定工作表之前"列表框中选择工作表（复制后的工作表显示在此工作表后），选中"建立副本"复选框，单击"确定"按钮即可完成不同工作簿之间的工作表复制。

2）移动工作表。移动工作表和复制工作表基本一致，不同的地方是通过键盘操作，直接拖动工作表标签，在合适地方释放即可。而通过"移动或复制工作表"对话框，不需要选中"建立副本"复选框。

3）删除工作表。工作簿中的工作表还可以删除，删除之后的工作表是不可恢复的，所以删除之前必须考虑清楚。右击需要删除的工作表标签，在弹出的快捷菜单中选择"删除"选项，这样工作表就被删除了。

（5）显示和隐藏工作表

工作表还可以进行隐藏，用来保护表格中的重要数据，需要时再将其显示出来。工作簿中必须至少保证有一个工作表是显示状态，否则不能对其他工作表进行隐藏。

1）隐藏工作表：右击需要隐藏的工作表标签，在弹出的快捷菜单中选择"隐藏"选项，完成此工作表的隐藏。

2）显示工作表：右击任意工作表标签，在弹出的快捷菜单中选择"取消隐藏"选项，弹出"取消隐藏"对话框，在工作表列表中，选择需要取消隐藏的工作表，单击"确定"按钮。

3. 单元格的操作

对单元格进行操作时，需要先选择单元格，可以选择一个单元格也可以选择多个单元格，选中后对这些单元格进行复制、移动或删除等操作。

（1）选择单元格

1）选择一个单元格：直接将鼠标指针移动到需要选择的单元格上单击，该单元格即被选择。

2）选择连续的单元格：单击该区域左上角的单元格，按住鼠标左键并拖动鼠标到该区域的右下角单元格，释放鼠标左键即可；或者单击第一个单元格，按 Shift 键的同时单击该区域的最后一个单元格，释放键盘左键和鼠标即可。

3）选择不连续的单元格：单击第一个单元格，按 Ctrl 键的同时，单击其他单元格。

4）选择多个工作表中相同的区域：首先在第一个工作表中选择共同的区域，然后按 Ctrl 键，选择其他工作表标签即可。

（2）编辑单元格

选择单元格后，对单元格进行编辑操作。

1）复制或移动单元格。

① 全部粘贴：将单元格包含的所有对象，如格式、内容等复制到其他地方。选择单元格，按 Ctrl+C 组合键，将此单元格全部复制到剪贴板上，然后单击目标单元格，按 Ctrl+V 组合键即可完成全部复制过程。也可以通过功能选项卡或快捷菜单中的"复制"和"粘贴"命令实现。还可以在按 Ctrl 键的同时，拖动此单元格到目标单元格处。

② 部分粘贴：选择单元格，按 Ctrl+C 组合键，再右击目标单元格，在弹出的快捷菜单中，根据个人需求在"粘贴选项"中选择粘贴的对象，如数值、公式、格式等，也可以选择"选择性粘贴"选项，在弹出的对话框中选择粘贴的对象。

移动单元格和复制单元格操作基本类似，只是快捷键为 Ctrl+X，功能选项卡或快捷菜单中为"剪切"命令，其他操作基本一致，或直接拖动单元格完成移动操作。

2）删除单元格。

① 删除数据：选择单元格，直接按 Delete 键，删除的是单元格中的内容。

② 删除整行、整列、右侧单元格左移和下方单元格上移：右击选择的单元格，在弹出的快捷菜单中选择"删除"选项，弹出"删除"对话框，在删除列表中选择相应的选项即可。

3）合并单元格。

选择需要合并的单元格，单击"开始"选项卡"对齐方式"选项组中的"合并后居中"下拉按钮，在弹出的下拉列表中选择相应的选项即可合并单元格。

① 合并后居中：将选择的多个单元格合并成一个单元格，同时将单元格内容居中。

② 跨越合并：行和行之间相互合并，而列不参与合并。

③ 合并单元格：将所选单元格合并为一个单元格。

如果需要取消合并，则可选择下拉列表中的"取消单元格合并"选项。

4. 输入数据

选择单元格后，用户可以在其中输入各种不同类型的数据，如数值型数据、字符型数据、日期型数据及公式或函数等。

（1）直接输入

1）输入长数字：当单元格中输入的长度超过 11 位的长数字时，数字会以科学计数法的形式显示，并且超过 15 位后的数字全部变为 0。为了显示出正确的长数字，可在输入数字之前，输入单引号，然后按 Enter 键即可。也可以选择输入长数字的单元格，对其设置单元格格式为文本型。

2）输入日期和时间：在单元格中输入日期和时间数据时，注意在输入日期时，需要用"/"或"-"分开年、月、日，即"年/月/日"；输入时间时，需要用":"分开时、分、秒，即时:分:秒，这样单元格的数字格式会自动从常规型转换为相应的日期或时间型。

如果需要以 12 小时制输入时间，可以在时间后加一个空格并输入 AM 或 PM，否则Excel 将自动以 24 小时制处理时间；如果需要在单元格同时输入日期和时间，只需在日期和时间之间加一个空格，如 2019-10-1 9:00。

还可以按 Ctrl+;组合键快速输入当天的日期，按 Ctrl+Shift+;组合键快速输入当前的时间。

3）输入相同内容：选择所有需要输入相同内容的单元格，输入内容，然后按 Ctrl+Enter组合键，即可完成不同的单元格输入相同内容的操作。

（2）自动填充数据

自动填充是指将用户选择的起始单元格中的数据复制或按序列规律延伸到所在行或列的其他单元格中。在实际应用中，如编号、年份、月份、星期等，这些数据表现的特点是连续且有规律的，使用 Excel 中的自动填充功能可快速完成数据的输入。

1）填充数字序列。

① 利用填充柄填充，如输入 20190001、20190002、20190003……这样依次递增的等差数列，在单元格 A1 和 A2 中分别输入前两个数字 20190001、20190002，然后选中这两个单元格，按住鼠标左键拖动右下角的填充柄至单元格 A33，如图 3-51 所示，然后释放鼠标左键即可。

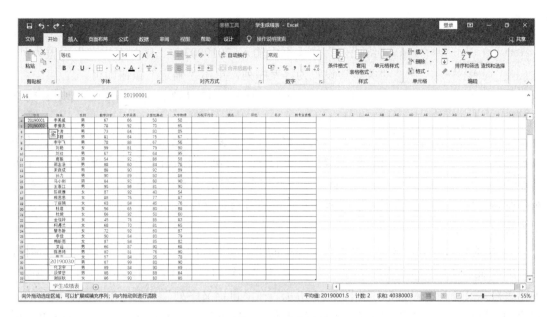

图 3-51 输入两个数字的填充效果

还可通过在单元格 A4 中输入数字 20190001，按住鼠标左键拖动填充柄至单元格 A33，释放鼠标左键，此时选中的单元格内容全部为数字 20190001，如图 3-52 所示，单击最后一个单元格右下方的"自动填充选项"下拉按钮，在弹出的下拉列表中选中"填充序列"单选按钮即可完成填充或按住 Ctrl 键拖动填充柄直接填充。

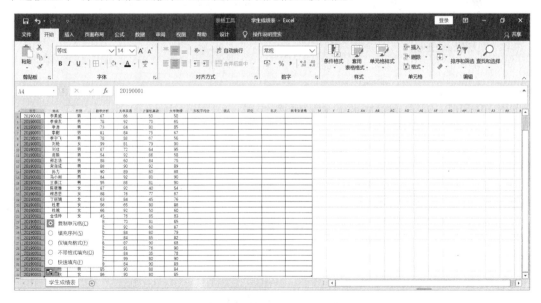

图 3-52 输入一个数字的填充效果

② 利用"序列"对话框填充：在单元格 A1 中输入起始数据 20190001，选中需要填充的 A1:A33 单元格区域，切换到"开始"选项卡，在"编辑"选项组中单击"填充"下拉按钮，在弹出的下拉列表中选择"序列"选项，弹出如图 3-53 所示的"序列"对话框。

图 3-53 "序列"对话框

在"步长值"文本框中输入 1（两个相邻数字之间的差值），在"终止值"文本框中输入 20190030，"序列产生在"设置为列，"类型"设置为等差序列，单击"确定"按钮即可。

利用"序列"对话框还可以填充等比序列、日期等数字信息。

2）填充非数字序列。除了填充以上数字序列，Excel 还可以填充非数字序列。有些序列是 Excel 提供的内置序列，如星期一到星期日、一月到十二月等，是可以直接填充的，而有些序列经常被使用，但是不属于内置序列，这时可通过自定义序列功能变成和内置序列一样，可直接填充获取。

3）填充内置序列。选择"文件"菜单中的"选项"选项，弹出"Excel 选项"对话框，在"高级"选项卡中的"常规"选项组中，单击"编辑自定义列表"按钮，如图 3-54 所示，弹出"自定义序列"对话框，如图 3-55 所示。在"自定义序列"列表框中显示有很多的内置序列，这些序列可直接在单元格中输入其中一个序列元素，然后通过拖动填充柄来完成序列中其他数据的填充。

图 3-54 编辑自定义列表

图 3-55　"自定义序列"对话框

4）填充自定义序列。利用 Excel 制作课表时，经常要使用到第一节、第二节、第三节、第四节、第五节、第六节这样的序列，为了以后不再输入，可将此序列加入"自定义序列"中。

如图 3-55 所示，在"自定义序列"列表框中选择"新序列"选项，在"输入序列"列表框中输入"第一节,第二节,第三节,第四节,第五节,第六节"，以西文字符逗号或 Enter 键进行分隔，然后单击"添加"按钮，此序列就会出现在"自定义序列"列表框中，如图 3-56 所示，单击"确定"按钮。下次使用时，只需输入第一节，拖动填充柄即可得到后面的序列，提高操作速度。

图 3-56　添加序列

（3）智能填充数据

在编辑表格数据时，有时需要从某列具有相同特征或某种一致性的数据中提取部分数据成为新的数据列，可通过 2016 版本中的智能填充功能轻松实现。

例如，在工作表"费用报销明细表"中，在"地区"列的单元格 D3 中输入"四川"，然后选择"填充"下拉列表中的"快速填充"选项，如图 3-57 所示，即可完成剩余单元格的快速填充。或者在"地区"列的单元格 D3 中输入"四川"，按 Enter 键后，再按 Ctrl+E 组合键也可快速填充。

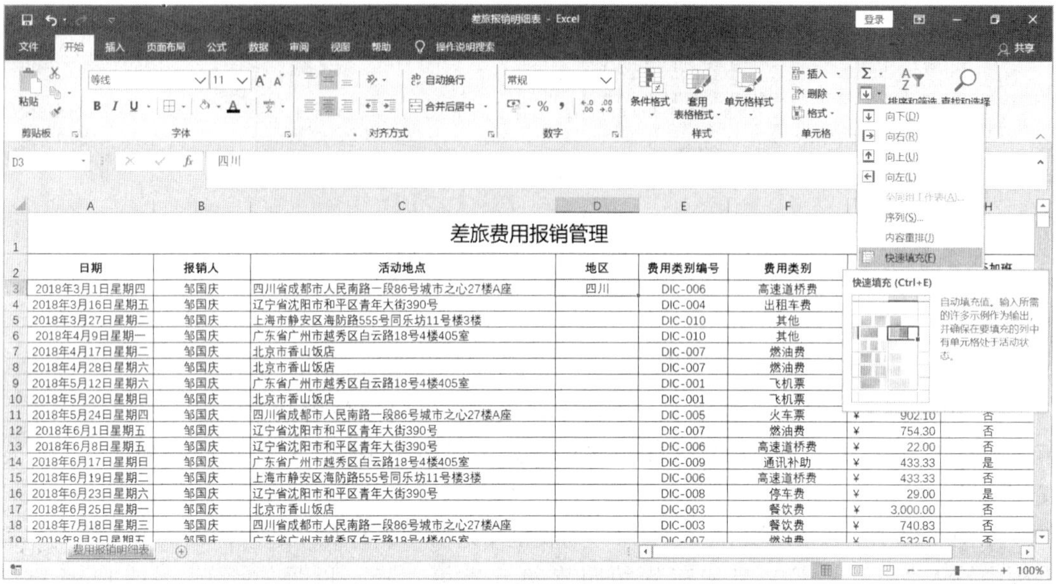

图 3-57　智能填充数据

（4）外部获取数据

在使用 Excel 整理或分析数据时，有时候需要获取外部的数据。Excel 提供了从 Internet 网页、文本文件、Word 表格、Access 数据库等多种不同外部数据源导入数据的方法，提高了数据的输入效率和准确性，也方便今后对数据进行统计分析。

在"数据"选项卡"获取外部数据"选项组中，可根据实际需求，单击"自 Access"、"自网站"、"自文本"和"自其他来源"按钮等，如图 3-58 所示，按照向导提示引用相应的外部数据即可。

图 3-58　"获取外部数据"选项组

3.2.2　表格格式化设置

表格中的数据输入完成后，还需要对表格及表格中的数据进行格式化设置，使表格看起来更加专业、美观。

1.　调整行高和列宽

当输入的数据超过行高和列宽时，单元格将不能把输入的内容完全显示出来，有时还会出现一串"#####"符号，表示输入的数据超过列宽，这时，就需要对单元格的行高和列宽进行调整。调整行高或列宽通常通过拖动鼠标来实现。

1）调整行高：选定一行或多行，在行标签区，移动鼠标指针至要修改行的下分隔线处。当鼠标指针变成黑色十字且带有上下箭头时，上下拖动鼠标至合适位置后释放鼠标左键，则选定的行都以此高度为准。

2）调整列宽：选定一列或多列，在列标签区，移动鼠标指针至要修改列的右分隔线处。当鼠标指针变成黑色十字且带有左右箭头时，左右拖动鼠标至合适位置后释放鼠标左键，则选定的列都以此宽度为准。

3）适合最大字体的调整：若要调整行高以适合该行中最大字体的高度，可双击行标签的下分隔线；若要调整列宽以适合该列中最长的输入项，可双击列标签的右分隔线。

调整单元格的行高和列宽也可以使用功能区中的相关按钮来实现，单击"开始"选项卡"单元格"选项组中的"格式"下拉按钮，在弹出的下拉列表中选择相应的选项进行行高或列宽的设置。

2.　设置单元格格式

（1）设置单元格的数据格式

1）设置单元格的数字格式。Excel 中处理的数据大多数是数字，而数字格式又分为常规、数值、货币、会计专用、日期、时间、百分比、分数、科学计数、文本、特殊及自定义等类型，在制作表格时，用户可根据不同的数据类型设置相应的格式，以突出显示数据便于查看。

选择需要设置格式的单元格右击，在弹出的快捷菜单中选择"设置单元格式"选项，弹出"设置单元格格式"对话框。选择"数字"选项卡，在"分类"列表框中选择所需的类型，在"示例"选项组中，设置相应的格式。例如，将各门课程的分数设置格式为保留一位小数，在"分类"列表框中选择"数值"选项，在"示例"选项组中的"小数位数"微调框中输入 1，如图 3-59 所示。

在单元格数字格式设置中，有些数据格式不能像以上数值设置一样，在"示例"选项组中进行相应的设置就能满足格式要求，而是需要设置比较特殊的、不常用的数字格式。例如，将"日期"格式显示为后面带有星期的格式，如"2018 年 3 月 1 日"设置后显示为"2018 年 3 月 1 日星期四"，则可选择需要设置的所有包含日期的单元格，打开"设置单元格格式"对话框，在"数字"选项卡的"分类"列表框中，选择"自定义"选项，在右侧"类型"文本框中表示的日期表达式后加上"aaaa"即可看到示例中显示的样式，如图 3-60所示。这里的"aaaa"表示的是"星期几"。

图 3-59　设置数值格式

图 3-60　自定义设置星期数

所以当有些格式无法通过 Excel 中预设的格式进行设置时，则可以通过自定义类型进行设置。

2）设置数据的对齐方式。对齐方式是指单元格中的内容相对于单元格四周边框的距离，以及文字的显示方向与文本的缩进量等文本格式。

打开"设置单元格格式"对话框，选择"对齐"选项卡，可从以下 3 个方面设置文本的对齐方式。

① 文本对齐方式：默认情况下，工作表中的文本对齐方式是左对齐，而数字是右对齐，逻辑值和错误值为居中对齐。文本对齐方式包括水平对齐方式和垂直对齐方式，用户可根据需要选择相应的对齐方式，如图 3-61 所示。

图 3-61　设置对齐方式

② 文本控制：主要包括自动换行、缩小字体填充、合并单元格等内容。

③ 文本方向：可以设置为水平方向、垂直方向或有一定角度的方向，在"方向"选项组中，通过在微调框中输入具体的值或拖动"方向"选项组中的文本指针，即可调整文本方向的角度。

（2）美化工作表

Excel 默认状态下的网格线是无边框网格线，无法显示在打印页面上。因此，为了增加数据表的美观性和整齐性，用户可以为指定的单元格或单元格区域设置带有颜色的边框或底纹，来增加表格的多彩性。

1）设置边框和底纹。按照上面介绍的操作，打开"设置单元格格式"对话框，选择"边框"选项卡，可以通过自定义边框颜色、线条样式等进行边框格式的设置；选择"填充"选项卡，可以通过自定义背景色、图案颜色、图案样式、填充效果和其他颜色进行底纹的设置。

2）设置应用样式。Excel 提供了多种简单、新颖的表格样式，可供用户自动套用。使用自动套用格式，可节省对表格进行格式化的时间，提高工作效率。

单击"开始"选项卡"样式"选项组中的"套用表格格式"下拉按钮，在弹出的下拉列表中选择相应的格式即可。

3. 设置条件格式

在日常办公中，有时需要突出显示所关注的单元格或单元格区域，通过使用条件格式的设置不仅可以将工作表中的数据筛选出来，还可以向单元格中添加颜色进行突出显示。

单击"开始"选项卡"样式"选项组中的"条件格式"下拉按钮，在弹出的下拉列表中选择自己需要的选项进行相应的设置。

1）预设选项：包含突出显示单元格规则、最前/最后规则、数据条、色阶和图标集 6 种类型，用户可选择相应的选项，然后在其子菜单中选择相应的选项进行设置即可。

2）新建规则：以上预设选项有时满足不了条件格式的设置需求，这时可以通过新建条件格式的规则，在"条件格式"下拉列表中选择"新建规则"选项，弹出"新建格式规则"对话框。在"选择规则类型"列表框中根据实际需求选择相应的类型，然后在"编辑规则说明"选项组中进行相关的设置即可。

3）清除规则：对单元格区域使用条件格式后，如果需要清除格式，只需在"条件格式"下拉列表中选择"清除规则"选项，在弹出的子菜单中再选择相应的选项即可。

4）管理规则：对工作簿中已经建立的条件格式进行管理，单击"管理规则"按钮，弹出"条件格式规则管理器"对话框，在"显示其格式规则"下拉列表中选择条件格式设置的位置（图 3-62），根据实际需求，单击"新建规则"、"编辑规则"或"删除规则"等按钮，再进行相应的设置。

图 3-62　设置管理规划

例 3-6　对"学生成绩表"进行以下格式设置。

1）设置表格外边框为双实线、内边框为单实线，表格中的数据水平和垂直居中。

2）设置标题字体为宋体，字号为 18，字形为加粗，标题行背景色为"蓝色"；设置其他数据字体为宋体，字号为 16，字形为常规。

3）将表格中小于 60 分的各门功课的分数颜色设置为红色，将至少一门功课成绩小于 60 的学生姓名设置为红色底纹。

分析：通过"设置单元格格式"对话框，选择"字体"、"边框"、"填充"和"对齐"选项卡进行相应的设置，通过"条件格式"中的"新建规则"对分数和姓名设置相应的格式。

具体操作如下。

1）选择工作表中的数据区域，打开"设置单元格格式"对话框，选择"边框"选项卡"样式"列表中的双实线，然后单击"边框"选项组中的"外边框"按钮，外边框设置完成；再选择"样式"列表框中的单实线，然后单击"边框"选项组中的"内边框"按钮，内边框设置完成，如图 3-63 所示。

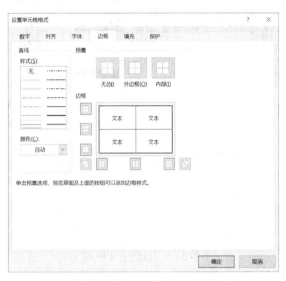

图 3-63　设置边框

2）选择"对齐"选项卡，在"文本对齐方式"选项组中的"水平对齐"下拉列表中选择"居中"选项，在"垂直对齐"下拉列表中选择"居中"选项，如图 3-64 所示，单击"确定"按钮。

图 3-64　设置对齐方式

3）选择表格中的标题行，打开"设置单元格格式"对话框，选择"字体"选项卡。在"字体"选项组中选择宋体，在"字形"选项组中选择加粗，在"字号"选项组中选择18，如图 3-65 所示。在"填充"选项卡中设置"背景色"为蓝色，单击"确定"按钮。

图 3-65　设置字体格式

4）选择非标题数据，打开"设置单元格格式"对话框，选择"字体"选项卡。在"字体"、"字号"和"字形"选项组中设置对应的格式，单击"确定"按钮。

5）选择表格中的分数单元格区域 D4:G33，单击"条件格式"下拉按钮，在弹出的下拉列表中选择"突出显示单元格规则"中的"小于"选项，弹出"小于"对话框。在"为

图 3-66　使用公式设置格式

小于以下值的单元格设置格式"下方的文本框中输入 60，单击"设置为"下拉按钮，在弹出的下拉列表中选择"红色文本"选项，单击"确定"按钮。

6）选择姓名列单元格区域 B4:B33，在"条件格式"下拉列表中选择"新建规则"选项，弹出"新建格式规则"对话框。在"选择规则类型"列表框中选择"使用公式确定要设置格式的单元格"，在"编辑规则说明"列表框中的"为符合此公式的值设置格式"文本框中输入公式"=or(d4<60,e4<60,f4<60,g4<60)"，如图 3-66 所示，单击"格式"按钮。在弹出的"设置单元格格式"对话框中，选择"填充"选项卡，设置"背景色"为红色，单击"确定"按钮返回"新建格式规则"对话框，再单击"确定"按钮。完成格式化后的表格，如图 3-67 所示。

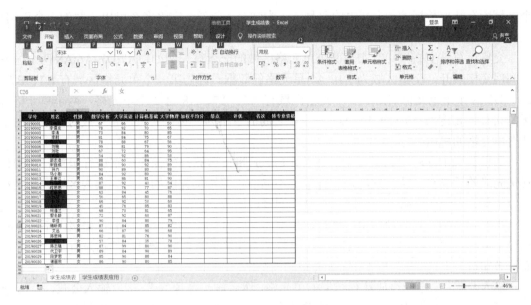

图 3-67　完成格式设置后的表格

3.2.3　公式和函数的应用

Excel 不仅可以创建、存储与分析表格数据，还具有强大的数学运算功能，用户可以通过使用公式或内置的函数对表格中的数据进行特定运算。

1．使用公式

Excel 中的公式由操作数和运算符组成，操作数由常数（如 1、3.14 等）、单元格引用（如 A1、D2 等）、函数（如求和函数 SUM 等）组成。运算符是用于指定对公式中的操作数执行运算的类型标记或符号。

Excel 包含 4 种类型的运算符：算术运算符、比较运算符、文本连接运算符和引用运算符。

1）算术运算符：+（加）、-（减）、×（乘）、/（除）、%（百分比）、∧（乘方）。

2）比较运算符：用于比较两个值的大小，结果是一个逻辑值（TRUE 或 FALSE）。常用的比较运算符包括=（等于）、>（大于）、<（小于）、>=（大于等于）、<=（小于等于）、<>（不等于）。

3）文本连接运算符（&）：可将两个文本值连接起来产生一个新的连续文本值。例如，"湖北" & "武汉" 产生 "湖北武汉"。

4）引用运算符：引用运算包括区域运算、联合运算和交集运算。其中，区域运算符（:）对两个单元格之间的所有单元格进行引用，如 C1:F8 表示从 C1 单元格到 F8 单元格的矩形区域内所有的 32 个单元格。这里 C1、F8 为矩形区域的左上角单元格地址和右下角单元格地址，冒号（:）为区域运算符。

联合操作符（,）则用于引用多个不连续的区域和单元格。例如，函数 SUM(B5:B15,D5:D15)可计算 B5 到 B15 之间（共 11 个单元格）及 D5 到 D15 之间（共 11 个单元格）两个区域所有数值数据的和，其中的逗号（,）为联合运算符，它将多个引用合并为一个引用。注意：联合运算并不是集合的并运算。

交集运算是空格（ ），实现两个单元格区域的交运算。例如，A7:D7 A6:A8 两个区域之间用空格隔开，交集区域为引用 A7 单元格的数据。因为第一个单元格区域有 A7、B7、C7、D7 这 4 个单元格，第二个单元格区域有 A6、A7、A8 这 3 个单元格，两个单元格区域的共有单元格为 A7。其中，D7 与 A6 之间的空格为交集运算符，它生成对两个引用中共有单元格的引用。

如果公式中同时用到了多个运算符，Excel 将按运算符的优先级别进行运算。对于相同优先级的运算符，从左到右进行计算。不同的运算符优先级别从高到低为区域、交集、联合、负、百分比、乘方、乘除、加减、连接、比较。

在实际使用公式的过程中，直接用运算符括号"（）"来改变计算的优先级，不需要熟记每个运算符优先级别，如 2+(3%5)，很明显先计算括号里的 3%5，然后进行加法运算，而不必知道运算符"+"和"%"优先级别的高低。

输入公式：先选择存放计算结果的单元格，然后输入等号"="，接着输入公式，按 Enter 键即可完成公式的计算。存放结果的单元格的内容会随着所引用的单元格的内容的变化自动更新计算结果。

2. 使用函数

函数是按照特定的顺序对给定常量、单元格或区域甚至其他函数的函数值进行指定的运算，完成比公式更复杂的数据处理。Excel 为用户提供了许多内置函数，为用户对数据进行运算、管理和分析带来方便。这些函数分为财务、日期与时间、数学与三角函数、统计、查找与引用、数据库、文本、逻辑、信息、工程等类。

所有函数的结构都是一样的，由函数名和函数参数组成，具体函数结构形式为：函数名（函数参数列表）。

函数名指明函数执行的运算。函数参数是参与运算的操作数，可以是常量（包括数字、文本）、逻辑值（TRUE 或 FALSE）、数组、错误值（如#N/A）、单元格引用，还可以是公式或其他函数，多个参数之间用逗号分隔。

常用的 Excel 内置函数如表 3-3 所示。

表 3-3 常用的 Excel 内置函数

函数类别	函数功能	函数结构形式
统计	最大值	MAX(number1, number2,…)
	最小值	MIN(number1, number2,…)
	求和	SUM(number1, number2,…)
	条件求和	SUMIF(range, criteria, [sum_range])
	多条件求和	SUMIFS(sum_range, criteria_range1, criteria1, [criteria_range2, criteria2], ...)
	平均值	AVERAGE(number1, number2,…)
	条件平均值	AVERAGEIF(range, criteria, [average_range])
	多条件平均值	AVERAGEIFS(average_range, criteria_range1, criteria1, criteria_range2, criteria2,...)
	计数	COUNT(number1, number2,…)

续表

函数类别	函数功能	函数结构形式
统计	非空单元格计数	COUNTA(value1, [value2], …)
	条件计数	COUNTIF(range, criteria)
	多条件计数	COUNTIFS(criteria_range1, criteria1, [criteria_range2, criteria2]…)
	标准差	STDEV(number1, number2,…)
	逻辑判断	IF(logical_test, value_if_true, value_if_false)
	排位	RANK.EQ(number, ref,[order])
数学	绝对值	ABS(number)
	向下取整	INT(number)
	四舍五入	ROUND(number, num_digits)
	取整	TRUNK(number)
查找	搜索查找	VLOOKUP(lookup_value, table_array, col_index_num, range_lookup)
		HLOOKUP(lookup_value, table_array, row_index_num, range_lookup)
日期与时间	当前日期和时间	NOW()、TODAY()
	提取年、月、日	YEAR(serial_number)、MONTH(serial_number)、DAY(serial_number)
	返回一个日期	DATE(year,month,day)
文本	文本合并	CONCATENATE(text1,[text2] , …)
	截取字符串	MID(text, start_num, num_chars)
	左侧截取字符串	LEFT(text, [num_chars])
	右侧截取字符串	RIGHT(text, [num_chars])
	删除空格	TRIM(text)
	字符个数	LEN(text)

创建函数有两种方式，一种是直接输入，另一种是插入函数。

1）直接输入：如果用户对某种函数非常熟悉，可以使用直接输入方式快速创建函数内容。首先选择要输入函数的单元格，然后输入 "="，最后输入函数的具体内容，按 Enter 键即可。

2）插入函数：插入函数是通过函数向导来输入。选择需要输入函数的单元格，单击"公式"选项卡"函数库"选项组中的"插入函数"按钮，弹出"插入函数"对话框。在"选择类别"下拉列表中选择函数类别，然后在"选择函数"下拉列表中选择所需要的函数，单击此函数，弹出此函数的"函数参数"对话框，根据函数的用法输入正确的参数，然后单击"确定"按钮。

3. 单元格引用

在公式和函数中可以通过单元格的地址引用数据，引用方式包括相对引用、绝对引用、混合引用 3 种。

1）相对引用：如 A1，复制公式时相对引用会自动调整。

2）绝对引用：如$A$1，复制公式时绝对引用不作调整。

3）混合引用：如 A$1、$A1，A$1 在复制公式时行号不变列号变化（除在同一列复制公式外），$A1 在复制公式时列号不变行号变化（除在同一行复制公式外）。

单元格的引用非常重要，在实际应用中一旦引用出错，就不会得到正确的结果。

4. 工作表或工作簿中的数据共享

在 Excel 中，可以引用同一个工作表中其他单元格或区域的数据，也可引用同一个工作簿中不同工作表的单元格或区域的数据，甚至还可以引用不同工作簿的单元格或区域的数据。

1) 引用同一工作表中的其他单元格或区域的数据：在需要引用的单元格中输入"="，然后输入被引用单元格的地址或单击此单元格，按 Enter 键。

例如，在工作表 Sheet1 的单元格 A1 中引用此工作表的单元格 D20 的数据，则在单元格 A1 中输入"=D20"，按 Enter 键，单元格 A1 中的内容即变为单元格 D20 的内容。

2) 引用同一工作簿不同工作表的数据：在单元格地址前加上工作表名称，就可引用其他工作表的单元格数据。其引用格式为<工作表名>!<单元格地址>。

例如，在工作表 Sheet1 的某单元格使用的公式中引用工作表 Sheet2 的单元格 A1 的数据，可直接输入地址"Sheet2!A1"，也可以在使用公式或函数时用鼠标选择。

3) 不同工作簿之间的数据共享：例如，在工作簿 Book1 的工作表 Sheet2 的单元格 A2 使用的公式中引用工作簿 Book2 的工作表 Sheet1 的单元格 A1 的数据，可在地址前加工作簿和工作表名称，直接输入地址"[Book2]Sheet1!A1"，也可用鼠标选择其他工作簿的单元格或区域。

5. 定义或使用名称

在公式中除了使用单元格列号+行号引用标记外，还可以对单元格或单元格区域命名，使引用的单元格和区域中的数据意义更明确，使用更方便，提高公式的清晰度和易理解度。

1) 命名规则：名称可以是任意字符与数字的组合，但不能以数字开头，也不能和任意单元格地址相同。在名称中不允许使用空格。一个名称最多可以包含 255 个字符。名称不区分大写字符和小写字符。

2) 定义单元格名称：选中单元格或单元格区域后，单击"公式"选项卡"定义的名称"选项组中的"定义名称"按钮，或右击，在弹出的快捷菜单中选择"定义名称"选项，在弹出的"新建名称"对话框的"名称"文本框中输入名称即可，还可以为该名称指定应用范围。也可以选择要命名的单元格、单元格区域或字段后，在编辑栏左侧的名称框中直接输入名称。例如，在图 3-67 所示的"学生成绩表"中，将姓名区域 B4:B33 命名为"姓名"：先选择姓名区域 B4:B33，然后在编辑栏左侧的名称框中输入"姓名"，按 Enter 键即可。或通过功能区中的"定义名称"命令来实现。

例 3-7 使用公式或函数完成"学生成绩表"的计算任务。

1) 计算加权平均分。加权平均分是指每门功课的成绩乘以对应的学分之和除以总的学分，并对加权平均分四舍五入取整。

2) 计算绩点。绩点是加权平均分小于 60，绩点为 0；大于等于 60 且小于等于 69，绩点为 1～1.9；大于等于 70 且小于等于 79，绩点为 2～2.9，以此类推，大于等于 90 且小于等于 100，绩点为 4～4.9 或 5，并保留一位小数。

例 3-7 操作演示

3）评优。如果绩点大于等于 3.5 显示为"优秀"，否则不显示任何内容。

4）排名。根据绩点的大小计算出班级名次。

5）转专业资格。如果每门课程大于等于 60 且绩点必须大于等于 2，那么显示为"有"，否则不显示任何内容。

分析：计算加权平均分，通过加权平均分的计算方法直接输入公式；计算绩点，通过绩点算法，可以得出绩点公式为（加权平均分-50）/10，加权平均分大于等于 60，经过计算的结果是正确的，但是小于 60 的，计算的结果却是小于 1 的数据，不是 0，所以必须做一个判断，如果计算的绩点是大于等于 1 的，保留原值不变，否则结果为 0，这样可以使用条件函数 IF 来实现；评优，根据题意，直接使用 IF 条件函数实现。排名，是计算每个学生的绩点在整个绩点中的位置，可以使用 RANK.EQ 函数实现。转专业资格，根据题意分析，满足不同条件计算结果，可使用 IF 函数。

具体操作如下。

1）在单元格 H4 中输入公式"=INT((D4*$B$39+E4*$C$39+F4*$D$39+G4*$E$39)/SUM($B$39:$E$39)+0.5)"，按 Enter 键，然后使用填充柄将公式自动填充到其他单元格中（选择 H4:H33 单元格区域，单击"开始"选项卡"数字"选项组中的"减少小数位数"按钮，直到小数点位数为 0 停止单击，实现加权平均分以整数形式显示。思考，为什么不使用此操作设置加权平均分为整数，而直接以函数 INT 取整）。

2）在单元格 I5 中输入公式"=IF((H4-50)/10>=1,(H4-50)/10,0)"，按 Enter 键即可。

3）在单元格 J5 中输入函数"=IF(I4>=3.5,"优秀","")"，按 Enter 键。

4）在单元格 K5 中输入函数"=RANK.EQ(I4,$I$4:$I$33,0)"，按 Enter 键。

5）在单元格 L5 中输入函数"=IF(AND(D4>=60,E4>=60,F4>=60,G4>=60,I4>=2),"是","")"按 Enter 键。

6）完成所有计算，结果如图 3-68 所示。

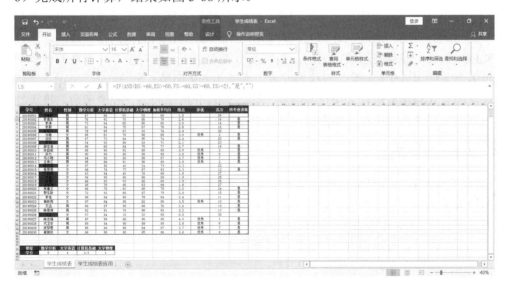

图 3-68　公式函数的应用

说明：以上步骤中，当输入公式或函数并按 Enter 键后，公式和函数会自动填充到后面的单元格，无须拖动填充柄，因为进行了以下设置。打开"Excel 选项"对话框，选择"高级"选项卡，在"编辑选项"选项组中，选中"扩展数据区域格式及公式"复选框，如图 3-69 所示，单击"确定"按钮，这样就可以直接自动填充公式或函数了。如果没有进行相关设置，则按下鼠标左键拖动填充柄到最后一个单元格即可实现公式或函数的填充。

图 3-69   设置公式或函数的自动填充

对于加权平均分的计算，由于每门课程的学分都是一样的，所以在公式中，学分的引用必须使用绝对引用。同理在计算名次时，由于每个绩点排名的范围是一致的，所以函数 RANK.EQ 第二个参数表示绩点范围，必须使用绝对引用。在对转专业资格的计算中，同时满足多个条件用 AND 函数，条件为或者关系使用 OR 函数。

在使用公式和函数时，如果计算结果出错，认真分析输入的公式或函数，很大的可能是单元格的引用（相对引用、绝对引用和混合引用）有误。

3.2.4   数据分析与管理

Excel 不仅具备对表格数据的计算处理能力，更重要的还具备强大的数据管理与分析能力。通过灵活运用数据管理与分析能力，可以提高管理效率，为决策提供支持，使管理水平更上一个台阶。Excel 提供了一系列的功能，如数据排序、数据筛选、分类汇总、图表制作和透视表制作等，可以很方便地管理与分析数据。

1．数据排序

对数据进行排序有助于快速直观地分析和理解数据、组织并查找所需数据，从而做出更有效的决策。

1）简单排序：设置单一的排序条件，对工作表中的数据按照某一字段进行升序或降序排列，这就是数据的简单排序。选择需要排序的任意单元格，在"数据"选项卡"排序和筛选"选项组中，在"降序"按钮 和"升序"按钮 中根据需要进行选择。

2）多条件排序：设置多条件排序，单击"数据"选项卡"排序和筛选"选项组中的"排序"按钮，弹出"排序"对话框，根据需要进行相关的设置。例如，在"学生成绩表"中，对性别进行升序排序，然后在此基础上对姓名进行降序排序，则在"排序"对话框中的设置如图 3-70 所示。

图 3-70　多条件排序

3）自定义排序：当 Excel 提供的内置排序命令无法满足用户需求时，可以使用自定义排序功能创建单一排序或多条件排序等排序规则。

例如，对"学生成绩表"中的姓名以字符长度进行升序排序，用常规的排序无法实现，可以将表格中的姓名按照字符长度的升序方式添加到"自定义序列"中。然后按照以上步骤打开"排序"对话框，在"主要关键字"下拉列表中选择"姓名"选项，在"次序"下拉列表中选择"自定义序列"选项，弹出"自定义序列"对话框，选择已添加到"自定义序列"列表框中的姓名序列，如图 3-71 所示，单击"确定"按钮返回"排序"对话框，再单击"确定"按钮完成自定义序列的排序。

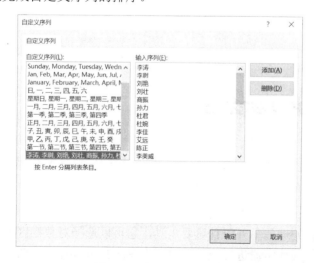

图 3-71　自定义序列排序

这样，以后需要对学生姓名以字符长度排序时，只需选择排序次序为"自定义序列"

中的"姓名"序列即可完成。

2. 数据筛选

数据筛选是从一个单元格区域或表格中筛选出符合一定条件的记录将其显示，而将其他不满足条件的记录隐藏，通过筛选，可以从庞杂的数据中快速查找到需要的数据。

Excel 2016 提供了两种筛选数据的方法，即自动筛选和高级筛选。

（1）自动筛选

自动筛选功能适用于查询符合一个条件或同时满足多个条件的情况。

例如，在"学生成绩表"中筛选出所有女生的信息。选择表格的数据区域 A3:L33，单击"数据"选项卡"排序和筛选"选项组中的"筛选"按钮，这时在表格数据区域的第一行各个字段右下方出现了下拉按钮，单击"性别"下拉按钮，在弹出的下拉列表中取消选中性别"男"复选框，单击"确定"按钮，最后显示出所有女生的信息。如果需要恢复到原始数据，只需再次单击"筛选"按钮取消选择状态即可。

（2）高级筛选

如果使用自动筛选不能实现查询要求，可使用高级筛选。高级筛选在应用的过程中，必须设置一个条件区域，将复杂的条件表示出来，根据此条件区域筛选出结果。

例如，筛选出"学生成绩表"中性别为女或大学英语成绩大于等于 90 分的学生信息。首先制作筛选条件区域（由于条件是或者关系，因此两个条件在不同行，如果是且的关系，则条件在同一行），如图 3-72 所示。然后单击"数据"选项卡"排序和筛选"选项组中的"高级"按钮，弹出"高级筛选"对话框。选择"方式"为"将筛选结果复制到其他位置"，在"列表区域"文本框中输入数据区域，在"条件区域"文本框中输入条件所在区域，在"复制到"文本框中输入复制的单元格区域或第一个单元格地址，如图 3-73 所示，单击"确定"按钮完成筛选。

图 3-72 条件区域   图 3-73 高级筛选设置

3. 分类汇总

分类汇总是数据处理的另外一种重要工具，它可以选择对数据区域中的某一列进行分类，对数据列表中的其他字段进行统计汇总。汇总方式可选择最大值、最小值、平均值、求和、计数、乘积、标准差等多种统计结果之一。

需要注意，如果"分类汇总"命令不可用（按钮呈灰色显示），则要将表格转换为常规数据区域后再进行分类汇总。首先选中整个表格，然后右击，在弹出的快捷菜单中选择"表格"中的"转换为区域"选项，此时"分类汇总"命令处于可用状态。

分类汇总，必须先对分类字段进行排序，然后通过"分类汇总"对话框进行相应的汇总。

例如，统计"学生成绩表"中男女生的人数及男女生大学英语的最高分。选择表格数据区域，通过"排序"命令对性别进行排序后，单击"数据"选项卡"分级显示"选项组中的"分类汇总"按钮，弹出"分类汇总"对话框。在"分类字段"下拉列表中选择性别，在"汇总方式"下拉列表中选择计数，在"选定汇总项"下拉列表中选择性别，单击"确定"按钮完成男女生人数的汇总。再次打开"分类汇总"对话框，"分类字段"不变，"汇总方式"设为"最大值"，"选定汇总项"设为大学英语，并取消性别的选取，单击"确定"按钮，完成男女生大学英语最高分的汇总，如图 3-74 所示。

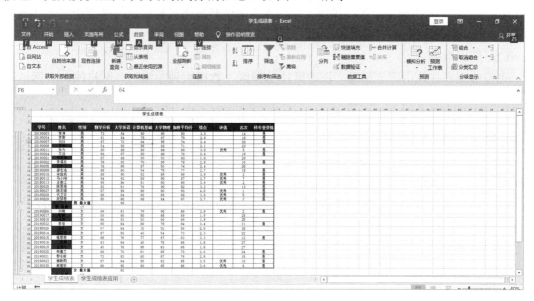

图 3-74　分类汇总的效果图

查看完分类汇总的结果后，若需要恢复到数据的原始状态，只需打开"分类汇总"对话框，单击"全部删除"按钮即可。

3.2.5　应用图表分析数据

1. 图表

图表实际上是把表格图形化，使表格中的数据具有更好的视觉效果。使用图表可以更加直观、有效地表达数据信息，并帮助用户迅速掌握数据的发展趋势和分布状况，有利于分析、比较和预测数据。

（1）图表类型

Excel 可以创建多种类型的图表，其中包括用于项目之间比较或变化情况的柱形图、条形图，用于说明数据变化趋势的折线图、面积图、股价图，用于说明部分与整体比例关系的饼图、圆环图，以及反映多个数据系列的数值关系的散点图、气泡图、雷达图和曲面图等。

1）柱形图：反映一段时间内数据的变化，或者不同项目之间的对比。

2）条形图：显示各个项目之间的对比，其分类轴设置在横轴上。

3）折线图：用于反映一定时间段内数据的变化趋势，非常适合显示在相等时间间隔下数据的趋势。在折线图中，类别数据沿水平轴均匀分布，而数值数据则沿垂直轴均匀分布。

4）饼图：显示组成数据系列的项目在项目总和中所占的比例。

5）散点图：有两个数值轴，沿横坐标轴（X 轴）方向显示一组数值数据，沿纵坐标轴（Y 轴）方向显示另一组数值数据。散点图将这些数值合并到单一数据点并按不均匀的间隔或簇来显示它们。散点图通常用于显示和比较数值。

6）雷达图：图形的形状类似于雷达，工作表中的数据可以显示在雷达图中，并且每个数据均从中心位置向外延伸，延伸的多少体现数据的大小。

（2）图表组成

完整的图表往往由图表标题、图表区、绘图区、数据系列、图例、网格线、坐标轴等组成，如图 3-75 所示。

1）图表标题：显示在绘图区上方的文本框，并且只有一个。图表标题的作用就是简明扼要地概述该图表的作用。

2）图表区：主要分为图表标题、图例、绘图区 3 个大的组成部分。

3）绘图区：指图表区内图形表示的范围，即以坐标轴为边的长方形区域。对于绘图区的格式，可以改变绘图区边框的样式和内部区域的填充颜色及效果。绘图区中包含以下 5 个项目，即数据、列、数据标签、坐标轴、网格线。

4）数据系列：对应于工作表中的一行或一列数据。

5）图例：显示各个系列所表示的内容，由图例项和图例项标识组成，默认显示在绘图区的右侧。

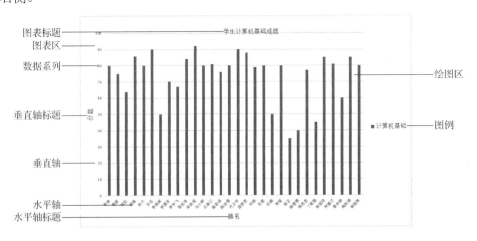

图 3-75　图表的组成

6）网格线：用于显示各数据点的具体位置，同样有主次之分。

7）坐标轴：按位置不同可分为主坐标轴和次坐标轴，默认显示的是绘图区左侧的主 Y 轴和下边的主 X 轴。

（3）创建图表

创建图表的一般步骤如下。

1）选择数据区域。

2）选择图表类型。

3）设置图表各对象的格式及图表的位置。

4）编辑、修改。

例如，对"学生成绩表"中的数据，建立一个比较学生绩点高低情况的图表，数据区域为学生的姓名列和绩点列，图表类型采用柱形图，其水平（分类）轴为学生姓名，垂直轴为学生的绩点。首先在"学生成绩表"中选择创建图表的数据区域，本例为姓名和绩点两列，由于两列不相邻，所以先选择姓名列 B3:B33，按住 Ctrl 键的同时再选择绩点列 I3:I33。单击"插入"选项卡"图表"选项组中的"柱形图"下拉按钮 ，在弹出的下拉列表中选择"二维柱形图"的簇状柱形图，就会生成一个如图 3-76 所示的图表。

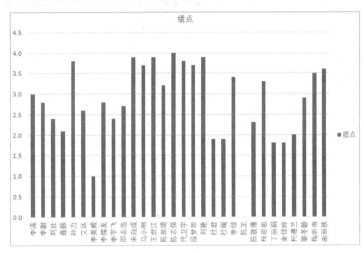

图 3-76　二维簇状柱形图

（4）更改布局或样式

选择生成的图表，如果需要对图表中的元素更改布局或样式，如更改图表类型，则可单击"设计"选项卡"类型"选项组中的"更改图表类型"按钮，在弹出的"更改图表类型"对话框中选择需要更改的图表类型即可；如需要更改图表样式，只需在"图表样式"选项组中选择更改的样式即可；还可以切换行/列、快速布局等，如图 3-77 所示。

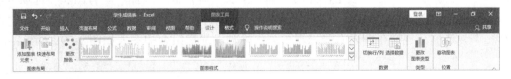

图 3-77　"设计"选项卡

例如，将以上生成的柱状图更改为折线图，并将图表布局更改为"快速布局"中的"布局3"，将图表样式更改为"样式12"，最后效果图如图3-78所示。

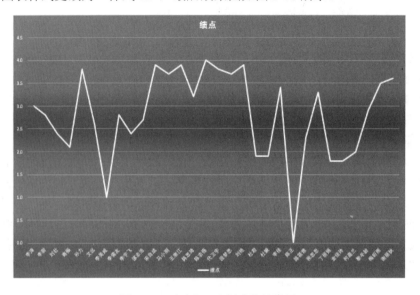

图3-78　更改布局和样式的效果图

（5）设置图表格式

用户可以更改图表元素的格式和样式。首先选择要更改的图表元素，可直接单击或选择图表后，单击"格式"选项卡"当前所选内容"选项组中的"图表元素"下拉按钮，在弹出的下拉列表中选择图表元素如图表区、图例等。选定后可单击"当前所选内容"选项组中的"设置所选内容格式"按钮，然后在右侧弹出的"设置 图表区格式"窗格中选择所需的格式选项，也可以在"形状样式"选项组中设置"形状填充""形状轮廓""形状效果"；或者在"艺术字样式"选项组中选择所需的文本格式选项。

若要更改特定图表元素的格式，可以右击该图表元素，在弹出的快捷菜单中选择"设置图表元素格式"选项，然后进行相关的设置。

如果不再需要图表，可以单击图表将其选中后按 Delete 键将其删除。

2．创建组合图表

Excel 2016 为用户提供了创建组合图表的功能，可以创建簇状柱形图-折线图、堆积面积图-簇状柱形图等组合图表。

例如，创建学生计算机基础成绩的柱状图与学生加权平均分的折线图组合图表形式。选择学生姓名列、计算机基础列和加权平均分列数据区域，单击"插入"选项卡"图表"选项组中的"推荐的图表"按钮，弹出"插入图表"对话框。选择"所有图表"选项卡，选择右侧的"组合图"选项，然后选择"簇状柱形图-折线图"类型，选中加权平均分的"次坐标轴"复选框，这样在图表右侧出现了列坐标轴。最后组合的图表如图3-79所示。

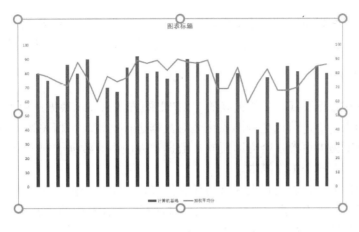

图 3-79　组合图表

除了以上两种图表外，还可以在单元格中插入迷你图图表，每个迷你图代表所选内容中的一行或一列数据。

3. 使用数据透视表

数据透视表是一种可以快速汇总大量数据的交互式表格，使用数据透视表可以从源数据列表中快速提取并汇总、分析、浏览数据及呈现汇总数据，达到深入分析数值数据，帮助用户从不同角度查看数据，并对相似数据的数字进行比较的目的。

创建数据透视表，单击"插入"选项卡"表格"选项组中的"数据透视表"按钮，弹出"创建数据透视表"对话框，在"表或区域"文本框中输入或单击后面的按钮选择数据区域，并在"选择放置数据透视表的位置"选项组中根据情况选择"新工作表"或"现有工作表"，单击"确定"按钮。返回工作表编辑状态，在工作表左侧出现数据透视表的报表区域，右侧出现"数据透视表字段"窗格，根据任务需求在右侧"数据透视表字段"窗格中选择相应的字段，左侧出现字段显示的结果。

例如，在"费用报销明细表"中，统计每个人不同差旅类别的费用总和。选择整个数据表区域，根据上述步骤，将数据透视表创建在新工作表中，在右侧"数据透视表字段"窗格中，选择"报销人"、"费用类别"和"差旅费用金额"3 个字段，左侧数据透视表区域生成如图 3-80 所示的报表。

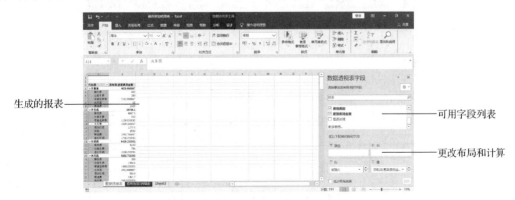

图 3-80　数据透视表示例

还可以通过"在以下区域间拖动字段"选项组，改变行列的显示字段并对某些字段进行求和、最大值、计数等计算。更多功能可在"分析"选项卡中进行相应的操作。

4. 使用数据透视图

数据透视图和数据透视表是相关联的，以图形的方式来显示数据透视表中的汇总数据，其作用与普通图表一样，可以更为形象化地对数据进行比较。在相关联的数据透视表中对字段布局和数据所做的更改，会立即反映在数据透视图中。数据透视图及相关联的数据透视表必须始终位于同一个工作簿中。

单击生成的数据透视表的报表区域的任意位置，单击"分析"选项卡"工具"选项组中的"数据透视图"按钮，弹出"插入图表"对话框，选择对应的图表类型，单击"确定"按钮，即可生成和数据透视表相关联的数据透视图。

3.3　演示文稿制作软件 PowerPoint

PowerPoint 是一个功能强大的演示文稿制作工具，是目前较流行的幻灯片演示软件之一，用户可以将文本、图像、动画、音频和视频集成到一个可重复编辑和播放的文档中，并将所要表达的信息以图文并茂的形式展示。

3.3.1　PowerPoint 的基本操作

1. 演示文稿的操作

演示文稿由一系列按指定顺序展示的幻灯片组成，制作一个演示文稿实际上就是设置每一张幻灯片中各个对象的内容及其布局、展示次序和形式。

（1）PowerPoint 2016 工作界面

PowerPoint 工作界面的组成部分与 Word、Excel 大致相同，主要包括标题栏、功能区、编辑区、幻灯片浏览窗格、状态栏等，如图 3-81 所示。

图 3-81　PowerPoint 2016 的工作界面

（2）文件的基本操作

文件的基本操作包括新建、保存、另存为、自动保存、打开和共享等，其基本操作和 Word、Excel 的操作类似，其导出功能，除了可导出为 PDF/XPS 文件外，还可以创建视频、打包成 CD、创建讲义和更改文件类型等，如图 3-82 所示。

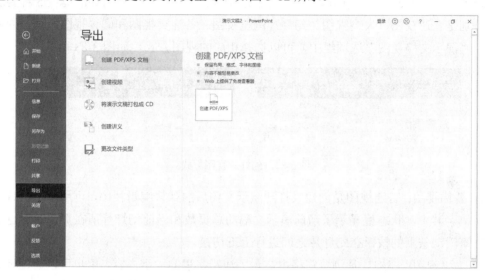

图 3-82　导出功能

2. 幻灯片的操作

（1）插入幻灯片

默认状态下，新建演示文稿会在其左侧的窗格中生成一张幻灯片，但是一个完整的演示文稿是由多张幻灯片组成的，因此需要新建幻灯片。

单击"开始"选项卡"幻灯片"选项组中的"新建幻灯片"按钮，即可插入一张"标题和内容"样式的幻灯片，如果需要插入其他样式的幻灯片，单击"新建幻灯片"下拉按钮，在弹出的下拉列表中选择所需样式即可插入一张新样式的幻灯片。

（2）编辑幻灯片

幻灯片内容格式编排好后，需要对幻灯片进行复制、移动或删除操作，用来调整演示文稿的排列次序。

1）复制幻灯片。在幻灯片浏览窗格中选择需要复制或移动的幻灯片，其操作和 Word、Excel 中类似，可单击剪贴板中的"复制"按钮或按 Ctrl+C 组合键，然后单击剪贴板中的"粘贴"按钮或按 Ctrl+V 组合键将幻灯片复制到所需的位置；或按住 Ctrl 键的同时按下鼠标左键拖动幻灯片到所需的位置完成复制幻灯片的操作。

2）移动幻灯片。在幻灯片浏览窗格中，选择需要复制或移动的幻灯片，可单击剪贴板中的"剪切"按钮或按 Ctrl+X 组合键，然后单击剪贴板中的"粘贴"按钮或按 Ctrl+V 组合键将幻灯片移动到所需的位置；或按下鼠标左键直接拖动幻灯片到所需的位置完成移动幻灯片的操作。

3）删除幻灯片。在幻灯片浏览窗格中，选择需要删除的幻灯片并右击，在弹出的快捷菜单中选择"删除幻灯片"选项或直接按 Delete 键删除幻灯片。

（3）幻灯片的视图方式

视图是指 PowerPoint 文档以不同角度显示幻灯片的方式。PowerPoint 提供 5 种显示方式，分别是普通视图、大纲视图、幻灯片浏览视图、备注页视图和阅读视图。在"视图"选项卡"演示文稿视图"选项组中，可以选择相应的视图方式，如图 3-83 所示。

图 3-83　幻灯片视图方式

1）普通视图：普通视图是创建或打开演示文稿后的默认编辑视图，可用于撰写或设计演示文稿。其中，状态栏显示了当前演示文稿的总页数和当前幻灯片所在页数，通过单击右侧垂直滚动条上的按钮在幻灯片之间进行上下切换。

2）大纲视图：在幻灯片浏览窗格中显示了演示文稿的大纲内容。用户可以通过将大纲内容从 Word 中导入幻灯片浏览窗格中，快速地创建整个演示文稿。

3）幻灯片浏览视图：可以显示演示文稿中的所有幻灯片的缩略图。在该视图中，可以调整演示文稿的整体效果，也可以对其中的幻灯片进行调整，主要包括设置幻灯片背景和配色方案、添加或删除幻灯片、复制或移动幻灯片等，但是在该视图中不能对幻灯片的内容进行编辑。

4）备注页视图：在幻灯片窗格下方有一个备注窗格，用户可以在此为幻灯片添加需要的备注内容。注意：在普通视图下，备注窗格中只能添加文本内容，而在备注页视图中，可以插入图片。

5）阅读视图：将幻灯片按适应窗口大小的方式进行放映。按 Esc 键退出阅读视图方式。

（4）编辑幻灯片节

为了便于管理演示文稿中的幻灯片，PowerPoint 提供了一个节功能，用户通过该功能可以将不同类型或内容进行分组管理。

1）新增节。在幻灯片浏览窗格中，选择需要添加节的幻灯片，单击"开始"选项卡"幻灯片"选项组中的"节"下拉按钮，在弹出的下拉列表中选择"新增节"选项，如图 3-84 所示，在弹出的"重命名节"对话框中输入节的名称，单击"重命名"按钮即可新增一个节；或者选择需要添加节的幻灯片右击，在弹出的快捷菜单中选择"新增节"选项；再或者选择两张幻灯片之间的空白处右击，在弹出的快捷菜单中选择"新增节"选项。

2）删除节。选择需要删除的节标题，单击"开始"选项卡"幻灯片"选项组中的"节"下拉按钮，在弹出的下拉列表中选择"删除节"选项即可。

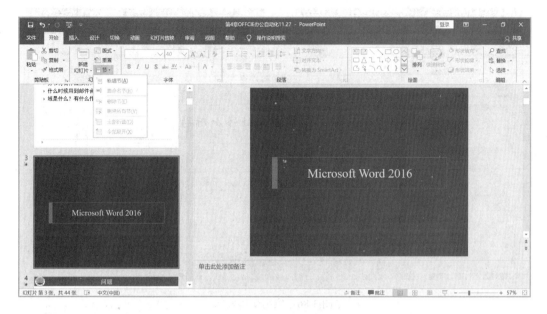

图 3-84　新增节

3.3.2　美化幻灯片

在设计演示文稿时，可通过设计幻灯片的布局、主题和版式等操作，制作出风格统一、画面精美、效果生动的演示文稿。

1. 使用幻灯片主题和背景

幻灯片主题是应用于整个演示文稿的各种样式的集合，包括颜色、字体、效果和背景样式等。使用不同的主题会更改文档的主要细节信息，变换不同的主题可以使幻灯片的版式和背景发生显著变化。PowerPoint 提供了内置主题，用户还可以更改主题颜色、主题字体或主题效果进一步自定义演示文稿。

1）应用主题："设计"选项卡中的"主题"选项组，如图 3-85 所示，在内置的主题中选择所需的主题应用于演示文稿。

图 3-85　应用主题

2）应用变体效果：该样式会随着主题的不同而自动更改，可对选中的主题进行变体效果设置，系统会自动提供 4 种不同的"变体"背景，用户只需选择一种样式进行应用即可，如图 3-86 所示是关于"环保"主题的变体应用。还可以自定义主题样式，单击"设计"选项卡"变体"选项组右侧的下拉按钮，在弹出的下拉列表中包括颜色、字体、效果和背景样式选项，用户根据需求自主定义主题的字体、颜色等效果即可。

图 3-86　应用变体效果

3）自定义幻灯片大小：可设置幻灯片的大小，单击"设计"选项卡"自定义"选项组中的"幻灯片大小"下拉按钮，在弹出的下拉列表中选择"幻灯片大小"选项，弹出"幻灯片大小"对话框，根据实际需求进行相关的设置，如图 3-87 所示。

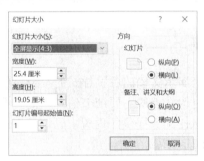

图 3-87　设置幻灯片大小

4）设置背景格式：还可对选择的主题设置背景格式，在"自定义"选项组中，单击"设置背景格式"按钮，在弹出的"设置背景格式"窗格中进行相关的设置。

2. 应用母版

在制作演示文稿时，为了能快速生成相同演示的幻灯片，从而提高工作效率，减少重复输入和设置，可以通过设置幻灯片母版来实现。可以在幻灯片母版中设置相同的背景、标志、标题文本及主要文字格式等，并将其模板信息应用到演示文稿的每张幻灯片中。

PowerPoint 中的母版有 3 种类型，分别是幻灯片母版、讲义母版和备注母版。它们的作用和视图都不相同。

1）幻灯片母版。幻灯片母版是制作幻灯片的母版载体，使用它可以为幻灯片设计不同的版式。经过幻灯片母版设置后的幻灯片样式将在"新建幻灯片"下拉列表中显示出来，需要的时候直接使用这种幻灯片样式即可。

　　单击"视图"选项卡"母版视图"选项组中的"幻灯片母版"按钮,进入幻灯片母版视图,在此视图中进行字体、颜色、效果等设置,统一所有幻灯片的样式设置,如图 3-88 所示。

图 3-88　幻灯片母版视图

　　2)讲义母版。在讲义母版视图中,可以更改打印设计和版式,如更改打印之前的页面设置和改变幻灯片的方向,定义在讲义母版中显示的幻灯片数量,设置页眉、页脚、日期和页码,编辑主题和设置背景样式等。

　　单击"视图"选项卡"母版视图"选项组中的"讲义母版"按钮进入讲义母版视图,如图 3-89 所示。

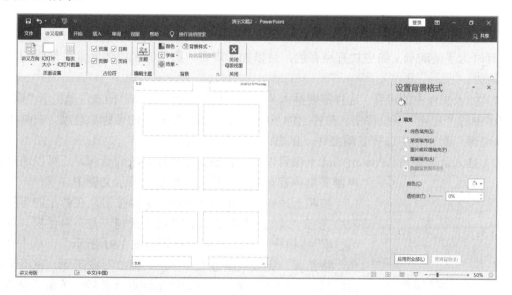

图 3-89　讲义母版

3）备注母版。在查看幻灯片内容时，如果需要将幻灯片和备注显示在同一页面中，就可以在备注母版视图中进行查看。单击"视图"选项卡"母版视图"选项组中的"备注母版"按钮进入备注母版视图，如图 3-90 所示。

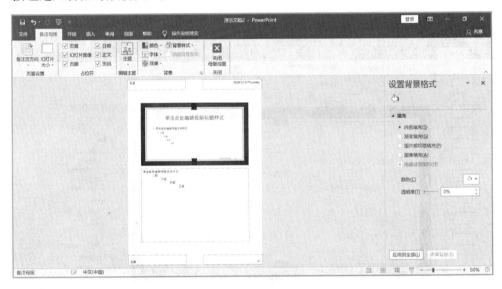

图 3-90　备注母版

注意：对母版进行编辑后，会影响所有使用该母版的幻灯片。所以，只有在需要设置一些使用幻灯片所共有的元素和样式时，才能修改母版。

3. 插入图形、表格等对象

在 PowerPoint 中，也可以插入自选图形、图片、表格、公式和 SmartArt 组件等对象，其操作过程和 Word、Excel 类似，可参照 Word、Excel 篇章中的相关内容，这里不再赘述。

4. 插入声音

有时为了使演示文稿更加有声有色，可以加入声音、影片等多媒体元素，增强幻灯片的表现力。

1）插入文件中的声音。选择需要插入声音文件的幻灯片，单击"插入"选项卡"媒体"选项组中的"音频"下拉按钮，在弹出的下拉列表中选择"PC 上的音频"选项，在弹出的"插入音频"对话框中选择音频文件，单击"插入"按钮。

2）插入录制旁白。PowerPoint 不仅可以插入存储在本地计算机的音频，还可以通过扬声器采集声音录制为音频，直接插入演示文稿中。

图 3-91　录制音频

按照上述操作，单击"音频"下拉按钮，在弹出的下拉列表中选择"录制音频"选项，弹出"录制声音"对话框，单击"录制"按钮 ●，录制音频文档，如图 3-91 所示。可单击"停止"按钮 ■，完成录制过程；单击"播放"按钮 ▶，试听录制的音频。在确认无误后，对音频文件重命名后，单击"确定"

按钮，将录制的音频插入演示文稿中。

3）剪裁音频。录制或插入音频后，如只需要音频中的部分，则可以对音频进行剪裁。

选择幻灯片中的音频图标（小喇叭形状），单击"播放"选项卡"编辑"选项组中的"剪裁音频"按钮，在弹出的"剪裁音频"对话框中，可以手动拖动进度条中的绿色滑块，以调节剪裁的开始时间，同时，也可以调节红色滑块，修改剪裁的结束时间。或者根据"播放"按钮来确定剪裁内容，并在"开始时间"和"结束时间"微调框中输入相应的裁剪时间即可，如图 3-92 所示。

图 3-92　剪裁音频

4）设置音频选项。PowerPoint 可以通过设置音频选项，控制音频在播放时的状态和播放音频的方式。

选择音频图标，在"播放"选项卡"音频选项"选项组中，可设置音频的相关属性。例如，选中"跨幻灯片播放"复选框，将"开始"设置为"自动"等，如图 3-93 所示。

如果需要删除音频，选择音频图标，按 Delete 键即可。

图 3-93　"音频选项"选项组

5. 添加视频

在 PowerPoint 中，除了可以添加声音文件之外，还可以在幻灯片中插入视频文件，用来丰富演示文稿的内容。

1）插入视频。单击"插入"选项卡"媒体"选项组中的"视频"下拉按钮，在弹出的下拉列表中选择"PC 上的视频"选项，在弹出的"插入视频文件"对话框中选择视频文件，并单击"插入"按钮。还可以在包含了"内容"版式的幻灯片中，单击占位符中的"插入视频文件"图标，在弹出的"插入视频文件"对话框中选择视频的插入位置，单击"插入"按钮即可。

2）剪辑视频。在插入一个视频后，如只需要视频中的部分片断，则可使用剪辑视频功能。

单击"播放"选项卡"编辑"选项组中的"剪辑视频"按钮，弹出"剪裁视频"对话框，拖动开始滑块和结束滑块设置剪裁的范围或单击下面的"播放"按钮设置开始时间和结束时间，如图 3-94 所示。

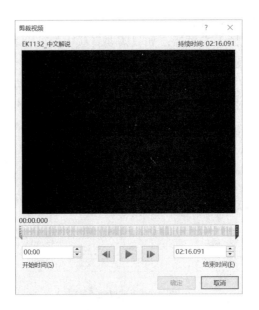

图 3-94　剪辑视频

3）设置视频格式。在视频播放之前，可设置视频的尺寸大小、亮度、对比度、颜色等。

视频的尺寸大小可通过拖动视频四周的控制点进行调整，视频的亮度、对比度等的设置，可通过单击"格式"选项卡"调整"选项组中的"更正"和"颜色"下拉按钮，在弹出的下拉列表中选择合适的选项即可。还可以通过选择"视频样式"下拉列表中的选项来设置视频的边框。

4）设置视频选项。PowerPoint 可以通过设置视频选项，控制视频在播放时的状态和播放视频的方式。

在"播放"选项卡"视频选项"选项组中，可根据需要进行相关的设置，如设置"开始"播放的方式为"自动"，播放时为"全屏播放"或"播放完毕返回开头"等，如图 3-95 所示。

图 3-95　视频选项

以上设置完成后，选择视频图标，单击视频播放控制条中的"播放"按钮进行播放即可，如图 3-96 所示。

图 3-96　视频播放控制条

3.3.3　设置幻灯片动画

为了使幻灯片演示文稿的显示更有活力、更有吸引力，用户可以为幻灯片中的对象添加丰富的动画效果，还可以为幻灯片添加各种切换效果，用来提高演示文稿的趣味性和可视性。

1. 预定义动画效果

PowerPoint 使用以下 4 种不同类型的动画效果。

1）进入：幻灯片放映过程中对象进入放映界面时的动画效果，如出现、飞入、擦除等效果。

2）强调：对象吸引用户注意力的强调效果，可以增加幻灯片对象的表现力，如脉冲、填充颜色、放大\缩小等效果。

3）退出：幻灯片放映过程中对象从幻灯片中退出的动画效果，如百叶窗、飞出、盒状等效果。

4）动作路径：指定幻灯片中的某个对象移动的动画轨迹，使对象沿着某种形状或自定义路径进行移动。

2. 设置动画效果

可以将动画效果应用于个别幻灯片上的文本或对象、幻灯片母版上的文本或对象，或者自定义幻灯片版式上的占位符。应用动画后该项目会出现一个动画标记。

1）添加动画。选择在幻灯片中需要设置动画效果的对象，单击"动画"选项卡"动画"选项组中的下拉按钮，在弹出的下拉列表中选择所需的动画效果，如选择进入类型的"擦除"效果；或者在"高级动画"选项组中单击"添加动画"下拉按钮，在弹出的下拉列表中选择所需的动画效果。

同一对象可以设置多种动画效果，如将文本对象"计算机基础"设置为进入类型中的"飞入"效果，再对其设置强调中的"放大"效果。

2）设置播放动画选项。添加完动画效果之后，还需要设置动画播放的方式，在"动画"选项卡的"计时"选项组，根据需要进行相关的设置即可。

① 单击开始：默认状态下，单击鼠标时开始播放动画效果，有多个动画效果时使用此方式表示按先后顺序播放动画效果。

② 与上一动画同时：与上一个动画效果同时开始。单击"开始"下拉按钮，在弹出的下拉列表中选择即可。

③ 上一动画之后：上一个动画完成后再自动开始，按先后顺序进行播放。单击"开始"下拉按钮，在弹出的下拉列表中选择即可。

④ 持续时间：动画动作完成快慢，可通过调整"持续时间"微调框中的时间来改变，如果时间增加了，表示动作完成变慢；反之，动作变快。

⑤ 延迟：动画开始前的等待时间。

⑥ 对动画重新排序：改变幻灯片中各个对象出现的先后顺序。单击"高级动画"选项组中的"动画窗格"按钮，弹出"动画窗格"窗格。在窗格中的动画列表中，选中需要移动的动画效果，按下鼠标左键上下拖动即可。也可选择"计时"选项组中的"对动画重新排序"中的"向前移动"或"向后移动"选项来改变顺序。

例如，将文本对象"计算机基础"设置为进入类型中的"飞入"效果，播放方式设置为"单击开始",再对其设置强调中的"放大"效果,播放方式设置为"与上一动画同时",单击"动画窗格"中的"自动播放"按钮,则该文本对象的显示效果为"边放大边飞入"。如果在"放大"效果进行"延迟"设置,时间为01.00,播放动画时,先出现飞入效果,1s后出现放大效果。

3. 设置幻灯片的切换效果

幻灯片的切换效果是两张相邻连续的幻灯片之间的过渡效果,也就是前一张幻灯片切换到后一张幻灯片时呈现的动画效果。

1)添加切换效果。为方便设置幻灯片的切换效果,PowerPoint 为幻灯片切换提供了多种内置的方案,如擦除、分割等。

单击"切换"选项卡中的"切换到此幻灯片"选项组中的下拉按钮,在弹出的下拉列表中选择所需的切换效果,如选择"分割"效果;再单击"效果选项"下拉按钮,在弹出的下拉列表中选择相应的分割效果选项。

2)设置切换计时。设置幻灯片切换效果后,还需要对切换动画选项进行设置,如切换动画时出现的声音、持续时间、换片方式等。

① 声音:切换幻灯片的同时出现声音,单击"计时"选项组中的"声音"下拉按钮,在弹出的下拉列表中选择预设的声音,如爆炸、风铃等,也可选择来自其他声音。

② 持续时间:幻灯片切换时持续的时间,可通过设置"持续时间"来控制幻灯片切换的快慢程度。

③ 换片方式:从一张幻灯片切换到另一张幻灯片,如果单击鼠标进行切换,则选中"计时"选项组中的"单击鼠标时"复选框;如果选择自动切换方式,则选中"设置自动换片时间"复选框,同时设置过渡的时间。

④ 应用到全部:对一张幻灯片设置完切换效果后,如果其他幻灯片都设置同样的效果,则可单击"计时"选项组中的"应用到全部"按钮。如果各个幻灯片之间的切换效果不一样,则需要进行多次设置。

3.3.4 幻灯片的放映和发布

完成演示文稿中每张幻灯片的制作后,最终的目的是在观众面前放映和演示。除了展示演示文稿之外,为了便于交流,还需将演示文稿打包成 CD、创建视频等进行发布。

1. 链接幻灯片

用户可以在演示文稿中添加超链接以便跳转到某个特定地方,如跳转到某张幻灯片、另一个演示文稿或某个 Internet 地址。

创建超链接时,起点可以是任何对象,如文本、图形等。在演示文稿放映时,用户可单击某个超链接跳转到相应的内容。

(1)利用插入"超链接"创建超链接

选择需要添加链接的对象,单击"插入"选项卡"链接"选项组中的"超链接"按钮,弹出"插入超链接"对话框。在"插入超链接"对话框(图3-97)中,进行相关设置后,单击"确定"按钮。

图 3-97　设置超链接

1）现有文件或网页：可跳转到已有的文档、应用程序或 Internet 地址等；选择"最近使用过的文件"选项，就可以在右侧的列表框中选择要跳转的文件；要想跳转到 Internet 地址上，只要在"地址"文本框中输入网站地址，或选择"浏览过的网页"选项，在右侧列表框中选择最近访问过的网页。

2）本文档中的位置：可在右侧"请选择文档中的位置"列表框中根据幻灯片标题选择要跳转到的某张幻灯片。

创建超链接后，用户可以根据需要随时编辑或更改超链接的目标。操作方法是，右击需要编辑超链接的对象，在弹出的快捷菜单中选择"编辑超链接"选项，在弹出的"编辑超链接"对话框中进行超链接位置的修改。

删除超链接的操作方法同上，右击要删除超链接的对象，在弹出的快捷菜单中选择"取消超链接"选项或在"编辑超链接"对话框中单击"删除链接"按钮。

（2）动作设置

要为选定对象设置动作，单击"插入"选项卡"链接"选项组中的"动作"按钮，弹出"操作设置"对话框，如图 3-98 所示。根据需要在"操作设置"对话框的"单击鼠标时的动作"选项组中选中"超链接到"单选按钮，可从下方的下拉列表中选择超链接的目标，如下一张幻灯片、其他幻灯片、其他文件等。还可选中"播放声音"复选框，在下方的下拉列表中选择一种声音，如单击、风铃、其他声音等。设置完成后，单击"确定"按钮即可。

（3）使用动作按钮创建超链接

PowerPoint 中还提供了一些按钮，将这些按钮添加到幻灯片中，可以快速设置超链接和动作。

单击"插入"选项卡"插图"选项组中的"形状"下拉按钮，在弹出的下拉列表中选择"动作按钮"组中的各动作按钮符号，如图 3-99 所示。此时鼠标指针变成十字形，在幻灯片的适当位置单击或拖动鼠标就会绘制出动作按钮，同时弹出"动作设置"对话框，可在其中设置跳转的目标或执行的程序。

图 3-98 动作设置　　　　　　　　　　图 3-99 插入动作按钮

如果要取消动作，可在"动作设置"对话框选中"无动作"单选按钮，然后单击"确定"按钮即可。

2. 放映幻灯片

PowerPoint 提供了 3 种放映幻灯片的方式，单击"幻灯片放映"选项卡"设置"选项组中的"设置幻灯片放映"按钮，弹出"设置放映方式"对话框，如图 3-100 所示。通过选中"放映幻灯片"选项组中相应的单选按钮，可选择全部幻灯片放映或连续几张幻灯片放映，也可选择某个自定义放映；选中"推进幻灯片"选项组中的单选按钮，可进行人工控制或排练时间控制放映；通过选中"放映类型"选项组中的 3 个单选按钮，可选择相应的放映方式；还可在"放映选项"选项组中进行循环播放的设置等。

图 3-100 设置放映方式

1）演讲者放映（全屏幕）：最常用的放映方式，以全屏幕方式显示，可以通过快捷菜单或 PgDn 键、PgUp 键显示不同的幻灯片。还可以通过快捷菜单中的"指针选项"选择各种颜色的绘图笔和激光笔对幻灯片内容进行勾画。

2）观众自行浏览（窗口）：以窗口形式显示，允许用户动手操作，用户可以利用窗口底部的向左和向右箭头或放映控制菜单显示所需要的幻灯片。

3）在展台浏览（全屏幕）：可自行运行演示文稿。在放映前，要实现通过排练计时将每张幻灯片放映的时间规定好。在放映过程中，除了保留鼠标指针用于选择屏幕对象外，其余功能全部失效（按 Esc 键可终止放映），以免破坏演示画面。

3. 发布幻灯片

演示文稿完成后，一般情况下，将演示文稿保存为扩展名为.pptx 或.ppsx 的文件，除此之外，还可以将幻灯片发布为 CD、视频等。

（1）打包成 CD

如果演示文稿中链接了一些其他文件，如图片、视频或音频等，则在复制演示文稿到其他计算机上放映时，需要把这些文件一起复制，否则无法播放这些对象。PowerPoint 中"将演示文稿打包成 CD"的功能是将所有超链接的文件与演示文稿一起复制到一个位置并更新所有媒体文件的超链接，这样就可以在一个没有安装 PowerPoint 的计算机上播放此演示文稿。

单击"文件"|"导出"|"导出"|"将演示文稿打包成 CD"按钮，在右侧的窗格中单击"打包成 CD"按钮，在弹出的"打包成 CD"对话框中，选择"要复制的文件"列表框中的演示文稿文件，单击"添加"按钮，在一个包中添加多个 PowerPoint 文件或其他相关的非 PowerPoint 文件，单击"选项"按钮，在弹出的"选项"对话框中进行相关的设置；最后在"打包成 CD"对话框中，单击"复制到文件夹"按钮，在弹出的"复制到文件夹"对话框中输入文件夹名称及位置，单击"确定"按钮完成打包过程。

（2）视频输出

将演示文稿转换为 Windows Media 视频（.wmv）文件或其他格式（.avi、.mov 等），以保证演示文稿中的动画、旁白和多媒体内容顺畅播放，观看者在未安装 PowerPoint 的计算机上也可以观看。创建视频后，可以使用电子邮件发送，或者刻录到 DVD，也可以上载到视频共享网站或保存到文件共享位置。

单击"文件"|"导出"|"将演示文稿打包成 CD"按钮，在右侧的窗格中选择"创建视频"选项，在弹出的窗格中，选择相应的文件大小和质量的选项。单击"创建视频"按钮，弹出"另存为"对话框，选择保存的类型，输入文件名，单击"确定"按钮。

（3）打印输出

演示文稿除了可在计算机屏幕上做电子演示外，还可以作为讲义将它们打印出来分发，备注也可以与幻灯片一起打印出来作为演讲时的参考。

在打印之前，先要对幻灯片大小和方向进行设置，根据前面的介绍，可以在"设计"选项卡的"自定义"功能组中，单击"幻灯片大小"下拉按钮，在弹出的下拉列表中选择"自定义幻灯片大小"选项，在弹出"幻灯片大小"对话框中进行大小和方向的设置。

接着对将要打印的演示文稿、讲义进行打印选项的设置。

选择"文件"菜单中的"打印"选项，在右侧的"打印"窗格中可以对打印机、打印份数、打印范围及打印内容等进行设置。

为了节省纸张，可以选择"打印讲义"选项，同时设置每页打印的幻灯片张数及它们的排列顺序等。还可以选择"打印备注页"选项，则将幻灯片和备注页的内容同时打印在一张纸上提醒演讲者所用。选择"打印大纲"选项则只打印大纲视图中的文字部分。

本 章 小 结

本章主要介绍了 Word 2016 文字处理软件、Excel 2016 电子表格处理软件和 PowerPoint 2016 演示文稿制作软件的基本操作及案例应用。

学习本章，不能仅仅记住某个特例的步骤，以完成任务为目的，而是要通过一个或多个例子的反复实践，思考如何更快地提高工作效率，达到灵活应用、融会贯通的目的。

习题 3

一、选择题

1. 在 Office 2016 中，执行"开始"选项卡中的"复制"命令后（　　　）。
    A. 插入点所在段落的内容被复制到剪贴板
    B. 被选择的内容复制到剪贴板
    C. 光标所在段落的内容被复制到剪贴板
    D. 被选择的内容被复制到插入点
2. 在 Word 2016 中，可以利用（　　　）很直观地改变段落的缩进方式，调整左右边界和改变表格的列宽。
    A. 字体　　　　　　B. 样式　　　　　　C. 标尺　　　　　　D. 编辑
3. Word 2016 文档的默认扩展名为（　　　）。
    A. .txt　　　　　　B. .doc　　　　　　C. .docx　　　　　　D. .jpg
4. 在 Word 2016 中，欲使自动保存时间间隔为 10 分钟，应进行的操作是（　　　）。
    A. 选择"文件"|"选项"选项，在弹出的"Word 选项"对话框的"保存"选项卡中，设置自动保存时间间隔
    B. 按 Ctrl+S 组合键
    C. 选择"文件"|"保存"选项
    D. 以上都不对
5. 能够看到 Word 2016 文档的分栏效果的页面格式是（　　　）视图。
    A. 页面　　　　　　B. 阅读　　　　　　C. 大纲　　　　　　D. Web 版式
6. 在 Word 2016 中，如果双击某行文字左端的空白处，可选择（　　　）。
    A. 一行　　　　　　B. 多行　　　　　　C. 一段　　　　　　D. 一页

7．在 Word 2016 中，将整篇文档的内容全部选中，可以使用的快捷键是（　　）。

　　A．Ctrl+X　　　　B．Ctrl+C　　　　C．Ctrl+V　　　　D．Ctrl+A

8．在 Word 2016 中，欲选定文本中不连续两个文字区域，应在拖曳鼠标前，按住（　　）键不放。

　　A．Ctrl　　　　B．Alt　　　　C．Shift　　　　D．空格

9．在 Word 2016 的编辑状态，选择了文档全文，若在"段落"对话框中设置行距为 20 磅的格式，应当选择"行距"下拉列表中的（　　）。

　　A．单倍行距　　　B．1.5倍行距　　　C．固定值　　　D．多倍行距

10．在 Word 2016 中，选择某段文本，双击格式刷进行格式应用时，格式刷可以使用的次数是（　　）。

　　A．1　　　　B．2　　　　C．有限次　　　D．无限次

11．Word 2016 中视图的方式有很多种，（　　）是所见即所得的视图。

　　A．页面视图　　　B．大纲视图　　　C．草稿　　　D．阅读版式视图

12．Word 2016 文档的页面设置是按（　　）进行的。

　　A．页　　　　B．节　　　　C．段　　　　D．章

13．在 Word 2016 文档中，按住（　　）键，可协助选定垂直文本。

　　A．Shift　　　B．Tab　　　C．Alt　　　D．Ctrl

14．Excel 2016 工作簿文件的默认扩展名为（　　）。

　　A．.docx　　　B．.xlsx　　　C．.pptx　　　D．.mdbx

15．Excel 2016 主界面窗口中编辑栏上的"fx"按钮用来向单元格插入（　　）。

　　A．文字　　　B．数字　　　C．公式　　　D．函数

16．在 Excel 2016 的单元格中，如果想输入数字字符串"20190101"，则应输入（　　）。

　　A．0020190101　　　　　　B．"20190101"

　　C．20190101　　　　　　　D．'20190101

17．在 Excel 2016 中，表示逻辑值为真的标识符为（　　）。

　　A．F　　　　B．T　　　　C．FALSE　　　D．TRUE

18．在 F1、G1 单元格中分别输入了 3.5 和 4，并将这 2 个单元格选定，然后向右拖动填充柄，在 H1 和 I1 中分别输入的数据是（　　）。

　　A．3.5、4　　　B．4、4.5　　　C．4.5、5　　　D．4、5.5

19．在 Excel 2016 中，若需要选择多个不连续的单元格区域，除选择第一个区域外，以后每选择一个区域都要同时按住（　　）键。

　　A．Ctrl　　　B．Shift　　　C．Alt　　　D．Esc

20．在 Excel 2016 工作表中，按 Delete 键将清除被选区域中所有单元格的（　　）。

　　A．格式　　　B．内容　　　C．批注　　　D．所有信息

21．在 Excel 2016 中，（　　）表示"数据表 1"上的 B2 到 G6 的整个单元格区域。

　　A．数据表1#B2:G6　　　　　B．数据表1$B2:G6

　　C．数据表1!B2:G6　　　　　D．数据表1:B2:G6

22．假定单元格 D3 中保存的公式为"=B3+C3"，若把它复制到 E4 中，则 E4 中保存的公式为（　　）。

A．=B3+C3　　B．=C3+D3　　C．=B4+C4　　D．=C4+D4

23．假定单元格 D3 中保存的公式为"=B\$3+C\$3"，若把它复制到单元格 E4 中，则单元格 E4 中保存的公式为（　　）。

A．=B3+C3　　B．=C3+D\$3　　C．=B\$4+C\$4　　D．C&4+D&4

24．在 Excel 2016 的高级筛选中，条件区域中写在同一行的条件是（　　）。

A．或关系　　B．与关系　　C．非关系　　D．异或关系

25．在 Excel 2016 中，某个单元格显示为"######"，其原因可能是（　　）。

A．与之有关的单元格数据被删除了

B．公式中有被0除的内容

C．单元格列的宽度不够

D．单元格行的高度不够

26．在 Excel 2016 中，对数据进行分类汇总前，必须要先进行（　　）。

A．筛选　　　　　　　　B．选中

C．按任意列排序　　　　D．按分类列排序

27．PowerPoint 2016 演示文稿的扩展名是（　　）。

A．.psdx　　B．.ppsx　　C．.pptx　　D．.pps

28．幻灯片母版设置可以起到的作用是（　　）。

A．设置幻灯片的放映方式

B．定义幻灯片的打印页面设置

C．设置幻灯片的片间切换

D．统一设置整套幻灯片的标志图片或多媒体元素

29．在 PowerPoint 2016 中，要设置幻灯片之间的切换效果，应使用（　　）进行设置。

A．"动作设置"选项卡　　　　B．"设计"选项卡

C．"切换"选项卡　　　　　　D．"动画"选项卡

30．在 PowerPoint 2016 中，停止幻灯片播放的快捷键是（　　）。

A．Enter　　B．Shift　　C．Ctrl　　D．Esc

二、填空题

1．_____决定了段落中各行之间的垂直间距。

2．在幻灯片的版面上有一些带有文字提示的虚框，这些虚框称为_____。

3．在 PowerPoint 2016 中，使用_____功能，可以实现跳转到某张幻灯片、另一个演示文稿或某个网址。

4．在 Excel 2016 中，在选定的单元格右下角，当鼠标指针移动到上面时，会变成细黑十字形，此形状称为_____。

5．在 Excel 2016 中，要在单元格中换行，需按_____。

6．在 Excel 2016 中，在不同单元格输入相同内容，需按_____。

7．如果要计算 A1:D5 区域内数字的最大值，则应输入的函数的完整形式为_____。

8．文本框链接后在第一个文本框中输入文字，如果该文本框已满，文字将_____。

9．在 Word 2016 中，如果不同页需要设置不同的页面格式，如页眉、页脚或页边距不

一样，必须使用分隔符中的_____。

10．在 Excel 2016 中，使用公式时必须首先在单元格输入_____，然后输入公式。

三、简答题

1．Word 文档格式编排包括哪些方面？

2．生成 Word 表格的方法主要有哪几种？

3．邮件合并有什么作用？简述邮件合并信函的步骤。

4．在 Excel 中如何编辑自定义列表"第一大节　第二大节　第三大节　第四大节　第五大节　第六大节"，方便以后使用时可以通过填充柄快速获取？

5．Excel 中单元格的相对引用、绝对引用和混合引用有什么区别？

6．简述创建 Excel 图表的操作步骤。

7．简述在 Excel 中实现高级筛选的操作步骤。

8．简述制作演示文稿的基本步骤。

习题 3 参考答案

第 4 章　计算机网络基础

在日常生活中，网络已经深入人们生活的方方面面，如在社交上已离不开 QQ、微信、微博等，在生活购物上已离不开天猫、淘宝、京东、当当等，在娱乐消遣上已离不开优酷、腾讯视频、抖音、快手、哔哩哔哩等，在信息资讯上已离不开百度、今日头条、知乎、搜狐等，但是如果没有互联网为基础，那么上述工具都将没有存在的价值。互联网俨然已经变成了整个社会的基础设施，对其相关知识的理解将有助于人们更好地融入这个"互联网+"的时代。

4.1　计算机网络的发展及分类

计算机网络与其他技术方案一样，也不是生而就存在的，而是一步一步演化发展而来的。只有从历史发展的角度去观察计算机网络，才能更好地理解当前计算机网络的现状，才能预测和把握计算机网络未来的发展。

4.1.1　计算机网络的发展历程

互联网一般是指 Internet，俗称因特网，它起源于 ARPAnet（中文也称"阿帕网"），当时美国担心核武器摧毁他们的核心军事基地，而一旦它们被摧毁，美国的军事防御能力就可能彻底瘫痪。因此，美国下决心要建立一个分布式网络系统。即使部分结点被摧毁，整个系统仍然可以运行，其思想如图 4-1 所示。在图中的上半部分，结点 A、B、C、D 之间都是单点联系，一旦结点 B 被摧毁，那么结点 A 将和结点 C、D 失去联系。而一旦组成分布式网络后，如图中的下半部分，即使结点 B 被摧毁，结点 A 依然可以与结点 C、D 进行联系。

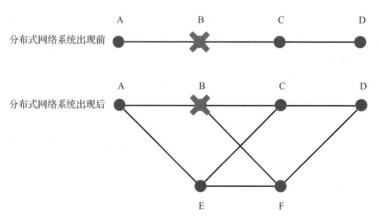

图 4-1　分布式网络系统的原理

ARPAnet 于 1969 年正式启用，当时仅连接了 4 台计算机，仅被科学家们用来进行计算机联网实验。

虽然，建立 ARPAnet 的初衷是军事用途，但越来越多的用户来自非军事领域。因此，1983 年，出于军事安全考虑，ARPAnet 被拆分为两个独立的网络：一个是用于军事的 MILnet，另一个是用于民用的 ARPAnet；同年，TCP/IP 协议（transmission control protocol/Internet protocol，传输控制协议/因特网互联协议）在 ARPAnet 网络中被采用。

1988 年，NSFnet 替代了 ARPAnet，成为 Internet 的主干网。NSFnet 连接了美国五大超级计算中心，由国家出资建立。

1989 年，ARPAnet 解散。

1992 年，美国的 IBM、MCI、Merit 3 家公司联合组建了一个高级网络服务公司——ANS，并建立了一个新的网络——ANSnet，使之成为 Internet 的另一个主干网。它的出现标志着 Internet 开始走向商业化。

1995 年 4 月 30 日，NSFnet 正式宣布停止运作。而此时，Internet 的骨干网已经覆盖了全球 91 个国家，主机已超过 400 万台。

此后，因特网更以惊人的速度向前发展。

智能手机、平板计算机等智能终端的出现，改变了人们接入因特网的习惯。于是，"移动互联网"应运而生，并凭借其极强的便携性而迅速普及。

根据中国互联网络信息中心发布的第 45 次《中国互联网络发展状况统计报告》可知，截至 2020 年 3 月，我国网民规模达到 9.04 亿，较 2018 年提升 4.9 个百分点，2019 年交易规模达 10.63 万亿元，同比增长 16.5%，互联网普及率达 64.5%。其中，手机网民规模达 8.97 亿，较 2018 年底增长 7992 万，手机上网比例达 99.3%，较 2018 年底提升了 0.7 个百分点。

如果移动互联网还只是 Internet 在手机等终端设备上的延伸，那么"物联网"将是以 Internet 为基础延伸和发展而来的一个更大的"泛在网络"。其基本特征是，无所不在、无所不包、无所不能。其可以帮助人类实现 4A 通信，即 anytime、anywhere、anyone、anything。其连接的不仅仅包括人与人、人与物，还包括物与物。

可以肯定的是，未来物联网及其相关技术的发展，如人工智能、大数据、自动识别技术、条形码、射频识别等，将会更加深刻地改变人们的学习、资讯、沟通、娱乐、电子商务、金融等日常生活和工作场景。

4.1.2　计算机网络的定义

21 世纪的一些重要特征就是数字化、网络化和信息化，它是一个以网络为核心的信息时代。网络现已成为信息社会的命脉和发展知识经济的重要基础。通常所说的网络指的是"三网"——电信网络、有线电视网络和计算机网络。发展最快的并起到核心作用的是计算机网络。

随着网络技术的发展及网络应用范围的扩大，计算机网络的概念也在不断地发展。关于计算机网络的定义，存在以下几个主要观点。

1）从应用的观点来定义计算机网络：以相互共享资源的方式连接起来，且各自具有独立功能的计算机系统的集合。

2）从物理的观点来定义计算机网络：在网络协议的控制下，由若干台计算机和数据传输设备组成的系统。

3）从手段和目的的观点来定义计算机网络：利用各种通信手段，把地理分散的计算机互联起来，能够互相通信且共享资源的系统。

因此，普遍采用的定义是，计算机网络就是利用通信线路和通信设备将地理位置分散的具有独立功能的多个计算机系统连接起来，按照某种功能比较完善的协议进行数据通信，以实现资源共享和数据传递的信息系统。

4.1.3 计算机网络的组成

由上述定义可知，计算机网络由计算机系统、通信设备和通信线路等组成，如图 4-2 所示。

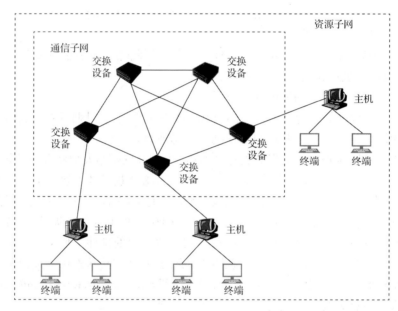

图 4-2 计算机网络的组成

计算机网络从逻辑功能上可以分为两大部分——资源子网和通信子网。

（1）资源子网

资源子网主要负责全网的信息和数据处理业务，向网络用户提供各种网络资源和网络服务。它由网络中的所有计算机系统、数据终端、网络设备、各种软件资源和信息资源等组成。例如，电影、音乐、一台共享的打印机等都属于网络中的资源。

（2）通信子网

通信子网实现网络中的信息传递功能，完成网络之间的数据传输、交换、控制和变换等通信任务。它是网络中实现网络通信功能的设备及其软件的集合。

通信子网由传输部分和交换部分组成。传输部分是传输的信道，它负责信息的传输，如网线。交换部分也称为网络的结点，它实现数据的发送、接收和转发等功能，如处理器、分组交换机或路由器等。

从硬件的角度来看，计算机网络由网络结点和通信链路组成。从软件的角度来看，计算机网络主要包括网络操作系统、网络协议软件、网络管理及网络应用软件等。

4.1.4　计算机网络的分类

计算机网络有很多标准，常用的分类方法如表 4-1 所示。

表 4-1　计算机网络的分类

序号	分类方式	具体分类	
1	地理范围	局域网	
		城域网	
		广域网	
2	传输介质	有线传输介质	双绞线
			同轴电缆
			光纤
		无线传输介质	卫星信号
			微波
			红外线
3	拓扑结构	总线型拓扑结构	
		环形拓扑结构	
		星形拓扑结构	
		树形拓扑结构	
		网状拓扑结构	
		混合型拓扑结构	
4	服务方式	C/S 模式（客户机/服务器模式）	
		B/S 模式（浏览器/服务器模式）	
		P2P 网络（对等网络）	

1. 按地理范围

（1）局域网

局域网（local area network，LAN）是一种在小范围内实现的计算机网络，一般在一个建筑物内或一个工厂、一个事业单位内部，为单位所独有。局域网的连接距离是几米到几十千米，信道传输速度可达 1000Mb/s，结构简单，布线容易。局域网是目前计算机网络发展中最活跃的一个分支，大家所熟知的校园网也是一种局域网。

（2）城域网

城域网（metropolitan area network，MAN）是在一个城市范围内建立的计算机网络。城域网的连接距离为 10～100km，是多个 LAN 相互连接构成，是一种大型的 LAN。当前，城域网多用作骨干网。

（3）广域网

广域网（wide area network，WAN）也称远程网，大型的广域网可以由各大洲的许多局域网和城域网组成。

需要说明的是，广域网、城域网和局域网的划分只是一个相对的分界，随着网络技术的发展，三者之间的界限已经变得越来越模糊了。

2. 按传输介质

（1）有线传输介质

常见的有线传输介质包括双绞线、同轴电缆和光纤。

1）双绞线。双绞线俗称网线。它由 8 根铜导线相互缠绕为 4 个线对组成，如图 4-3 所示。

由于双绞线性能较好且价格低廉，因此得到了广泛应用，常作为局域网的传输介质。

2）同轴电缆。同轴电缆由内层导体（即铜质芯线）、内层绝缘层（即绝缘层）、外层导体（即网状编织屏蔽层）及外层绝缘层（即保护塑料外层）组成，如图 4-4 所示。

同轴电缆常作为有线电视网络的传输介质。

3）光纤。光纤由纤芯、玻璃套、外层保护套等部分组成，它通常被扎成"束"，外面有外壳保护，如图 4-5 所示。

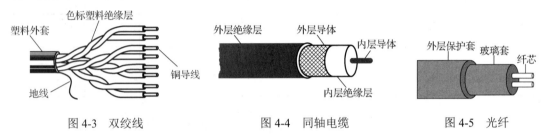

图 4-3　双绞线　　　　　　图 4-4　同轴电缆　　　　　　图 4-5　光纤

光纤是当前主干网中信息高速公路的主要传输介质。

（2）无线传输介质

常见的无线传输介质包括卫星信号、微波和红外线。

1）卫星信号。卫星信号用于卫星通信。卫星通信是地球上的无线电通信站之间利用卫星作为中继进行通信的一种方式。

2）微波。微波被广泛用于长途电话通信、监察电话、电视传播等方面。

3）红外线。红外线被广泛用于短距离通信，常见于电视、空调等家用电器所使用的遥控装置中。

3. 按拓扑结构

按拓扑结构分类，计算机网络可分成如下 6 种。

（1）总线型拓扑结构

在总线型拓扑结构中，所有结点设备都共用一条传输线作为总线，如图 4-6 所示。总线型拓扑结构在日常生活中比较少见。

（2）环形拓扑结构

在环形拓扑结构中，所有结点设备利用传输线路围成了一个闭合的环路，如图 4-7 所示。环形拓扑结构在日常生活中也比较少见。

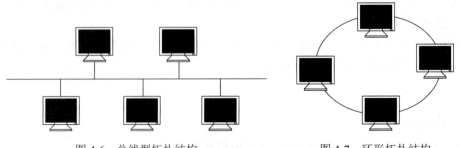

图 4-6　总线型拓扑结构　　　　　　图 4-7　环形拓扑结构

（3）星形拓扑结构

在星形拓扑结构中，各结点设备通过一个集中设备（如交换机）连接在一起，各结点设备呈星状分布，如图 4-8 所示。在学校机房中，计算机与交换机连接的星形拓扑结构随处可见。

（4）树形拓扑结构

在树形拓扑结构中，各结点设备线路连接在一起，各结点设备呈树状分布，如图 4-9 所示。在学校的局域网内，楼层间交换机与交换机的连接多采用树形拓扑结构。

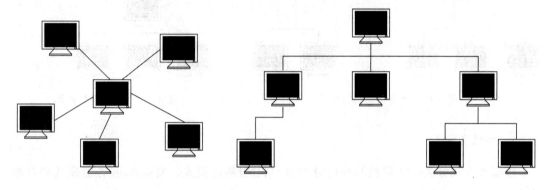

图 4-8　星形拓扑结构　　　　　　　　图 4-9　树形拓扑结构

（5）网状拓扑结构

在网状拓扑结构中，各结点设备通过传输线互联起来，并且每一个结点至少与其他两个结点相连，如图 4-10 所示。网状拓扑结构常用于局域网与局域网的连接。

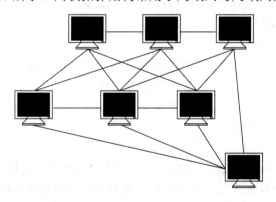

图 4-10　网状拓扑结构

（6）混合型拓扑结构

混合型拓扑结构是将两种单一拓扑结构混合起来，取两者的优点构成的拓扑结构。一种是星形拓扑和总线型拓扑混合而成的"星-总"拓扑，如图 4-11 所示；另一种是星形拓扑和环形拓扑混合而成的"星-环"拓扑，如图 4-12 所示。

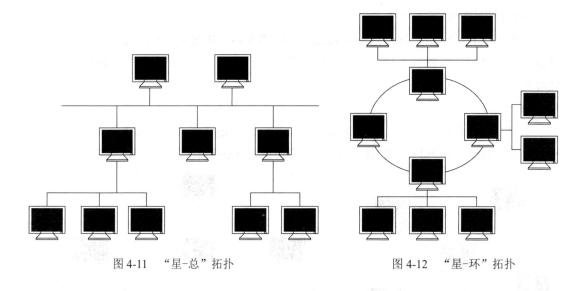

图 4-11　"星-总"拓扑　　　　　　图 4-12　"星-环"拓扑

4. 按服务方式

按服务方式分类，计算机网络可分为客户机/服务器模式、浏览器/服务器模式和对等网络。

（1）客户机/服务器模式

客户机的英文是 Client，而服务器的英文是 Server，故客户机/服务器模式也称为 C/S 模式。例如，用户用到的 QQ，在登录时，需要先预装一个 QQ 程序。用户登录的那台机器就是客户机，"登录"就是 QQ 客户端软件通过网络连接到了腾讯的服务器，该服务器上运行着一个 QQ 服务端软件。

（2）浏览器/服务器模式

浏览器的英文是 Browser，因此浏览器/服务器模式也称为 B/S 模式。例如，2018 年时登录 QQ，也可以不装 QQ 软件，而在腾讯官方网站给出的 WebQQ 上利用浏览器登录（WebQQ 已于 2019 年 1 月 1 日停止服务）。B/S 本质上还是 C/S 模式，只不过客户端软件由专用软件变成了浏览器而已。

（3）对等网络

对等网络（peer to peer，P2P）也被称为对等计算机网络，它是一种在对等者（peer）之间分配任务和工作负载的分布式应用架构，是对等计算模型在应用层形成的一种组网或网络形式。

可通过下面的例子来理解 P2P 网络。众所周知，BT 下载比普通下载要快得多，也因此被称成为变态下载。它们的区别如下：普通下载采用的是 C/S 模式，即每个人都是从服务器端下载数据，下载的人越多，服务器就越忙，每个人分摊到的带宽（一种资源，可类比马路）就越少，自然下载的速度也就越慢。而在 P2P 网络中，采用的是一个"文件分发协议"，它让每一个下载者在下载的同时不断互相上传数据，每台机器既是获得数据的客户端，同时也是提供数据的服务端——充分体现了"我为人人、人人为我"的思想。因此，BT 下载时既有一个下载速度，也有一个上传速度，并且下载的人越多，下载的速度也就越快。

4.2 计算机网络的体系结构

在日常生活中，人们已经习惯 QQ、微信、微博等这些网络应用工具带来的便利，但是很少有人思考它们是如何发送和接收数据的。

事实上，两个计算机系统要想能够相互通信，必须高度协调工作才行。而这种"协调"是相当复杂的，这是因为计算机网络具备复杂性和异质性的特征。

1）在网络中，存在着不同的传输介质，既有如网线在内的许多有线传输介质，也有如微波在内的许多无线传输介质。

2）在网络中，存在着不同种类的设备，既有进行资源访问和提供资源的主机，也有提供数据通信功能的路由器和交换机。

3）在网络中，存在着不同的操作系统，如 UNIX、Windows、Linux。

4）在网络中，存在着不同的软件接口、硬件接口和不同的通信约定（即协议）。

5）在网络应用中，存在着不同的应用环境，如有时是固定应用环境，有时又是移动应用环境。

6）在网络应用中，存在着不同类型的业务需求，如有时对分时性要求较高，有时又对交互性要求较高。

因此，理解两台计算机系统如何高度协调来完成通信的过程显得尤为重要，这就需要了解计算机体系结构的相关知识。

4.2.1 邮政 EMS 系统

为方便大家理解，现用"邮政 EMS 系统"来类比"计算机网络系统"。假设现有如下一个应用场景：甲在长江大学荆州东校区（地址是湖北省荆州市南环路 1 号），要用邮政 EMS 给北京大学（地址是北京市海淀区颐和园路 5 号）的乙邮寄一件包裹，具体操作如下。

首先，甲会将邮寄物品打包并在外面贴上填写好的邮寄单。接着，邮件会被邮递员收走并被送至长江大学东校区邮政支所（下面简称"A 所"）进行相关处理。然后，邮件会被送至荆州区邮政支局（以下简称"A 支局"）进行相关处理。接着，邮件会被送至荆州市邮政中心局（以下简称"A 局"）进行相关处理。随后，邮件会被发送至运输网络，并且在运输网络中一个结点接着一个结点地流动。假设依次经过武汉、郑州、石家庄，最后邮到了北京市邮政中心局（以下简称"B 局"）。接着，邮件在 B 局被处理。随后，邮件被发送至海淀区邮政支局（以下简称"B 支局"）进行相关处理。接着，邮件被发送至北京大学邮政支所（以下简称"B 所"）。最后，邮件被 B 所的邮递员送到乙手上。相关过程如图 4-13 所示。

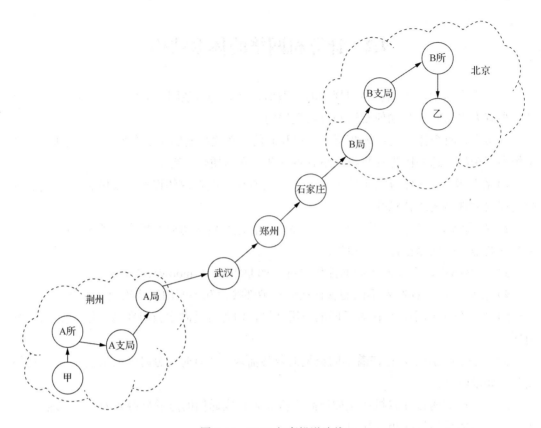

图 4-13　EMS 包裹投递路线

倘若将上述过程进行抽象，可用一个层次模型来概括，如图 4-14 所示。

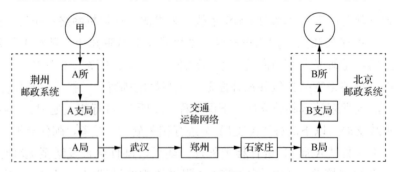

图 4-14　EMS 包裹投递层次模型

在邮件的发送端，邮件被甲"封包"并被移交给了 A 所，甲是服务的发起方。接着，邮件再次被 A 所"封包"并被移交给了 A 支局。随后，邮件再次被 A 支局封包并被移交给了 A 局。紧接着，邮件被 A 局封包并被送至运输网络。这里的"封包"可做如下理解：邮件可能是被包裹了起来并被贴上了邮件单，上面写了相关信息，如目的地址、联系人和联系电话等；也有可能是被装入一个更大的装满北京邮件的集装箱中；还有可能是被简单地盖了个章并被扫描入库。

之后，邮件在运输网络中依次经过武汉、郑州和石家庄，最后到达 B 局。

接着，邮件被 B 局解包并被移交给了 B 支局。随后，邮件被 B 支局再次解包并被移交给了 B 所。接着，邮件被 B 所再次解包并被移交给了乙。最后，邮件被乙再次解包，邮件里真正的内容将呈现在乙面前。这里的"解包"可这样理解：邮件可能是被剥掉了封皮，也有可能是被从上述集装箱中找了出来。但不管怎样，其标注的地址将决定邮件下一站要达到的站点。

4.2.2　网络通信过程

上述邮政系统中包裹投递的过程与网络通信的过程很相似。

处于 Internet 网上的两台机器，在通信之前必须先安装一个被称为 TCP/IP 的协议栈。关于该协议栈，后面还会再详细介绍，它是一个 5 层的协议模型，分别是应用层（如 HTTP 协议）、传输层（如 TCP 协议）、网络层（如 IP 协议）、数据链路层和物理层，如图 4-15 所示。

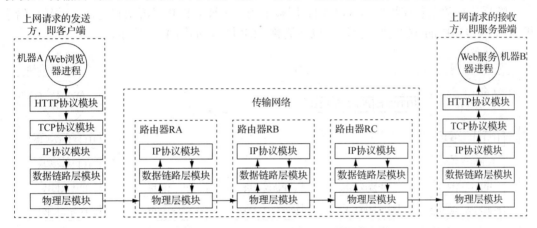

图 4-15　Web 请求从机器 A 至机器 B 的路线

当用户在机器 A 上的浏览器中输入"www.baidu.com"并按 Enter 键后，浏览器会自动启动与百度 Web 服务器（假设是机器 B）之间的通信。该通信过程大体经历了 3 个阶段，左边的机器 A 构造、封装并发送请求包（请求的发送），中间的传输网络一个结点接着一个结点地将请求包进行传递（请求的路由），最后右边的机器 B 接收并解析了该数据包（请求的接收）。

1. 请求的发送

在发送端，"浏览器进程"构造了"请求百度主页"的数据包（以下称为"Web 请求包"或简称为"包"）。对比上述邮寄过程可知，此时发起通信的不再是用户，而是"浏览器进程"。接着，该数据包被浏览器进程转交给了机器 A 的应用层 HTTP 协议模块（以下简称 HTTP 层），如图 4-16 所示。

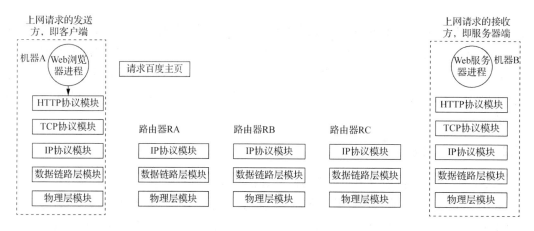

图 4-16　机器 A 中构造 Web 请求包

随后，该数据包在机器 A 的 HTTP 层被处理——被 HTTP 层再次封包，并被转交给了机器 A 的传输层的 TCP 协议模块（以下简称 TCP 层），如图 4-17 所示。

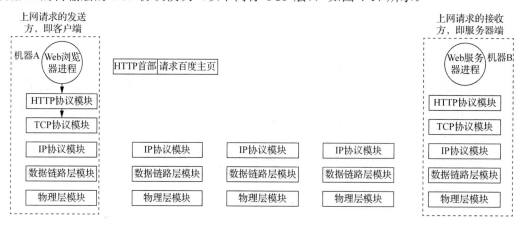

图 4-17　机器 A 中 HTTP 层封包

接着，该数据包在机器 A 的 TCP 层被处理——被 TCP 层再次封包，并被转交给了机器 A 的网络层的 IP 协议模块（以下简称 IP 层），如图 4-18 所示。

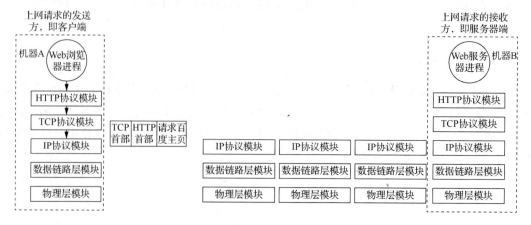

图 4-18　机器 A 中 TCP 层封包

由上述几个图可知，本文中"封包"的实质就是——在该数据包的前面加入了一些特殊意义的数据，如在 HTTP 层封包时会在数据包的前面加上 HTTP 首部，其包含了"百度主页网址""HTTP 协议版本号"等内容。类比上述邮政系统中的包裹投递，此过程就是给包裹外面粘贴上一个快递单，快递单上有联系人姓名、手机号和地址。当然，不同的协议模块加入的首部内容是不同的。因此，一般会将这些首部和协议模块的名称组合起来进行命名。换句话说，HTTP 层的封包过程就是在数据包的前面加上了"HTTP 首部"，TCP 层的封包过程就是在数据包的前面加上了"TCP 首部"，以此类推。

此后，该数据包在机器 A 的 IP 层被处理——被 IP 层再次封包，并被转交给了机器 A 的数据链路层模块（以下简称数据链路层），如图 4-19 所示。

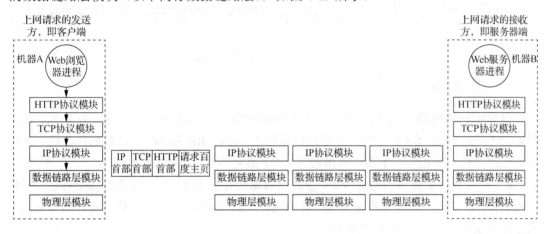

图 4-19　机器 A 中 IP 层封包

接着，该数据包在机器 A 的数据链路层被处理——被数据链路层再次封包，并被转交给了机器 A 的物理层模块（以下简称物理层），如图 4-20 所示。

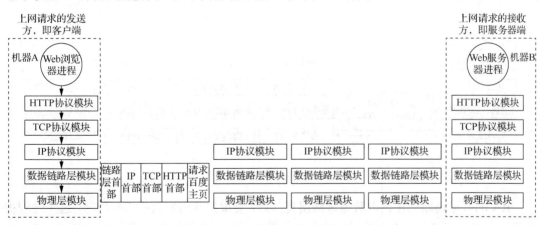

图 4-20　机器 A 中数据链路层封包

随后，该数据包在机器 A 的物理层被处理——被物理层转换为电信号，并被发到网络中，如图 4-21 所示。

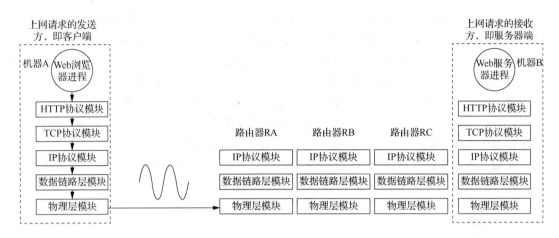

图 4-21 机器 A 中物理层发送

2. 请求的路由

该数据包从机器 A 发送出去后，会在传输网络中被依次逐个结点地进行处理。在如图 4-22 所示的通信图中，一共有 3 个路由器结点（RA、RB 和 RC），该数据包在这 3 个结点处理的过程基本相同，下面以路由器 RA（下面简称 RA）为例阐述即可。

RA 在收到该数据包的电信号后，会将该数据包存储下来，并通过其物理层将电信号转换为 0/1 数据（这一过程被称为物理层解析包裹，简称物理层解包），然后将数据包交由其数据链路层来处理，如图 4-22 所示。

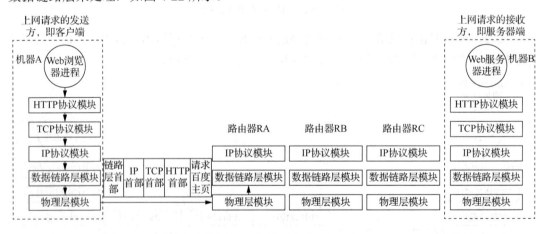

图 4-22 RA 中物理层解包

RA 的数据链路层在读取数据链路层首部后，会根据其内容做些相应处理，这一过程被称为数据链路层解包。其处理的结果就是该数据包的"数据链路层首部"被剥掉，并被移交给 RA 的 IP 层来处理，如图 4-23 所示。

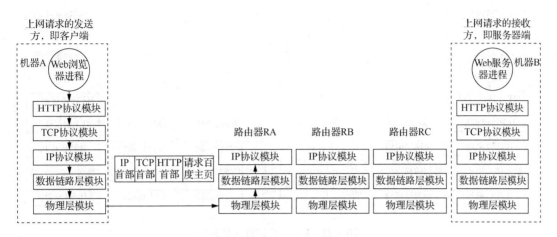

图 4-23　RA 中数据链路层解包

此后，RA 的 IP 层会读取该数据包中 IP 首部的内容，并做相应处理，这个过程被称为
IP 层解包。由此可知，上述几个"解包"的含义如下：类似于上述邮政系统中投递包裹时，
沿途的快递员只有在看到快递单上的信息（如收件地址）后，才能对包裹做进一步的处理。
之后，该数据包有可能会在 RA 的存储中等待合适的时机才会被接着处理（如若 RA 的发
送端口可能太忙，就只能等待）。类似于双十一购物节后，快递小站货满为患，他们只能将
部分货物稍后处理。当 RA 能发送数据时，会根据实际情况修改该数据包中 IP 首部的一些
内容（这一过程又被称为 IP 层封包）后，将之交由其数据链路层，如图 4-24 所示。

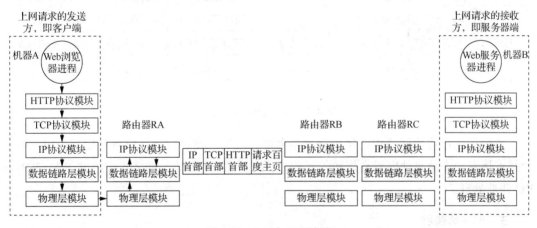

图 4-24　RA 中 IP 层封包

接着，该数据包在 RA 的数据链路层会被处理——被 RA 的数据链路层再次封包，并
被转交给了 RA 的物理层，如图 4-25 所示。

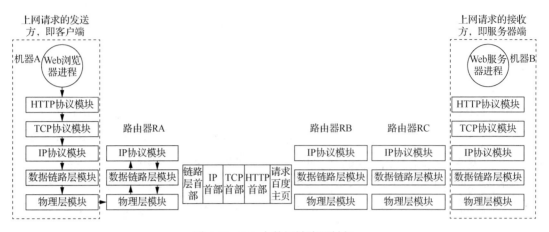

图 4-25　RA 中数据链路层封包

此后，该数据包在 RA 的物理层被处理——被物理层转换为电信号，并被发到网络中，如图 4-26 所示。

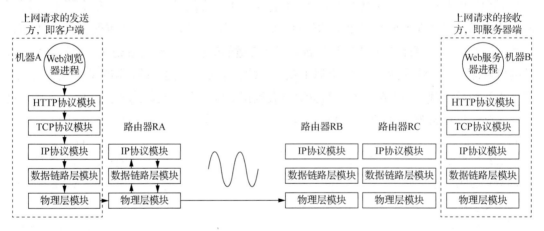

图 4-26　RA 中物理层发送

该数据包在传输网络中的每个路由器上都会按照上述过程逐层解包、逐层封包，并一个结点接着一个结点地向该数据包的目的地——机器 B 流动，就是依次经过 RA、RB 和 RC 并被处理。

3. 请求的接收

经由传输网络的"接力传输"，最终该数据包会被投递到该数据包的目的地——接收端机器 B，如图 4-27 所示。

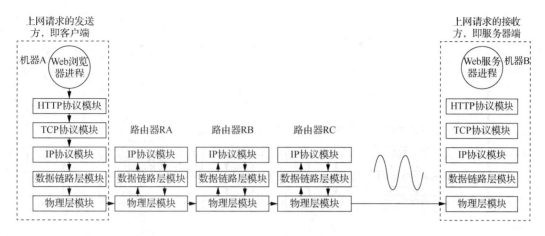

图 4-27　机器 B 中物理层接收信号

当机器 B 收到该数据包对应的电信号后，会在其物理层将电信号转为 0/1 数据，并存储下来，然后将数据包交给其数据链路层来处理，如图 4-28 所示。

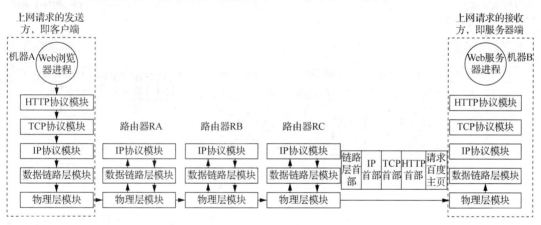

图 4-28　机器 B 中物理层解包

机器 B 的数据链路层在读取数据链路层首部后，会根据其内容做些相应处理，即数据链路层解包。其处理的结果就是该数据包的"数据链路层首部"被剥掉，并被移交给了机器 B 的 IP 层来处理，如图 4-29 所示。

如前所述，这里的解包，其实质就是——剥掉该数据包的某一层首部，其首部的内容决定了它会被如何处理。例如此处，假设机器 B 是以太网方式进行的通信，倘若其物理层网卡发现该数据包"链路层首部"中指定的"目的地址"不是自己，就会直接将该数据包丢弃，而不再向上层传递；但若该"目的地址"是自己，就会向 CPU 发送中断，以便 CPU在合适的时候进行处理。随后，该数据包在 CPU 合适的时候就会被机器 B 的 IP 层再次解包并被转交给其 TCP 层，如图 4-30 所示。

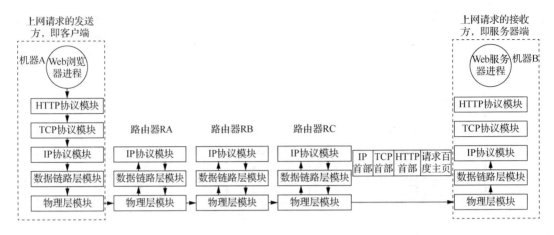

图 4-29　机器 B 中数据链路层解包

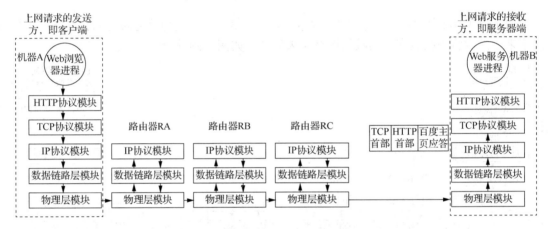

图 4-30　机器 B 中 IP 层解包

接着，该数据包被机器 B 的 TCP 层再次解包并被转交给了其 HTTP 层，如图 4-31所示。

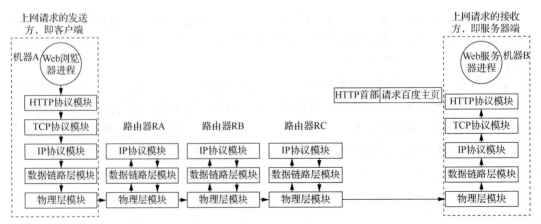

图 4-31　机器 B 中 TCP 层解包

随后,该数据包被机器 B 的 HTTP 层再次解包并被转交给了机器 B 上运行的 Web 服务器进程,如图 4-32 所示。

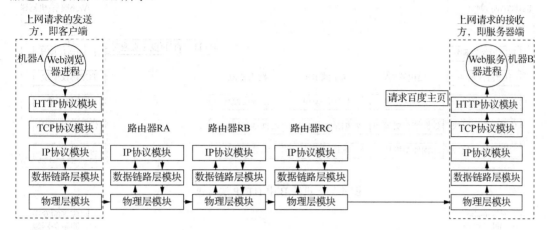

图 4-32　机器 B 中 HTTP 层解包

接着,该数据包被机器 B 的 Web 服务器进程解包,其内容显然就是机器 A 在请求获得本机的 Web 主页。

4. 应答的发送、路由及接收

一旦机器 B 收到这一请求,那么机器 B 首先会判断是否需要响应这一请求。假设此时机器 B 响应了该请求,即它会根据机器 A 中 Web 浏览器的要求(而这又部分决定于用户自己的操作)来构造主页内容,这个被称为应答包。随后,它会遵循上述同样的流程将该应答包在机器 B 上层层封包,最后在机器 B 的物理层以电信号的形式发送出去。

这一过程如图 4-33～图 4-38 所示。需要注意的是,此时发送的是应答包,相比前述请求包而言,机器 B 和机器 A 的角色此时已经进行了互换——机器 B 变成了发送端,而机器 A 变成了接收端。

图 4-33　机器 B 构造 Web 应答包

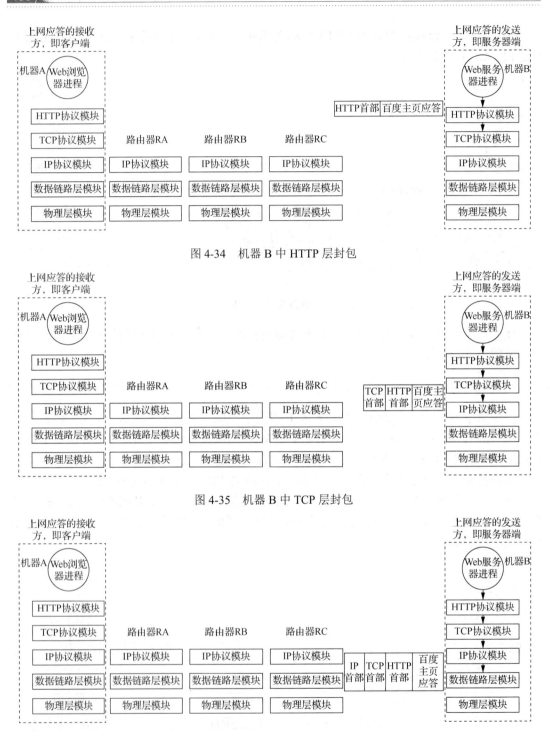

图 4-34　机器 B 中 HTTP 层封包

图 4-35　机器 B 中 TCP 层封包

图 4-36　机器 B 中 IP 层封包

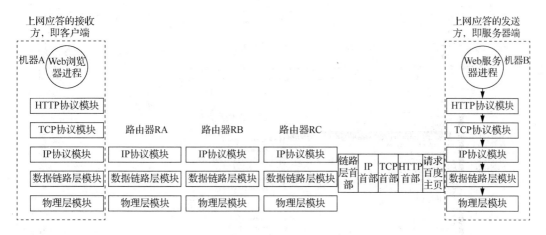

图 4-37　机器 B 中数据链路层封包

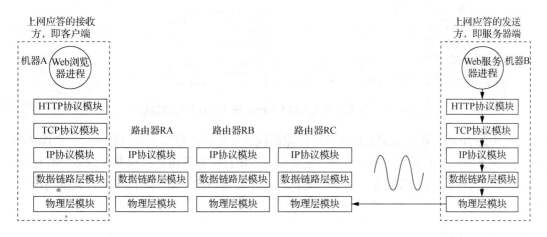

图 4-38　机器 B 中物理层发送

接着，应答包会被发送至中间的传输网络。同理，这个数据包会在网络中一个结点接着一个结点地"接力流向"该数据包的目的地——机器 A。并且，在上述 3 个路由器 RA、RB、RC 上，该数据包都会经历被层层解包、而后又被层层封包这一历程。

最后，该应答包会被投递到机器 A，并在机器 A 上经历层层解包，这一过程与上述请求包在机器 B 上的层层解包过程一样，仅仅是解包对象改为应答包，发送端改为机器 B，而接收端改为机器 A。

当机器 A 的"浏览器进程"收到该应答包内容后，会将内容呈现在浏览器界面上，即用户看到的百度主页。事实上，在用户能看到该网页前，两台机器间已相互传送多个数据包，如图 4-39 所示。在 Chrome 浏览器（即谷歌浏览器）中按如下步骤操作即可得到该图：按 F12 功能键，选中"Network"选项卡中的"Preserve log"复选框，在浏览器地址栏中输入"www.baidu.com"并按 Enter 键。在图 4-39 的"Name"选项卡中，加底色的"www.baidu.com"即浏览器与服务器之间相互发送的众多数据包中的一个，而"Headers"选项卡中呈现的即该数据包中存放的 HTTP 首部数据。

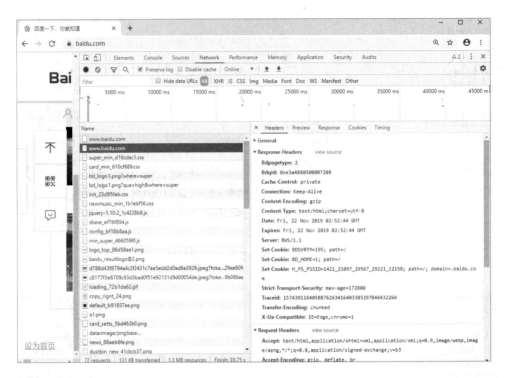

图 4-39　登录百度主页时 Chrome 浏览器收到的数据包

图 4-39 中每个数据包的发送流程、传输流程及接收流程都跟上述过程一样。由图 4-39 可得出以下两点：①浏览器在显示百度主页前，已跟百度服务器之间相互传送多个数据包，且对用户透明；②浏览器的作用之一即将这些数据以用户能理解的、直观的方式呈现出来，以便用户使用。

4.2.3　网络的体系结构

如前所述，TCP/IP 协议栈是计算机之间能通信的基础。而实际上，TCP/IP 协议栈只是 TCP/IP 协议模型在计算机上的具体实现。

TCP/IP 模型是计算机网络中两个著名的网络互联模型之一，另一个是 OSI/RM 模型（open system interconnection reference model，开放系统互连参考模型），它由国际标准化组织（International Organization for Standardization，ISO）制定，它将整个网络的功能划分为 7 个层次，它们由低到高分别是物理层、数据链路层、网络层、传输层、会话层、表示层和应用层，如图 4-40 所示，但由于诸多原因导致它只是法律上的一个国际标准，而 TCP/IP 模型成为事实上的国际标准。

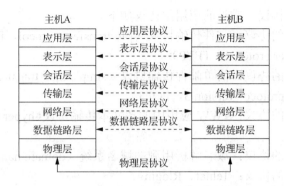

图 4-40 OSI 网络体系结构

TCP/IP 是 Internet 的基础，一般指的是以 IP 协议和 TCP 协议为代表的一系列协议。

网络通信协议是一种网络通用语言，它给出了设备间交换信息时必须遵守的规则集合，给出了在网络上建立通信通道、控制信息流的规则，并且依赖于网络体系结构、由硬件和软件实现。例如，人们平时通信时所用的语言就是一种人与人之间交流信息的协议。这是因为，写信者在写信前就要考虑收信者的语言背景，要确定信件使用的是中文还是其他语言，否则，收信者可能会因语言不通而无法阅读。

网络协议包含语义、语法和时序 3 个要素。

1）语义，是协议元素含义的解释，即规定了通信双方彼此"讲什么"，类似于英语中的"单词及其含义"。

2）语法，确定了协议元素与数据的组合格式，即规定了通信双方彼此"如何讲"，类似于英语中的"语法"。

3）时序，规定了信息交流的次序，即规定了通信双方彼此"何时讲"，类似于英语中的"情景对话时的语句顺序"。

了解了协议的概念后，再来学习协议的集合——TCP/IP 模型，如图 4-41 所示。

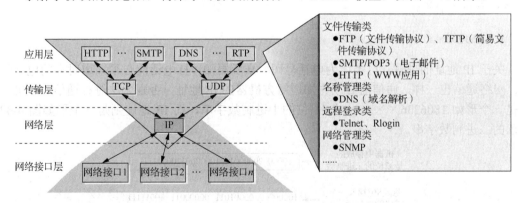

图 4-41 TCP/IP 模型

从该图可总结出如下 6 点。

1）模型被分为 4 层。实际上，此处将前述的数据链路层和物理层合称为网络接口层，从而将 TCP/IP 模型变成了 4 层模型。其网络接口层的功能一般由网卡或专用芯片实现。

2）应用层有很多协议，常见的应用层协议如下。

① 文件传输用到的协议：文件传输协议（file transfer protocol，FTP）、简易文件传输协议（trivial file transfer protocol，TFTP）。

② 邮件传输用到的协议：简单邮件传输协议（simple mail transfer protocol，SMTP）、邮局协议（post office protocol-version 3，POP3）。

③ 网页浏览用到的协议：WWW 应用中的超文本传输协议（hyper text transfer protocol，HTTP）。

④ 域名管理用到的协议：域名解析用到的域名系统（domain name system，DNS）。

⑤ 远程登录用到的协议：Telnet、Rlogin。

⑥ 网络管理用到的协议：简单网络管理协议（simple network management protocol，SNMP）。

3）传输层有两个协议，即 TCP 协议和用户数据报协议（user datagram protocol，UDP）。

4）网络层只有一个协议，即 IP 协议。

5）从图 4-41 中下面的那个三角形可看出：IP 协议覆盖了不同的网络接口层，被称为——IP 层屏蔽了下层协议实现的不同，即"IP Over Everything"。

6）从图 4-41 中上面的那个倒三角形可看出：传输层协议都使用了 IP 协议的服务，被称为——IP 层为上层提供了统一的服务接口，即"Everything Over IP"。

一般而言，为了提供网络功能，现代主流操作系统都会集成 TCP/IP 协议栈，并且还会基于协议栈给出一些实用的网络命令以便用户使用。例如，在 Windows 操作系统中，常用的网络命令有检测网络是否联通以定位网络故障的 ping 命令、用于查看机器 TCP/IP 配置的 ipconfig 命令、用来进行路由跟踪的 tracert 命令等。

4.3　TCP/IP 模型

4.3.1　专业术语简介

1．IP 地址

关于 IP 地址的理解，可类比为电话号码。众所周知，打电话前必须知道对方的电话号码。网络通信也一样，通信前必须先知道对方机器的 IP 地址，否则无法进行通信。手机号码是一个形如 1806236××××的 11 位的十进制数字串，而 IP 地址则是一个形如图 4-42 所示的二进制数字串。

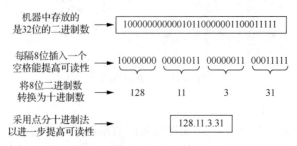

图 4-42　IP 地址及其点分十进制法

由图 4-42 可知，考虑到 32 位的 0/1 数字串不便记忆、交流和书写，因此，人们一般会将其按 8 位一划分，化成 4 字节（每字节的值范围是 0～255），中间以圆点分隔。这种人为引入的 IP 地址书写方法，称为点分十进制法，它克服了二进制格式使用不方便的困难。

IP 地址由网络地址和主机地址组成。网络地址表示其属于互联网的哪一个网络，类似于固定电话中的市区号，表示该号码属于哪个地区，如图 4-43 所示。主机地址表示其属于该网络中的哪一台主机，类似于固定电话中的主机号，表示其为该地区中某一台固定电话。

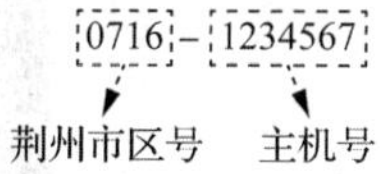

　　图 4-43　荆州市固定电话号码含义

IP 地址根据网络地址和主机地址来分，可分为 A、B、C 三类及特殊地址 D、E，且全 0 和全 1 的 IP 地址都保留不用，如图 4-44 所示。

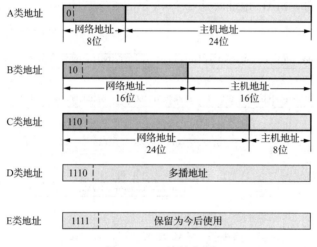

图 4-44　IP 地址分类

上述 IP 地址一共 4 字节，是目前正在使用的 IP 地址版本，被称为 IPv4（Internet Protocol Version 4，第 4 版互联网协议）。由于其给定的网络地址资源有限，严重制约了互联网的应用和发展，于是下一代 IP 地址版本 IPv6（Internet Protocol Version 6，第 6 版互联网协议）应运而生。IPv6 是因特网工程任务组（Internet engineering task force，IETF）设计的用于替代 IPv4 的下一代 IP 协议，其地址数量号称可以为全世界的每一粒沙子编上一个地址，一共有 16 字节。

2. MAC 地址

MAC 地址（media access control address，媒体存取控制位址）也称硬件地址，它是一个用来确认网络设备位置的地址。

在 Windows 操作系统中，可按如下方式查找网卡 MAC 地址：打开 DOS 命令界面，在该界面中输入如下命令"ipconfig /all"，在输出结果中查找"以太网适配器-本地连接"（网卡为有线网卡时）或"无线局域网适配器 WLAN"（网卡为无线网卡时），之后定位到"物理地址"所在行，如图 4-45 所示，该行中的数字串（图中的 40-A3-CC-98-6F-34）即本机网卡的 MAC 地址。

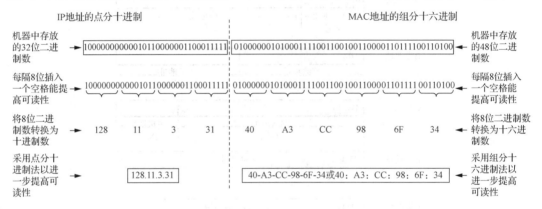

图 4-45　查看网卡的 MAC 地址

事实上，类似于 IP 地址的点分十进制，该数字串也是为了方便交流而定义的一种书写格式。在计算机内部，MAC 地址就是一个 48 位的 6 字节的 0/1 序列，如图 4-46 所示。

图 4-46　MAC 地址与 IP 地址对比

3. 子网掩码

由图 4-44 可知，A 类 IP 地址的第一个字节为网络地址，后 3 个字节为主机地址。A 类 IP 地址的网络地址范围是 1.0.0.0～126.0.0.0，共有 126 个网络，可容纳的主机数是 $2^{24}-2$，即 16777214。由此可见，同一个网络地址中，可容纳的主机太多，管理起来难度较大，因而就引入了固定电话中行政市下再划分行政区的解决方案，将一个网络地址（类似固定电话中的"市"）划分为多个子网（类似固定电话中的"区"）。如此一来，也会面临一个新的问题——如何区分 IP 地址的哪些位表示网络地址，哪些位表示主机。由此，引入子网掩码。

子网掩码与 IP 地址一样，也是一个 32 位的 0/1 数字串。子网掩码中每一位的取值规则定义如下：IP 地址的第 N 位要么表示网络地址，要么表示主机地址，若其表示网络地址则子网掩码的第 N 位为 1，否则为 0。类似于 IP 地址，为了便于记忆和交流，可采用点分十进制法将子网掩码转换为中间以点号分隔的 4 字节的十进制数，如图 4-47 所示。图中给出的 IP 地址本是一个 B 类 IP 地址，其未划分子网前对应的网络地址为 128.0.0.0，根据子网掩码的上述定义，可求得其子网掩码的值为 255.255.0.0，但在划分子网后，假设给出的子网掩码是 255.255.255.128，主机的 IP 地址为 128.30.33.137，则其子网的网络地址为 128.30.33.128。由图可知，子网掩码将 IP 地址从原来的两级结构（即"网络地址+主机地址"）转变为现在的三级结构（即"网络地址+子网地址+主机地址"）。

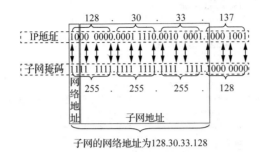

子网的网络地址为128.30.33.128

图 4-47 IP 地址与子网掩码对比

可将子网掩码和 IP 地址进行与运算，用以区分一台计算机是在本地网络还是在远程网络，如果两台计算机 IP 地址和子网掩码与运算的结果相同，则表明两台计算机处于同一个网络内。

4. 域名

域名表示的是 Internet 上某一台计算机或计算机组的名称，它由一串用圆点分隔开的名称组成，如 www.baidu.com、www.163.com 等。

类比打电话，电话号码很难记，但联系人的名字好记。同理，IP 地址很难记，但域名是有意义的网址、也比较好记；打电话时，表面上手机是通过用户名来拨号的，而事实上是电话号码簿将姓名转换为电话号码后，手机利用电话号码来拨号的。类比机器就是，表面上浏览器是通过由域名组成的网址来上网的，而事实上是 DNS 通过域名解析过程将网址转换为 IP 地址后，浏览器利用 IP 地址来上网的。

4.3.2　TCP/IP 模型的应用层

应用层的任务是通过应用进程间的交互来完成特定网络应用的。应用层协议定义的是应用进程间通信和交互的规则。应用层交互的数据单元被称为报文。不同的网络应用需要不同的应用层协议，网络应用有很多，因此应用层协议也有很多。下面将以应用较多的、在用浏览器上网时用到的 DNS 为例，来阐述其功能和意义。

DNS 是因特网的一项核心服务，它能将域名和 IP 地址进行相互映射，可以方便用户在访问互联网时无须使用难以记忆的 IP 地址，而可以使用方便记忆的域名。将域名映射为 IP 地址的过程称为域名解析。域名解析需要借助 DNS 服务器完成。因此，用户要想能上网，一般需要设置 DNS 服务器，如图 4-48 所示。

在图 4-48 中，"首选 DNS 服务器"和"备用 DNS 服务器"都被称为本地 DNS 服务器。它们都是本机进行域名解析时的第一批"外援"——本机进行域名解析时首先会求助的机器。

利用 DNS 服务器进行域名解析需要进行网络通信，因此为了提高效率，加快用户访问网络的速度，浏览器及操作系统一般会将域名解析的结果保留下来，以便下次再次解析该域名时直接使用。在 Windows 操作系统中，可以利用 DOS 命令 "ipconfig/displaydns" 来查看 DNS 缓存中的数据。

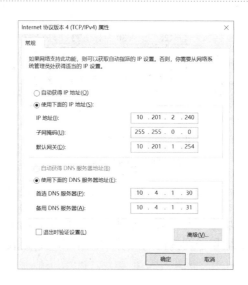

图 4-48　Windows 操作系统中 DNS 服务器的设置

　　理解了上述原理，也就不难诊断如下常见的网络故障：当机器出现能登录 QQ 但不能打开网站时，很可能是机器的 DNS 请求得不到正常的回复。此时需要检查本机的 DNS 模块是否安装正确，本机的 DNS 配置是否正确，本机的 DNS 模块工作是否正常，配置所对应的 DNS 服务器工作是否正常等这些与 DNS 有关的问题。

　　大多数情况下，用户使用计算机时，并不需要进行相关设置。这是因为计算机中会安装一个称为 DHCP（dynamic host configuration protocol，动态主机配置协议）的客户端模块，而在与之通信的网关上也会运行一个 DHCP 的服务器端模块，它们之间"沟通"的结果就是，它们默默地帮用户完成了这些工作——配置了计算机的 IP 地址、子网掩码及 DNS 服务器。

4.3.3　TCP/IP 模型的传输层

　　传输层的主要任务是负责向两台主机进程之间的通信提供通用的数据传输服务。应用进程利用该服务传送应用层报文。上述"通用的"含义是指并不针对某一个特定的网络应用，而是多种应用可以使用同一个传输层服务。

　　由于一台主机可同时运行多个进程，因此传输层有复用和分用的功能。所谓复用，是指多个应用层进程可同时使用下面传输层的服务，而分用是指传输层把收到的信息分别交付上面应用层中的相应进程。

　　从图 4-41 可知，TCP/IP 模型的传输层有两个协议——TCP 和 UDP。

　　TCP 给上层提供的是可靠的、面向连接的服务，而 UDP 给上层提供的是不可靠的、无连接的服务。

1. TCP

　　这里的所谓的可靠的服务指的是发送端的 TCP 进程能将上层协议（如 HTTP 协议）交给它的所有数据包可靠地、正确无误地传送到接收端的 TCP 进程。

网络通信的复杂性，导致了网络通信本身是不可靠的，可类比邮政系统来理解网络通信的"不可靠性"这一固有特点。既然 Internet 网络传输本身是不可靠的，那么 TCP 又是如何实现可靠传输的呢？TCP 通过如下 4 个特点进行可靠传输。

1）面向连接，就如同打电话的过程一样，在正式通话前需要先拨号，而在完成通话后需要挂断电话，经历了建立连接、传输数据和释放连接 3 个阶段。

2）超时重传和确认机制，其基本原理是，发送方在发送一个数据包后，就开启一个定时器，若是在给定时间内没有收到接收方对该数据包的确认报文，则对该数据包进行重传；在重传一定次数后若还没有成功，则会放弃并发送一个复位信号。

3）面向字节流和缓存机制，将应用层的数据按字节编号进行发送，发送方的 TCP 会将数据放入发送缓冲区，而接收方也会存入接收缓冲区，并通过编号的方式来告知发送方。

4）流量控制，是一种接收方用来控制发送方发送速率的通信机制。在通信的时候，发送方的速率与接收方的速率不一定相等，如果发送方的发送速率过快，会导致接收方的接收缓冲区饱和，接收方只能将后续收到的数据包丢弃，大量的丢包会极大地浪费网络资源。因此，接收方需要控制发送方的发送速率，让接收方与发送方处于一种动态平衡。

TCP 协议对于上层协议（如 HTTP）而言，是一个"永远不会掉链子的靠得住的员工"，即它能将上层协议交给它的数据可靠地传至接收端的 TCP 层，因此，称之为"TCP 实现了可靠传输"。

2. UDP

如前所述，既然 TCP 能实现可靠的传输，那为何 TCP/IP 模型的传输层中还有一个 UDP 呢？它存在的价值是什么呢？这是因为 TCP 虽然可靠，但传输成本高、延时长，一般用于通信质量有要求的应用场合，如 HTTP 应用、邮件传输等；而 UDP 虽然不可靠，但成本低、延时短，一般用于通信速度要求高，但对通信质量要求没有那么高的应用场合，如语音服务类、视频服务类等。

假设如下应用场景：用户正在观看欧洲五大联赛的实时现场直播，若采用 TCP 进行直播，则一旦某个视频数据包丢失，画面就会卡住，因为 TCP 要实现可靠的传输，它会等待服务器端重新发送的数据，因此用户看到的下一个画面就会在时间上滞后于现场的实际场景，也就是说，用户看到的不再是"实时直播"；若采用 UDP 进行直播，则用户看到的视频图像有时可能会不那么完整，但播放的画面在时间上却能与比赛现场"基本保持同步"。

正因为 TCP 和 UDP 各有优缺点，且分别适用于不同的应用场景，所以它们都有存在的价值。并且结合两者的优点，也可以开发出一些较为实用的上层应用，如人们所熟知的 QQ 软件，就是以 UDP 为主、TCP 为辅来进行服务的。

4.3.4　TCP/IP 模型的网络层

在计算机网络中进行通信的两个计算机之间可能会经过很多个数据链路，也可能还要经过很多通信子网。网络层主要完成的是将数据包从发送端传输至接收端，它在发送端接收来自传输层的数据，随后在传输网络中通过"目的 IP 地址"来控制数据包以一个结点接着一个结点的方式来"逐跳流向"接收端。

IP 协议对下覆盖了不同的网络接口层,即让传输层无须了解也无须处理不同的接口层,称为"IP Over Everything",而对上提供了统一的服务接口,称为"Everything Over IP"。

4.3.5 TCP/IP 模型的网络接口层

TCP/IP 模型的网络接口层包含了数据链路层和物理层,也就是说,前述 5 层的 TCP/IP 模型可简化为这里 4 层的 TCP/IP 模型。

数据链路层通常简称为链路层。两台主机之间的数据传输,总是在一段一段的链路上传送的,这就需要使用专门的链路层协议。在两个相邻结点之间传送数据时,链路层会将网络层交下来的 IP 数据报组装成帧,并在两个相邻结点间的链路上传送。每一帧包括数据和必要的控制信息,如同步信息、地址信息、差错控制等。

物理层的作用是实现相邻计算机结点之间比特流的透明传送,尽可能屏蔽掉具体传输介质和物理设备的差异。使其上面的链路层不必考虑网络的具体传输介质是什么。透明传送比特流的含义是指,接收端接收到的比特流与发送端发送的比特流一样,虽然中间经历了在发送端由比特流变成电信号,而在接收端从电信号再变成比特流的过程,但对于接收端的链路层而言,这个变化过程是透明的。

一般而言,网络接口层的功能都是以一种网络设备的方式呈现出来的,所以网络接口层涉及的设备较多,不同的设备其原理也不尽相同。

4.4 网络设备

日常生活中,常见的网络设备有以下 6 种,分别是中继器、集线器、网桥、交换机、路由器和三层交换机。

1. 中继器

信号在网络中传输(介质中)时会有衰减和噪声,会使有用的信号变得越来越弱。因此,为保证有用数据的完整性,可将有用信号在还未衰减到无法识别前进行再次放大,以保持与原数据相同,这就是中继器的工作原理,如图 4-49 所示。

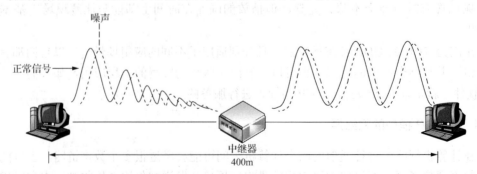

图 4-49 中继器的工作原理

中继器完成的是信号的复制、调整和放大功能，以此来延长网络的长度，它只考虑物理信号的放大，并不考虑其承载的是什么数据，因此，它是一种物理层互联设备。

2. 集线器

典型的集线器（hub）如图 4-50 所示，可以看成是一个多端口的中继器。它会复制接收到的每一个数据包并将其从每个端口都发送出去。作为网络传输介质间的中间结点，它克服了介质单一通道的缺陷。

当以集线器为中心设备时，网络中某条线路产生了故障，并不影响其他线路的工作。所以集线器在局域网中得到了广泛的应用。大多数时候它用在星形与树形网络拓扑结构中。

图 4-50　典型的集线器

由于集线器是广播式传输，由其构建的网络是一种典型的共享型网络，因此，在这种网络中，很容易引起所谓的广播风暴。

从集线器工作原理也不难看出，集线器与中继器一样，它也是一种物理层互联设备。

3. 网桥

网桥也称桥接器，它比中继器更智能。最简单的网桥有两个端口，复杂些的网桥可以有更多的端口。网桥的每个端口与一个网段相连。网桥是连接两个局域网的一种存储/转发设备，它能将一个大的 LAN 分割为多个网段，或将两个以上的 LAN 互联为一个逻辑 LAN，使 LAN 上的所有用户都可访问服务器。因此，扩展局域网最常见的方法是使用网桥。

相比较而言，中继器从一个网络电缆中接收信号，放大它们，将其送入下一个电缆；而网桥能解包已接收的数据链路层数据包，并根据其首部中的内容来选择性地转发。

正是因为网桥能解析数据链路层数据包，即它工作在数据链路层，所以它是一种数据链路层互联设备。

4. 交换机（二层交换机）

典型的交换机如图 4-51 所示。交换机是一种转发信号（电或光）的网络设备。交换机可以为接入的任意两个网络结点提供独享的信号通路。从广义的角度来讲，在通信系统中实现信息交换功能的设备，都可以称为交换机。

图 4-51　典型的交换机

交换机内部维护了一个能动态学习的地址对照表——MAC 地址表，该表主要有两列数据：一个是 MAC 地址，另一个是端口号，其数据包转发的过程如图 4-52 所示。

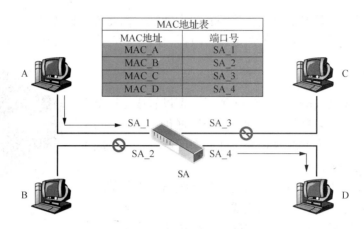

图 4-52　交换机的工作原理

图 4-52 中，假设机器 A 需发送一个数据包给机器 D。此过程可阐述为如下 3 步。

1）机器 A 构造数据包并经由交换机 SA 的端口 SA_1 发送至交换机。

2）交换机接收到该数据包，读取以太网首部的"目的 MAC 地址"字段后获知其为 MAC_D，然后利用该值在 MAC 地址表的 MAC 地址列中逐行查找，并在第 4 行匹配成功，于是取出第 4 行端口号列所对应的值，即 SA_4。

3）交换机会将该数据包从端口 SA_4 转发出去。也就是说，交换机并不会从其他几个端口转发此数据包。

从原理可知，交换机是点对点式的传输，由其构建的网络是一种典型的交换型网络。因此，可将交换机看成是一个传输速率更快、延时更短、分段能力更强、功能更丰富的多端口的网桥。因此，从这个角度出发，交换机有时又被称为多端口网桥。

由上可知，交换机工作在数据链路层，它是一种数据链路层互联设备。

5．路由器

典型的路由器（router）如图 4-53 所示。路由器是当前 Internet 的主要结点设备，它构成了 Internet 的骨架。它的处理速度是网络通信的主要瓶颈之一，其可靠性则直接影响着网络互联的质量。

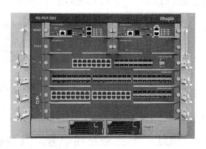

图 4-53　典型的路由器

类似交换机，路由器内部也会维护一个路由表，可简单地把它看成一个由目的网络地址、子网掩码和下一跳这 3 列数据组成的表。当路由器接收到数据包后，它会解析数据包中的"IP 层首部"信息，并利用目的 IP 地址和上述路由表，选择要转发的端口——即下一跳。其对应的转发策略被称为路由选择，这也是路由器名称的由来。

由原理可知，路由器会解析数据包的"IP 层首部"，它工作在网络层，是一个网络层互联设备。

6. 三层交换机

单从外观来看，三层交换机与二层交换机并无本质区别，一般需借助设备的型号来进行区分。三层交换机的实质是将路由技术与交换技术合二为一，它既可以实现网络路由功能工作在网络层，也可以通过 MAC 地址直接转发而工作在数据链路层。

4.5 网络安全

网络安全是指网络系统中的硬件、软件和数据受到保护，不受偶然的或恶意的原因而遭到破坏、更改和泄露，系统能连续、可靠、正常地运行，网络服务不中断。网络安全是一门涉及计算机科学、网络技术、通信技术、密码技术、信息安全技术等多学科的综合性学科。

4.5.1 网络安全的目标

网络安全的主要目标是保护网络系统，使其没有危险、不受威胁、不出事故，主要表现在网络信息的保密性、完整性、可用性、不可抵赖性和可控性等方面。

1. 保密性

保密性是指信息不被泄露给非授权的用户、实体或过程，即信息只为授权用户使用。常用的保密技术如下。

1）物理保密：利用各种物理方法（如限制、隔离、掩蔽、控制等措施）保护信息不被泄露。

2）防侦收：使对方侦收不到有用的信息。

3）防辐射：防止有用信息通过各种途径辐射出去。

4）信息加密：在密钥的控制下，用加密算法对信息进行加密处理。

2. 完整性

完整性是指网络信息未经授权不能进行改变，即信息在存储或传输过程中不被偶然或蓄意地添加、修改、删除、伪造、乱序、重放等。影响网络信息完整性的主要因素有设备故障、误码、人为攻击和计算机病毒等。保障网络信息完整性的主要方法有以下几种。

1）协议：通过各种安全协议可以有效地检测出被复制的信息、被删除的字段、失效的字段和被修改的字段。

2）密码校验：是防止篡改的重要手段。

3）数字签名：可保障信息的真实性。

4）公证：请求网络管理或中介机构证明信息来源者身份的真实性。

3. 可用性

可用性是指网络能随时为授权者提供服务，而不会出现非授权者滥用却对授权者拒绝服务的情况。攻击者通常采用占用资源等手段阻碍授权者的工作，一般可以采用访问控制机制阻止未授权用户进入网络，从而保证网络系统的可用性。

4. 不可抵赖性

不可抵赖性也称为不可否认性，"否认"指的是参与某次通信的一方事后不承认，否认曾经发生过这次通信。不可抵赖性是指在网络通信过程中，所有参与者都不可能否认或抵赖曾经完成的操作和承诺，也就是对自己所做过的事情无法抵赖。

5. 可控性

可控性是对网络信息的传播及内容具有控制能力。出于国家和机构的利益和社会管理的需要，保证管理者能够对信息实施必要的控制管理，以对抗社会犯罪和外敌侵犯。

4.5.2 网络不安全的因素

造成网络不安全的因素主要有以下方面。

1. 自然因素

各种网络设备（主机、电源、交换机、路由器等）可能因人为或自然原因而损坏，除了难以抗拒的自然灾害外，温度、湿度、静电和电磁场也可能造成信息的泄露或失效。

2. 网络的脆弱性

网络的开放性决定了网络系统先天的脆弱性。

（1）网络通信脆弱

通信协议及通信设备的安全缺陷往往会危及网络系统的整体安全。网络通信威胁主要有线路窃听、篡改信息、中断网络通信、滥用网络通信带宽、非法访问网络设备等。

例如，网络层的核心协议 IP 以分组转发的方式从源主机向目标主机传送数据，在整个过程中网络上传输的都是明文的数据，并且它仅依赖 IP 地址来验证源主机和目标主机，缺乏更有效的安全认证和保密机制；传输层提供 TCP 和 UDP 两种协议，面向连接的 TCP 在建立连接时虽然采用了"三次握手"机制，但 TCP 连接也能被欺骗、截取和操纵。

（2）网络操作系统脆弱

Windows、UNIX 等操作系统都存在安全漏洞，这些漏洞一旦被别有用心的人发现和利用，将对整个网络造成不可估量的损失。

（3）网络服务脆弱

攻击者通过发送大量虚假请求包到网络服务器，造成网络服务器超负荷工作，甚至造成系统瘫痪。例如，分布式拒绝服务攻击（简称 DDoS）。

（4）网络管理脆弱

内部工作人员操作不当可能会导致发生重大网络安全事故，内部缺乏健全的管理制度将给内部工作人员犯罪留下机会。

3．黑客攻击

黑客通常采用以下几个步骤来达到入侵目标主机的目的。

（1）隐藏自己

利用自己曾入侵的主机（即肉鸡）来实施对目标主机的入侵，或者使用代理服务器等方法隐藏自己的 IP 地址，以免引起目标主机管理员的注意。

（2）收集目标主机的信息

使用扫描工具获取目标主机的操作系统类型及版本，系统是否存在弱口令、开放了哪些端口、启动了哪些服务及相关的社会信息等。

例如，NMap（network mapper，网络映射器）是一款开源的端口扫描工具，可以扫描目标主机的端口、操作系统及版本等信息。Zenmap 是 NMap 的官方图形用户界面版本，功能与 NMap 一致，与命令行操作方式的 NMap 相比，Zenmap 的操作方式更为简单直观。

例 4-1　使用工具 Zenmap 扫描某主机，查看该主机的端口、操作系统及版本等信息。

双击打开"Zenmap"对话框，在"目标"文本框中输入目标主机的 IP 地址。选择"配置"下拉列表中的"Intense scan"选项，弹出"配置编辑器"对话框。选择"扫描"选项卡，将"时间模板"设置为"侵略"；选中"启动所有高级/攻击性选项"复选框；选择"其他"选项卡，选中"详细级别"复选框；单击"保存更改"按钮。操作完毕后如图 4-54 所示。

单击"扫描"按钮开始扫描，扫描结束后，可见该主机的 3389 端口是打开的，如图 4-55 所示。

图 4-54　扫描某主机

图 4-55　端口扫描结果

该主机的明细信息如图 4-56 所示，该主机使用的操作系统是 Microsoft Windows Server 2012 或 Windows Server 2012 R2。

图 4-56 主机的明细信息

（3）实施入侵

不同的攻击者有不同的攻击目的，如窃听敏感数据、删除或修改重要数据、获得系统管理员权限等。

（4）留后门

一次成功的入侵通常要消费攻击者大量的时间与精力，攻击者往往会在系统中制造一些后门，如更新某些系统设置、在系统中置入特洛伊木马或其他一些远程控制程序，以方便自己下次入侵该主机。

（5）清除攻击痕迹

采用清除日志、删除复制到目标主机的文件等手段来隐藏自己的踪迹。

4. 计算机病毒

计算机病毒是编制者在计算机程序中插入的具有破坏功能，影响计算机使用，并且能自我复制的一组计算机指令或程序代码。曾经轰动一时的计算机病毒有"熊猫烧香""CIH病毒""网游大盗""I Love You""冲击波病毒"等。计算机病毒是人为制造的，具有隐蔽性、传染性、潜伏性和破坏性等特点。

（1）隐蔽性

计算机病毒常常附着在其他程序或文档中，如可执行程序、电子邮件、Word 文档等。例如，"I Love You"病毒是通过一封主题为"I LOVE YOU"，附件为"Love-Letter-For-You.TXT.vbs"的电子邮件进行传播的。一旦用户在 Microsoft Outlook 中打开这个邮件的附件，系统就会自动复制并向用户地址簿中的所有邮件地址发送这个病毒。该病毒采用VBScript（Visual Basic Script 的简称）语言编写。

例 4-2 使用 VBScript 编写一个恶搞小程序，可使计算机 1s 后关机。

首先，打开记事本，在记事本中输入如图 4-57 所示的代码。

图 4-57 VBS 脚本

选择"文件"菜单中的"保存"选项，弹出"另存为"对话框，在"文件名"文本框中输入"LuckyDog.vbs"，单击"保存"按钮。当用户双击"LuckyDog.vbs"文件，计算机将会在 1s 后自动关机。

（2）传染性

计算机病毒具有自我复制的能力，并能把复制的病毒附加到无病毒的程序中，或者替换磁盘引导区的记录，使附加了病毒的程序或磁盘变成新的病毒源，又能进行病毒复制，重复原先的传染过程。随着网络的发展，计算机病毒通过网络传播，其扩散速度明显加快了。

（3）潜伏性

计算机病毒感染了正常计算机后，一般不会立即发作，而是等到触发条件满足时再执行病毒的恶意功能，从而产生破坏作用。计算机病毒的触发条件常见的是特定日期。例如，"CIH 病毒"的发作时间是 4 月 26 日。

（4）破坏性

计算机病毒对系统的危害程度取决于病毒设计者的设计意图，有的仅仅是恶作剧，有的则会破坏系统数据。

5. 特洛伊木马

特洛伊木马（简称木马），其名称取自古希腊神话"木马屠城记"，它是一个具有伪装能力、隐蔽执行非法功能的恶意程序。同计算机病毒相比较，特洛伊木马不具有自我传播能力。

特洛伊木马可以分为本地特洛伊木马和网络特洛伊木马。本地特洛伊木马是最早期的一类，其特点是木马只运行在单台主机上，没有远程通信功能。网络特洛伊木马是指具有网络通信连接及服务功能的一类木马，此类木马包括服务端和客户端两个执行程序。其中，客户端程序（也称为控制器程序）运行在入侵者的主机上，用于控制目标主机；服务端程序（即木马程序）运行在目标主机上。入侵者要做的第一步就是想办法将服务端程序植入目标主机中。

例 4-3　远程监控软件灰鸽子分为客户端和服务端两个执行程序。首先，打开灰鸽子客户端程序，如图 4-58 所示。

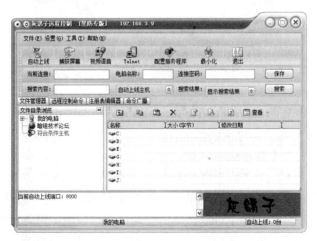

图 4-58　灰鸽子客户端程序

单击工具栏中的"配置服务程序"按钮，弹出"服务器配置"对话框，如图 4-59 所示。在该对话框中配置好 IP、连接密码、保存路径后，单击"生成服务器"按钮，就可以生成服务器程序了。接下来，想办法伪装该服务端程序（即木马），如与其他程序捆绑、伪装成一张图片等，诱使用户下载并运行，从而实现对该用户主机的远程监控。

图 4-59　生成服务端程序

例 4-4　将 EXE 文件（如扫雷.exe 文件）伪装成 JPG 文件。

使用"EXE 转 JPG 格式工具"可将 EXE 文件转换为 JPG 文件。打开"EXE 转 JPG 格式工具"，单击"EXE File"文本框右侧的"浏览"按钮，弹出"打开"对话框，双击文件"扫雷.exe"，单击"Convert"按钮，即可将文件"扫雷.exe"转换为"扫雷.jpg"文件，如图 4-60 所示。双击"扫雷.jpg"文件，"扫雷.exe"就可以运行了，用户便可以开始挑战扫雷游戏了。

图 4-60　将 EXE 文件转为 JPG 文件

例 4-5　将 VBS 脚本文件"LuckyDog.vbs"（见例 4-2）转换为 EXE 文件"LuckyDog.exe"，然后将其与"扫雷.exe"文件捆绑在一起。

首先，使用工具"Vbs To Exe"将 VBS 脚本文件转换为 EXE 文件。打开工具"Vbs To Exe"，单击"VBS 文件"文本框右侧的"浏览"按钮，弹出"选择 VB 脚本文件"对话框，双击脚本文件"LuckyDog.vbs"，单击"编译"按钮，即可将文件"LuckyDog.vbs"转换为"LuckyDog.exe"，如图 4-61 所示。当用户双击"LuckyDog.exe"文件时，计算机将会在 1s 后自动关机。

图 4-61　将 VBS 文件转为 EXE 文件

　　然后，使用工具"EXE 捆绑机"将"扫雷.exe"文件与"LuckyDog.exe"文件捆绑在一起，运行捆绑后的文件等于同时运行了两个文件。打开"EXE 捆绑机"对话框，指定第一个可执行文件的路径，捆绑后的文件将与它一样。单击"下一步"按钮，指定第二个可执行文件的路径，捆绑后的文件将看不到它的存在，如图 4-62 所示。

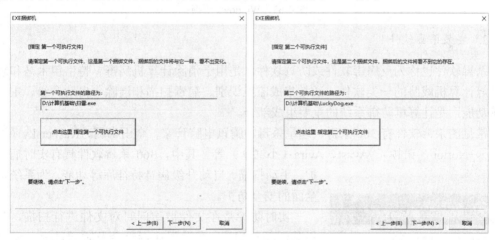

图 4-62　文件捆绑

　　单击"下一步"按钮，指定捆绑后文件的保存路径，按照提示操作即可完成两个文件的捆绑。

　　当用户双击捆绑后的"扫雷.exe"文件时，"扫雷.exe"文件将会运行，与此同时，捆绑在"扫雷.exe"文件中的"LuckyDog.exe"文件也会运行，用户的计算机将会在 1s 后自动关机。

　　为了网络的安全，人们应该提高自身的网络安全意识和法律意识，学习一些必备的防护技能，培养文明的网络素养和守法的行为习惯。

4.5.3 网络安全的常用措施

1. 安装系统补丁

定期更新系统补丁可以加强系统的安全性。进入 Windows 10 操作系统，单击桌面左下角的"开始"按钮，弹出"开始"菜单，选择"设置"选项，弹出"设置"界面。选择"更新和安全"中的"Windows 更新"选项，单击"检查更新"按钮，即可自动安装系统补丁，如图 4-63 所示。

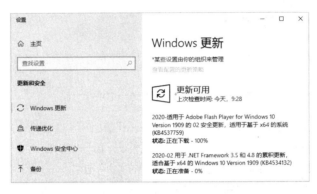

图 4-63　Windows 更新

2. 安装杀毒软件

杀毒软件也称为反病毒软件或防毒软件，是用于消除计算机病毒、特洛伊木马和恶意软件等计算机威胁的一类软件，通常集成监控识别、病毒扫描和清除、自动升级、主动防御等功能，是计算机防御系统的重要组成部分。

常见的杀毒软件有 360 杀毒、瑞星杀毒、腾讯电脑管家、金山毒霸、Kaspersky（卡巴斯基）、Norton（诺顿）、Avast、Avira（小红伞）等。其中，360 杀毒软件具有实时病毒防护、手动扫描、自动升级病毒特征库等功能，为系统提供全面的安全防护。

实时防护是在文件被访问时对文件进行扫描，及时拦截活动的病毒，在发现病毒时会及时通过提示窗口提醒用户。

例 4-6　运行捆绑了其他程序的"扫雷.exe"时，360杀毒软件立即弹出提示对话框，如图 4-64 所示。

手动扫描分为全盘扫描、快速扫描、自定义扫描和宏病毒扫描 4 种。

例 4-7　使用 360 杀毒软件对主机进行全盘扫描，如图 4-65 所示。全盘扫描将扫描系统设置、常用软件、内存活跃程序、开机启动项和所有磁盘文件。

图 4-64　360 实时防护

图 4-65 360 全盘扫描

3. 安装防火墙

防火墙的原意是指在容易发生火灾的区域与拟保护的区域之间设置的一堵墙，将火灾隔离在保护区之外，保证拟保护区内的安全。

（1）防火墙的定义

防火墙是对可信网络（一般指内部网络）和不可信网络（一般指外部网络）之间的通信进行控制的一组软、硬件的集合，它是隔离内部网络与外部网络的一道防御系统，防止不被希望的、未经授权的访问或通信进出内部网络，从而保护内部网络。

防火墙的工作位置如图 4-66 所示。

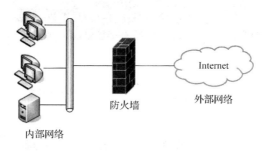

图 4-66 防火墙的工作位置

从产品的软、硬件形式上可以将防火墙分为软件防火墙和硬件防火墙两类。

软件防火墙以软件的形式提供给用户，可以有效地阻止不可信网络（如 Internet）对网络应用的攻击。同常见的应用软件一样，软件防火墙需要在计算机上安装并配置后才可以使用。例如，Check Point 公司的网络版软件防火墙和天网的个人版防火墙。

硬件防火墙以硬件的形式提供给用户，根据是否基于 PC 架构又可以分为基于 PC 的防火墙和基于专门硬件平台的防火墙两类。

（2）防火墙的功能

一般地，防火墙具有以下功能。

1）过滤：对进出网络的数据包进行过滤，根据过滤规则决定哪些数据包可以进入，哪些数据包可以外出，封堵某些禁止的访问行为。如同海关检查，可以决定哪些人可以入境，哪些人可以出境。

2）管理：对进出网络的访问行为进行管理，决定哪些服务端口需要关闭，哪些服务端口可以开放。如同各个海关通道，决定开放哪些通道，关闭哪些通道。

3）日志：由于进出被保护网络的通信都要经过防火墙，因此，防火墙能够记录下这些通信的所有信息，这些信息称为日志。一旦网络被攻击者入侵或遭到破坏，管理员可以通过对日志内容的查看和分析来进行判断。

（3）防火墙的缺点

虽然防火墙是目前网络免遭入侵的有效手段之一，但防火墙也存在以下一些缺点。

1）防火墙不能防范内部的攻击者及恶意的知情者。内部用户可以不通过防火墙而偷窃数据、破坏硬件和软件等。

2）防火墙不能防范不通过它的连接。对于那些绕过防火墙的连接（如有些人通过拨号上网），防火墙则毫无用武之地。

3）防火墙不能防备全部的威胁。

4）防火墙不能防范病毒。

（4）360安全卫士木马防火墙

360安全卫士提供了集7层浏览器防护、7层系统防护、7层入口防护和1层隔离防护于一体的22层立体防护体系，如图4-67所示。

图4-67 360立体防护

单击图4-67右上角的"安全设置"按钮，弹出"360设置中心"对话框。在该对话框中可以设置网页安全防护、网络安全防护、黑客入侵防护等，如图4-68所示。

图 4-68　360 安全防护设置

本 章 小 结

本章内容通过回顾计算机网络的发展，总结出计算机网络的定义、组成及分类：基于邮政 EMS 系统的实例，阐述计算机网络中分层、分模块的解决方案，引入计算机网络中的事实通信标准——TCP/IP 模型，并以常见的 Windows 网络命令为例，给出了该模型提供给操作系统的命令接口；随后简单介绍该模型的应用层、传输层、网络层及网络接口层的相关功能，并给出常见网络设备的工作原理及区别；最后从网络安全的目标、网络不安全的因素和网络安全的常用措施 3 个方面，简单介绍了网络安全的相关内容。

习题 4

一、选择题

1. 以下不是网络结点的是（　　）。

　　A．网线　　　　　　B．计算机　　　　C．路由器　　　　　D．三层交换机

2. 在计算机网络的传输介质中，不属于有线介质的是（　　）。

　　A．双绞线　　　　　B．同轴电缆　　　C．光缆　　　　　　D．微波

3. 即时通信软件 QQ 所使用的网络服务模式是（　　）模式。

　　A．浏览器/服务器　　　　　　　　　B．客户机/服务器

　　C．浏览器/客户机　　　　　　　　　D．对等网

4. 关于计算机网络具备复杂性和异质性的特征，下列说法错误的是（　　）。

　　A．在网络中，存在着不同的计算机用户

　　B．在网络中，存在着不同的操作系统

　　C．在网络中，存在着不同种类的设备

　　D．在网络中，存在着不同的传输介质

5. 在通信模型中，在收发两端，上一层功能的完成是基于下一层提供的（　　）。

    A．服务　　　　　　B．解包　　　　　　C．封包　　　　　　D．层层封装

6. 一般可用（　　）命令来检测网络是否联通，用以定位网络故障。

    A．ping　　　　　　B．ipconfig　　　　　C．tracert　　　　　D．arp

7. 一般可用（　　）命令来确定 IP 数据报访问目标所采取的路径。

    A．ping　　　　　　B．ipconfig　　　　　C．tracert　　　　　D．arp

8. 一般可用（　　）命令查看机器的 TCP/IP 配置。

    A．ping　　　　　　B．ipconfig　　　　　C．tracert　　　　　D．arp

9. 下列说法错误的是（　　）。

    A．Windows 操作系统中，ping 命令可用来检测网络是否联通

    B．Windows 操作系统中，ipconfig 命令可用来查看网络配置

    C．Windows 操作系统中，tracert 命令可用来路由跟踪

    D．OSI 模型是 5 层结构，而 TCP/IP 模型则是 7 层结构

10. 制定 OSI/RM 的国际组织是（　　）。

    A．INTEL　　　　　B．IBM　　　　　　C．ARPA　　　　　D．ISO

11. OSI/RM 将计算机网络的体系结构规定为（　　）。

    A．5 层　　　　　　B．6 层　　　　　　C．7 层　　　　　　D．8 层

12. 关于网络协议的理解，下列说法错误的是（　　）。

    A．网络协议给出了设备间交换信息时，必须遵守的规则集合

    B．网络协议给出了在网络上建立通信通道、控制信息流的规则

    C．依赖于网络体系结构，仅能由软件实现，只能以一个软件的形式存在

    D．网络协议的三要素是语法、语义和时序

13. 传输层的两个协议分别是（　　）。

    A．TCP、UDP　　　　　　　　　　B．IP、TCP

    C．HTTP、TCP　　　　　　　　　　D．UDP、IP

14. Web 上的每一个网页都有一个独立的地址，这些地址被称为统一资源定位器，即（　　）。

    A．FTP　　　　　　B．URL　　　　　　C．HTTP　　　　　D．HTML

15. WWW 的中文名称为（　　）。

    A．国际互联网　　　　　　　　　　B．万维网

    C．综合服务数据网　　　　　　　　D．电子数据交换

16. 很多人在平时上网时，并没有进行任何 DNS 服务器的设置也能上网，其原因就在于，有一个（　　）协议在默默地帮助我们完成了相关工作。

    A．DNS　　　　　　B．DHCP　　　　　C．TCP　　　　　　D．IP

17. 机器 A 至机器 B 的连接已关闭，但机器 B 至机器 A 的连接还处于激活态，我们称之为（　　），此时数据只能从机器 B 向机器 A 流动。

    A．半关闭的连接　　　　　　　　　B．半打开的连接

    C．打开的连接　　　　　　　　　　D．关闭的连接

18. 下列关于 TCP 的说法，错误的是（　　）。

    A．因为 TCP 有 3 次握手、4 次挥手，所以，会传输更多的包，浪费一些带宽

B. 因为 TCP 需要保持连接，因而会加重服务器的负担，严重时甚至会使服务器死机

C. 因为 TCP 需要重传确认，因而会浪费一部分的带宽，从而降低了传输效率

D. 因为 TCP 能可靠地传输，所以 TCP 能应用于任何数据传输的场景

19. 下列关于 UDP 的说法，错误的是（　　　）。

　　A. 相比 TCP，UDP 起步快、延时短

　　B. 相比 TCP，UDP 不需要双方持续在线，从而节省了服务器端的资源

　　C. 相比 TCP，UDP 不可靠，但成本低、延时长

　　D. 相比 TCP，UDP 的首部字段更少，传输效率更高

20. 下列关于防火墙的说法中，正确的是（　　　）。

　　A. 防火墙可以解决来自内部网络的攻击

　　B. 防火墙可以防止受病毒感染的文件的传输

　　C. 防火墙会削弱计算机网络系统的性能

　　D. 防火墙可以防止错误配置引起的安全威胁

21. 在下列选项中，属于 C 类 IP 地址的是（　　　）。

　　A. 10.10.6.254　　B. 168.1.1.2　　C. 192.168.1.1　　D. 256.0.1.2

22. 下列不属于协议三要素的是（　　　）。

　　A. 语义　　　　　B. 时序　　　　　C. 格式　　　　　D. 语法

23. 计算机网络的主要功能是（　　　）。

　　A. 提高计算机运行速度　　　　B. 连接多台计算机

　　C. 数据通信和资源共享　　　　D. 实现分布处理

24. 为网络提供共享资源并对这些资源进行管理的计算机称为（　　　）。

　　A. 工作站　　　　　　　　　　B. 服务器

　　C. 网络计算机　　　　　　　　D. 超级计算机

25. 最早出现的计算机网络是（　　　）。

　　A. Internet　　　B. Bitnet　　　C. ARPAnet　　　D. Ethernet

26. OSI/RM 的最底层是（　　　）。

　　A. 传输层　　　　B. 网络层　　　C. 物理层　　　D. 应用层

27. MAC 地址也叫介质访问控制层地址，它能够唯一地标示同一个局域网中的每一台主机，它是一个（　　　）位二进制数。

　　A. 16　　　　　B. 32　　　　　C. 48　　　　　D. 96

28. 在下列说法中，对 IP 地址和 MAC 地址描述正确的是（　　　）。

　　A. IP 地址和 MAC 地址都是逻辑地址

　　B. IP 地址是逻辑地址，MAC 地址是物理地址

　　C. IP 地址和 MAC 地址都是物理地址

　　D. IP 地址是物理地址，MAC 地址是逻辑地址

29. 计算机网络可分为局域网、城域网和广域网，其划分的依据是（　　　）。

　　A. 通信传输的介质　　　　　　B. 网络的拓扑结构

　　C. 信号频带的占用方式　　　　D. 通信的距离

30. 局域网的英文缩写为（　　　）。

  A．LAN   B．WAN   C．ISDN   D．NCFC

31. 下列关于防火墙的描述不正确的是（　　　）。

  A．防火墙不能防止内部攻击

  B．防火墙不能防范不经由防火墙的攻击

  C．如果一个公司信息安全制度不明确，拥有再好的防火墙也没有用

  D．防火墙既可以防止外部用户攻击，也可以防止内部用户攻击

32. 一个地点的用户与另一个地点的计算机上运行的应用程序进行交互对话，称为（　　　）。

  A．传送电子邮件   B．电子数据交换

  C．远程登录   D．联机会议

33. 在 Internet 的基本服务功能中，文件传输服务所使用的协议是（　　　）。

  A．FTP   B．Telnet   C．HTTP   D．SMTP

34. 在 Internet 的基本服务功能中，电子邮件服务所使用的协议是（　　　）。

  A．FTP   B．Telnet   C．HTTP   D．SMTP

35. 中继器的作用就是将信号（　　　），使其传输得更远。

  A．缩小滤波 B．滤波放大 C．放大整形 D．整形滤波

36. 为了把工作站或服务器等智能设备联入一个网络中，需要在设备上插入一块网络接口板，这块网络接口板称为（　　　）。

  A．网卡   B．网关   C．网桥   D．网间连接器

37. 网络安全工作的目标包括（　　　）。

  A．信息机密性 B．信息完整性 C．服务可用性 D．以上皆是

38. 在短时间内向网络中的某台服务器发送大量无效连接请求，导致合法用户暂时无法访问服务器的攻击行为是破坏了（　　　）。

  A．机密性   B．完整性   C．可用性   D．可控性

39. 常见的网络信息系统不安全因素包括（　　　）。

  A．网络因素 B．应用因素 C．管理因素 D．以上皆是

40. 计算机病毒会通过各种渠道从已被感染的计算机扩散到未被感染的计算机，此特征称为计算机病毒的（　　　）。

  A．潜伏性   B．传染性   C．欺骗性   D．破坏性

二、填空题

1. 互联网一般是指 Internet，俗称因特网，它起源于_____（中文也称_____），1983 年，出于军事安全的考虑，它被拆分为两个独立的网络，一个是用于军事的_____，另一个是用于民用的_____。

2. 计算机网络就是利用通信线路和_____将_____的具有独立功能的多个计算机系统连接起来，按照某种功能比较完善的_____进行数据通信，以实现_____和数据传递的信息系统。

3. DNS 协议的中文名称为_____。其作用是，完成了从_____到_____的

映射。

4．计算机网络从功能上可以分为两大部分——_____和_____。

5．点分十进制作为 IP 地址的书写和交流方法，它克服了二进制格式使用的不方便，其做法是将_____位的 IP 地址，按_____位一划分，化成_____字节，每字节值从_____到_____，中间以_____分隔。

6．按传输介质分类，计算机网络可分为以下两类，分别是_____和_____，其中常见的有线传输介质有双绞线、_____和_____。

7．按拓扑结构分类，计算机网络可分为以下 6 种：_____、_____、总线型、_____、_____和混合型。

8．按服务方式分类，计算机网络可分为以下 3 种：_____、_____和_____。

9．计算机网络中两个著名的网络互联模型分别是_____和_____。

10．TCP/IP 模型是一个 4 层结构，从上到下，分别为_____、_____、_____和网络接口层。

三、简答题

1．简述协议三要素的作用。

2．TCP 协议有哪些特点？

3．什么是 MAC 地址？什么是 IP 地址？其作用是什么？

4．什么是中继器？中继器的功能是什么？

四、调研题

1．网上调研，给出物联网的定义。

2．网上调研，搜索物联网在各个行业中的应用视频，如智能电网、智能交通、智慧物流、智慧医疗、智慧工农业等。

3．结合网上调研，谈谈自己对广域网、城域网和局域网概念的理解，以及它们的特点、区别。

4．结合网上调研，说一说如何鉴别网线的质量。

5．网上调研，搜索制作网线的视频教程。

6．自行上网查阅常见的无线传输介质及其特点。

7．结合网上调研，谈谈自己对网络拓扑结构的理解，以及几种常见网络拓扑结构的特点、区别。

8．结合网上调研，谈谈 C/S、B/S、P2P 的优缺点及其应用领域。

9．上网查阅 OSI/RM 标准，简述其 7 层结构及功能定位。

习题 4 参考答案

第5章 计算机多媒体技术

在计算机发展的早期，计算机只能处理文字与数字信息。随着图形图像处理、音频、视频、动画等技术的发展及应用，以及这些技术的相互融合，诞生了计算机科学技术的一个重要分支——计算机多媒体技术。

5.1 多媒体技术概述

1. 多媒体的基本概念

媒体有两层含义：一是指承载信息的物体，如磁盘、光盘、磁带及相关的播放设备等；二是指承载信息的载体，即信息的表现形式，如文字、声音、图形图像、动画和视频等。多媒体计算机中所说的媒体，是指第二层含义——信息的表现形式，即计算机不仅能处理文字、数值之类的信息，还能处理声音、图形、图像、视频等各种不同形式的信息。国际电话电报咨询委员会（Consultative Committee on International Telephone and Telegraph，CCITT）把媒体分为以下5类。

1）感觉媒体（perception medium）：指直接作用于人的感觉器官，使人产生直接感觉的媒体，如引起听觉反应的声音、引起视觉反应的图像等。

2）表示媒体（representation medium）：指传输感觉媒体的中介媒体，即用于数据交换的编码，如图像编码（JPEG、MPEG 等）、文本编码（ASCII 码、GB2312 等）和声音编码等。

3）表现媒体（presentation medium）：指进行信息输入和输出的媒体，如键盘、鼠标、扫描仪、传声器、摄像机等为输入媒体；显示器、打印机、扬声器等为输出媒体。

4）存储媒体（storage medium）：指用于存储表示媒体的物理介质，如硬盘、软盘、磁盘、光盘、ROM 及 RAM 等。

5）传输媒体（transmission medium）：指传输表示媒体的物理介质，如电缆、光缆等。

多媒体是指融合两种或两种以上媒体的人-机交互式信息交流和传播媒体，多媒体具有以下特点。

1）信息载体的多样性是相对于计算机而言的，即指信息媒体的多样性，包含文本、图形、图像、声音、视频等信息。

2）多媒体的交互性是指用户可以与计算机的多种信息媒体进行交互操作，从而为用户提供了更加有效的控制和使用信息的手段。

3）集成性是指以计算机为中心综合处理多种信息媒体，它包括信息媒体的集成和处理这些媒体的设备的集成。

4）数字化是指媒体在计算机中以二进制数字形式存在和处理。

5）实时性是指声音、动态图像（视频）等对象需要考虑时间的特性，包含存取数据的速度及播放的速度等。

多媒体技术是指把文字、图形图像、动画、音频、视频等各种媒体通过计算机进行数字化的采集、获取、加工处理、存储和传播而综合为一体化的技术。多媒体技术涉及信息数字化处理技术、数据压缩和编码技术、高性能大容量存储技术、多媒体网络通信技术、多媒体系统软硬件核心技术、多媒体同步技术、超文本超媒体技术等，其中信息数字化处理技术是基本技术，数据压缩和编码技术是多媒体核心技术。

2. 计算机多媒体技术与流媒体技术

（1）计算机多媒体技术

多媒体技术涉及面相当广泛，主要包括音频、视频、图像等技术。音频技术是指音频采样、压缩、合成及处理、语音识别等。视频技术是指视频数字化及处理过程。图像技术是指图像处理及图像、图形动态生成与图像压缩。

多媒体技术涉及的内容如下。

1）多媒体数据压缩：压缩编码、多模态转换等。

2）多媒体处理：音频信息处理，如音乐合成、语音识别、文字与语音相互转换等。

3）多媒体数据存储：多媒体数据库。

4）多媒体数据检索：图像检索、视频检索等。

5）多媒体通信与分布式多媒体：会议系统、VOD（video on demand，视频点播）和系统设计等。

6）多媒体专用设备技术：多媒体专用芯片技术、多媒体专用输入、输出技术。

7）多媒体应用技术：远程监控、GIS（geographical information system，地理信息系统）与数字地球、CAI 与远程教学等。

（2）计算机流媒体技术

流媒体通常是指数字音频、数字视频在网络上传输的形式，目前主要有下载和流式传输两种形式。下载是指用户必须等待媒体文件从 Internet 上下载完成后，才能通过播放器播放；流式传输是指在播放前并不需要下载整个文件，先在客户端的计算机上创造一个缓冲区，在播放媒体之前先下载一段数据作为缓冲，当网络实际连线速度小于播放所耗用数据的速度时，播放程序就会取用这一小段缓冲区内的数据，同时再去下载新的数据到缓冲区中，避免播放的中断。实现流媒体的关键技术就是流式传输技术，它融合了网络的传输条件、媒体文件的传输控制、媒体文件的编码压缩效率及客户端的解码等多种技术。

流媒体有点播和广播两种传输形式。点播是指客户端与服务器主动进行连接。在点播传输方式中，用户通过选择播放内容来初始化客户端连接。用户可以进行开始播放、停止播放、后退、快进或暂停等操作。由于每个客户端各自连接服务器，采用这种方式会占用大量的网络带宽。广播指的是用户被动接收数据流。在广播过程中，客户端只接收数据流，但不能控制数据流。

3. 计算机多媒体技术的发展和应用

计算机多媒体技术大体经历了 3 个阶段：第一个阶段是 1985 年之前，这一时期是计算机多媒体技术发展的萌芽阶段；第二个阶段是在 1985 年至 20 世纪 90 年代初，是多媒体计算机初期标准的形成阶段；第三个阶段是 20 世纪 90 年代至今，是计算机多媒体技术飞速发展的阶段。

多媒体的应用已经遍及社会生活的各个领域，如教育应用、电子出版、广告与信息咨询、管理信息系统和办公自动化、家庭应用、虚拟现实等。

在网络技术迅速发展的今天，网络的信息都是以多媒体的形式呈现给用户的。因此，如何制作高质量、美观的多媒体信息也成为网络应用系统必不可少的重要组成部分。

1）教育：多媒体技术较有前途的应用之一，包括非实时交互式远程教学模式和实时交互式远程教学模式。

2）医疗：利用网络多媒体技术进行网络远程诊断、网络远程手术等。

3）旅游：风光重现、风土人情介绍、服务项目等。

4）人工智能模拟：生物形态模拟、生物智能模拟、人类行为智能模拟。

5）多媒体电子出版物：电子图书、电子期刊、电子新闻报纸、电子手册与说明书、电子公文或文献、电子画报、广告、电子音像制品等。

4. 多媒体计算机系统

多媒体计算机系统是包含硬件和软件的综合系统。它融合了图像、音频、视频等媒体和计算机系统，并由计算机系统对各种媒体进行数字化处理。多媒体计算机系统由多媒体硬件和多媒体软件两大部分组成，如图 5-1 所示。

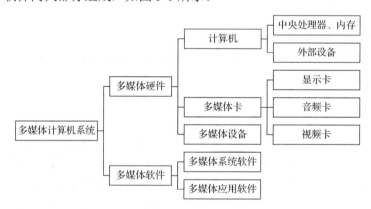

图 5-1 多媒体计算机系统

5.2 数字音频基础

声音是由振动产生的。物体停止振动，发声也停止。当振动波传到人耳时，人便听到了声音。人能听到的声音，包括语音、音乐和其他声音（环境声、音效声、自然声等）。声音可以分为乐音和噪音。乐音是由规则的振动产生的，只包含有限的某些特定频率，具有确定的波形。而噪音是发声体做无规则振动时发出的声音。从环境的角度而言，乐音与噪音是相对的概念。举个简单的例子：中午在家休息，邻居家的小孩就开始拉小提琴。如果小提琴的声音很悦耳,令人心旷神怡,那么小提琴声就是乐音;如果小提琴声打扰了人休息,令人感到厌恶,那么它就是噪音。可见,乐音与噪音是相对的概念。

声音具有 3 个要素:音调、响度(音量/音强)和音色。人们就是根据声音的三要素来区分声音的。

1)音调:指声音的高低(高音、低音),由频率决定,频率越高,音调越高。声音的频率是指每秒声音信号变化的次数,用 Hz 表示。例如,50Hz 表示声音信号在 1s 内周期性地变化 50 次。音调的高音是指音色强劲有力,善于表现强烈的感情。低音是指音色深沉浑厚,善于表现庄严雄伟和苍劲沉着的感情。人的耳朵能听到 20~20000Hz 范围内的声音,低于 20Hz 则称为次声波,高于 20000Hz 则称为超声波。人耳敏感的声音频率为 1000~3000Hz。计算机多媒体技术是对人耳能识别的声音信号进行研究和处理的技术。

2)响度:又称音量、音强,指人主观上感觉的声音的大小,由振幅和人离声源的距离决定。人和声源的距离越小,振幅越大,响度越大。响度用分贝(dB)表示。

3)音色:又称音品,由发声物体本身的材料、结构决定。人讲话的声音及各种乐器所发出的不同声音,都是由音色的不同造成的。

1. 声音数字化

声音信号是连续信号,如图 5-2 所示,它的连续不仅体现在时间上,还体现在幅度上。在时间上连续是指在任何一个指定的时间范围中声音信号都有无穷多个幅值;在幅度上连续是指幅度的数值为实数。在时间(或空间)和幅度上都连续的信号称为模拟信号(analog signal)。把模拟信号转换成计算机能识别和处理的数字信号的过程称为声音数字化。声音数字化的过程分为三步,分别为采样、量化和编码。模拟信号向数字信号的转换是在计算机的声卡中完成的。

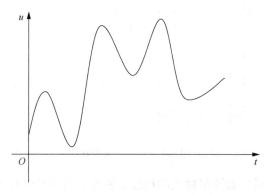

图 5-2　声音波形

(1)采样

采样是指将时间轴上连续的信号每间隔一定的时间抽取出一个信号的幅度样本,把连续的模拟量用一个个离散的点表示出来,使其成为时间上离散的脉冲序列。这个过程称为采样。如图 5-3 所示,将图 5-2 分为 13 个时间点(t_1, t_2, t_3, …, t_{13})进行采样,每秒采样的次数称为采样频率,用 f 表示,单位为 Hz;样本之间的时间间隔称为采样周期,用 T 表示,$T=1/f$。例如,CD 的采样频率为 44.1kHz,表示每秒采样 44100 次。常用的采样频率有 8kHz、11.025kHz、22.05kHz、15kHz、44.1kHz、48kHz 等。

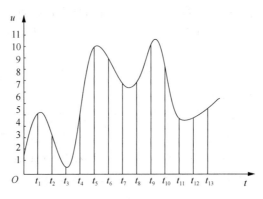

图 5-3　声音信号采样

在对模拟音频进行采样时，采样频率越高，音质越有保证；若采样频率不够高，声音就会产生低频失真。采样定理（Nyquist 定理）指出：要想不产生低频失真，采样频率至少应为所要录制音频的最高频率的 2 倍。例如，电话语音的信号频率约为 3.4kHz，采样频率就应该大于或等于 6.8 kHz，考虑到信号的衰减等因素，一般取为 8kHz。

（2）量化

声音的量化是指将采样后离散信号的幅度用二进制数表示出来的过程。如图 5-4 所示，为在图 5-3 的基础上进行量化。

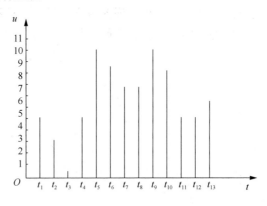

图 5-4　声音信号量化

量化精度反映了度量声音波形幅度的精度。例如，每个声音样本用 16 位（2 字节）表示，测得的声音样本值为 0～65536，它的精度就是输入信号的 1/65536。

常用的采样精度为 8bit/s、12bit/s、16bit/s、20bit/s、24bit/s 等。

采样频率、采样精度和声道数对声音的音质和占用的存储空间起着决定性作用。我们希望音质越高越好，磁盘存储空间越少越好，这本身就是一个矛盾，必须在音质和磁盘存储空间之间取得平衡。

（3）编码

采样和量化后的信号还不是数字信号，需要把它转换成数字编码脉冲，这一过程称为编码。最简单的编码方式是二进制编码，即将已经量化的信号幅值用二进制数表示，计算机内采用的就是这种编码方式。每个采样点所能表示的二进制位数称为量化精度或量化位数。例如，将图 5-4 所示的 13 个幅值分别用 4 位二进制数表示（仅考虑整数），如表 5-1 所示，这时模拟信号就转化成了数字信号。编码所使用的二进制位数称为量化的位数。

表 5-1 声音信号编码

样本序号	t_1	t_2	t_3	t_4	t_5	t_6	t_7	t_8	t_9	t_{10}	t_{11}	t_{12}	t_{13}
样本值	5	3	1	5	10	9	7	7	10	9	5	5	6
二进制编码	0101	0011	0001	0101	1010	1001	0111	0111	1010	1001	0101	0101	0110

模拟音频经过采样、量化和编码后所形成的二进制序列就是数字音频信号，我们可以将其以文件的形式保存在计算机的存储设备中，文件通常称为数字音频文件。

上述的这种编码称为 PCM（pulse code modulation，脉冲编码调制），指模拟音频信号经过采样、模拟转换直接形成的二进制序列，未经过任何编码和压缩处理。这种编码形式的最大优点就是音质好，最大的缺点就是体积大。在计算机应用中，能够达到最高保真水平的就是 PCM 编码，常见的 WAV 文件中就有 PCM 的应用。

音频的质量除了与采样频率、量化的位数相关，还与声道数有关。声道数是指产生声音的波形数。单声道只产生一个波形，双声道产生两个波形。双声道比单声道音质更丰富，但是存储容量更大。

打开一个声音文件，在"详细信息"选项卡中有"比特率"信息，如图 5-5 所示。比特率也称为码率，是指音频文件每秒传送的比特数。在没有压缩的情况下，比特率=采样频率×量化的位数×声道数。

图 5-5 音频文件的详细信息

2. 音频压缩

音频压缩是将模拟信号转化为数字信号并在网络上传输而采取的方法，使音频数据在传输时速率快、消耗小，同时保证语音的质量。音频压缩属于数据压缩的一种，是减小数字音频信号文件大小（数据比率）的过程。音频压缩算法有无损压缩算法和有损压缩算法。无损压缩是对未压缩音频进行没有任何信息质量损失的压缩机制。有损压缩是尽可能从原文件删除没有多大影响的数据，有目的地制成比原文件小很多但音质基本一样的音频文件。一般来说，无损压缩可压缩到原文件的 50%～60%，而有损压缩可以压缩到原文件的 5%～20%。在实际使用中，要综合考虑各种因素。例如，高比特率可以保证良好的话音品质，但要占用更多的网络带宽；而过低的比特率会影响话音的品质。所以在低比特率的前提下，保持较好的话音质量是选择压缩算法的原则。

3. 常见的数字音频文件格式

常见的数字音频文件格式有很多，每种格式都有自己的优点、缺点及适用范围。

（1）CD 格式

CD 格式文件的扩展名为.cda，标准 CD 格式是 44.1kHz 的采样频率，速率为 88Kb/s，16 位量化位数。CD 光盘可以在 CD 唱机中播放，也可用计算机中的各种播放软件来播放。

（2）WAV 格式

WAV 格式文件的扩展名为.wav，为微软公司开发的一种声音文件格式。该文件主要用于自然声音的保存与重放。

标准格式化的 WAV 文件和 CD 格式一样，也是 44.1kHz 的采样频率，16 位量化位数，声音文件质量和 CD 相差无几。它的特点是音质非常好，被大量软件所支持。其适用于多媒体开发、保存音乐和原始音效素材。

（3）MP3 格式

MP3 格式文件的扩展名为.mp3，它是当今较流行的一种数字音频编码和有损压缩格式。

MP3 是 ISO 标准 MPEG1 和 MPEG2 第三层，采样频率为 16～48kHz，编码速率为 8Kb/s～1.5Mb/s。它的特点是音质好、压缩比较高，被大量软件和硬件支持，应用广泛，适合用于要求较高的音乐欣赏。

（4）MIDI

MIDI（musical instrument digital interface）文件的扩展名为.mid，是由主要的电子乐器制造厂商建立的一个通信标准。MIDI 数据不是数字的音频波形，而是音乐代码或称电子乐谱。MIDI 文件不直接记录乐器的发音，而是记录演奏乐器的各种信息或指令，播放时发出的声音是通过播放软件或由音源转换而成的。因此 MIDI 文件通常比声音文件小得多，一首乐曲只有十几千字节或几十千字节，只有声音文件的千分之一左右，便于储存和携带。MIDI 文件每存 1min 的音乐只用 5～10KB。MIDI 文件主要用于原始乐器作品、流行歌曲的业余表演、游戏音轨及电子贺卡等。

（5）WMA 格式

WMA（windows media audio）是微软公司推出的与 MP3 格式齐名的一种音频格式。由于 WMA 在压缩比和音质方面都超过了 MP3，更是远胜于 RA（real audio），即使在较低的采样频率下也能产生较好的音质。一般使用 WMA 编码格式的文件以.wma 作为扩展名，一些使用 WMA 编码格式编码其所有内容的纯音频 ASF 文件也使用.wma 作为扩展名。WMA 格式在录制时可以对音质进行调节。同一格式，音质好的可与 CD 媲美，压缩率较高的可用于网络广播。

5.3　数字图像基础

计算机中的"图"有两种表现形式，一种称为图形的矢量图，它是由数学对象所定义的直线和曲线等组成的；另一种称为图像，也称为点阵图像或位图图像，它是由像素来代表图像，每个像素被分配一个特定位置和颜色值。图形和图像在一定的条件下也是可以互相转换的。

1. 图形

由矢量表示的图形是利用一系列计算机指令来描述和记录一幅图的内容，即通过指令描述构成一幅图的所有直线、曲线、圆、圆弧、矩形等图元的位置、维数和形状，也可以用更加复杂的形式表示图中的曲面、光照、材质等效果。在屏幕上显示一幅图形时，首先要解释这些指令，然后将描述图形的指令转换为屏幕上显示的形状和颜色。

图形文件占用空间少，图形较复杂时，耗时相对较长。矢量图形由软件制作而成。把编辑矢量图的软件通常称为绘图软件，常见的绘图软件有 CorelDRAW、Freehand、AutoCAD 软件等。

2. 图像

图像是指用像素点来描述的图，一般是用照相机、扫描仪等输入设备捕捉实际场景画面，在计算机内存中由一组二进制位组成，这些位定义图像中每个像素点的颜色和亮度。

屏幕上的一个点也称为一个像素，显示一幅图像时，屏幕上的像素与图像中的点相对应。图像适合表现比较细腻、层次较多、色彩较丰富、包含大量细节的图，并可直接、快速地显示在屏幕上。

图形与图像的比较如表 5-2 所示。

表 5-2　图形与图像的比较

类型	图形	图像
特征	可清晰地表现线条和文字	能较好地表现色彩浓度与层次
用途	文字等相对规则的图形	照片或复杂图像
缩放效果	不易失真	易失真
制作 3D 影像	可以	不可以
文件大小	较小	较大
常用格式	PS、SWF、WMF	BMP、GIF、JPG

5.3.1　图像的获取

将现实世界的景物或物理介质的图文输入计算机的过程称为图像的获取。在多媒体应用中，基本图像可通过不同的方式获得。

1. 利用数字转换设备采集图像

数字转换设备可以把采集到的图像转换成计算机能够记录和处理的数字图像数据。例如，用扫描仪扫描一本书、用手机拍摄一张图等。从现实世界中获取图像所使用的设备统称为图像获取设备。数字转换设备获取图像的过程实质上是信号扫描和数字化的过程，分为采样、量化和编码。

2. 利用绘图软件创建图像

通过画图、Photoshop、美图秀秀等软件都可以创建图像。

3. 利用数字图像库中的图像

网上的图像内容丰富，基本可以满足用户要求，但有时候缺乏创意性。用户可以根据自己的需要进一步编辑和处理。

5.3.2　图像的属性

描述一幅图像需要使用图像的属性。图像的属性包括分辨率、像素深度、色调等。

1. 分辨率

分辨率直接影响了图像的质量。分辨率有图像分辨率、显示分辨率和像素分辨率。图像分辨率指组成一幅图像的像素数目，它反映了图像在屏幕中显示的大小。显示分辨率指显示设备能够显示的像素的数目，如 800×600 像素、1280×720 像素、1920×1080 像素等。显示分辨率一般用显示设备水平方向和垂直方向上的最大像素数目来表示。图像分辨率大于显示分辨率时，在屏幕上只能显示部分图像；图像分辨率小于显示分辨率时，图像只占屏幕的一部分。例如，设置桌面背景图片时，在图像分辨率大于显示分辨率时，这个图片在桌面上就显示不完整。对应打印设备或图像扫描设备，一般使用其处理能力即每英寸的像素点数（dots per inch，dpi）来表示其分辨率。例如，用 200dpi 来扫描一幅 2×2.5 英寸的彩色照片，可以得到一幅 400×500 个像素点的图像。

2. 像素深度

像素深度是指描述图像中每个像素数据所占的二进制位数，它用来存放像素的颜色、亮度等信息。可以用深度度量图像的色彩分辨率，像素深度确定彩色图像的每个像素可能有的颜色数，数据位越多，对应图像颜色的种类也越多。

3. 色调

色调就是各种图像色彩模式下图像的原色的明暗度，色调的调整也就是对明暗度的调整。色调的范围为 0～255，总共包括 256 种色调。例如，灰度模式就是将白色到黑色之间连续划分为 256 个色调，即由白到灰，再由灰到黑。同样的道理，在 RGB 模式中则代表了各原色的明暗度，即红、绿、蓝 3 种原色的明暗度，将红色加深色就成了深红色。

4. 饱和度

饱和度是指图像颜色的深度，它表明了色彩的纯度，决定于物体反射或投射的特性。饱和度用与色调成一定比例的灰度数量来表示，取值范围通常为 0%（饱和度最低）～100%（饱和度最高）。调整图像的饱和度也就是调整图像的色度，当将一幅图像的饱和度降低到 0% 时，就会变成一幅灰色的图像。例如，调整彩色电视机的饱和度，用户可以选择观看黑白或彩色的电视节目。对白、黑、灰度色彩的图像而言，它们是没有饱和度的。

5. 亮度

亮度是指图像色彩的明暗程度，是人眼对物体明暗强度的感觉，取值为 0%～100%。单位是坎德拉每平方米（cd/m²）或称为 nits。图像亮度是从白色表面到黑色表面的感觉连续体，由反射系数决定，亮度侧重物体，重在反射。

5.3.3　图像的数字化

将一幅图像从其原来的形式转换为数字形式的处理过程，称为图像数字化，包括采样、量化和编码 3 个过程。

1. 采样

将空间上连续的图像变换成离散点的操作称为采样，即对二维空间上连续的图像在水平和垂直方向上等间距地分割成矩形网状结构，所形成的微小方格称为像素点。采样的实质就是用多少个点来描述一幅图像，采样质量的高低用图像的分辨率来衡量。例如，一幅图像的分辨率为 1150×600，则这个图像由 1150×600=690000 个像素点组成。

采样间隔指采样点之间的距离。若要数据图像能与模拟图像质量媲美，采样间隔需要符合信号与系统处理中的采样定理，即在一定的采样间隔下，能够完全把原始信号恢复的原则。在进行采样时，采样间隔大小的选取决定了采样后的图像真实反映原图像的程度。一般而言，原图像越复杂，色彩越丰富，采样间隔应越小。

2. 量化

采样后每个像素表示的颜色还是连续的，即万千颜色中的一种。计算机只能处理离散的颜色信息，需要对颜色进行离散化处理，即将相近颜色划分为同一种，这种离散化的过程称为量化。表示每个像素的颜色所使用二进制的位数称为像素深度，单位为位（bit）。如图 5-6 所示，单色图像只有黑色和白色两种，该图像中表示像素颜色只需要 1 个二进制位，如果颜色的取值有 16 个，则需要 4 个二进制位。

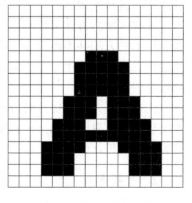

图 5-6　单色图像的采样

3. 编码

将量化后的每个像素的颜色用二进制编码表示，就可以得到一个数值矩阵，把编码数据一行一行地存放到文件中，就构成了图像文件的数据部分。一个完整的图像文件除了数据部分外，还包括图像颜色种类、压缩算法等。

如图 5-6 所示，单色图像用 16 个采样点进行采样，得到一个 16×16 的矩阵，进行编码时用 1 表示黑色、0 表示白色，得到一个 16×16 的数值矩阵，如图 5-7 所示。

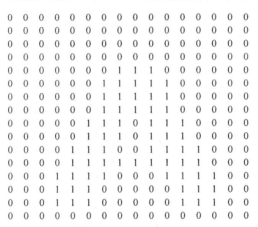

图 5-7　数字图像表示

5.3.4　图像压缩

图像压缩是数据压缩技术在数字图像上的应用，它的目的是减少图像数据中的冗余信息，从而用更加高效的格式存储和传输数据。图像压缩分为有损数据压缩和无损数据压缩，如医疗图像、绘制技术图、漫画等通常采用的是无损压缩。而对一些应用中图像的微小损失是可以接受的，如自然的图像通常采用有损压缩。

1. 无损压缩

无损压缩的基本原理是相同的颜色信息只需保存一次。压缩图像的软件首先会确定图像中哪些区域是相同的，哪些区域是不同的。重复数据的图像就可以被压缩，从本质上来看，无损压缩的方法可以删除一些重复数据，大大减少在磁盘上保存的图像数据。但是，无损压缩的方法并不能减少图像的内存占用量，这是因为，当从磁盘上读取图像时，软件又会把丢失的像素用适当的颜色信息填充进来。如果要减少图像占用内存的容量，就必须使用有损压缩方法。

无损压缩方法的优点是能够比较好地保存图像的质量，但是相对来说这种方法的压缩率比较低。所有的图像文件都采用各自简化的格式名作为文件扩展名。从扩展名就可判断这幅图像是按什么格式存储的，应该用什么样的软件去读/写等。

2. 有损压缩

有损压缩方法的一个优点就是在有些情况下能够获得比任何已知无损方法小得多的文

件大小，同时又能满足系统的需要。有损压缩方法经常用于压缩声音、图像及视频。

有损压缩图像的特点是保持颜色的逐渐变化，删除图像中颜色的突然变化。实验证明，人类大脑会利用与附近最接近的颜色来填补所丢失的颜色。例如，对于蓝色湖面上的一只鸭子图像，有损压缩的方法就是删除图像中景物边缘的某些颜色部分。当在屏幕上看这幅图时，大脑会利用在景物上看到的颜色填补所丢失的颜色部分。利用有损压缩技术，某些数据被有意地删除了，而被取消的数据也不再恢复。

利用有损压缩技术是会影响图像质量的，尤其是在仔细观察的时候，质量下降比较明显。另外，如果使用了有损压缩的图像仅在屏幕上显示，可能对图像质量影响不太大，至少对于人类眼睛的识别程度来说区别不大，因为人的眼睛对光线比较敏感，光线对景物的作用比颜色的作用更为重要。但是，如果要把一幅经过有损压缩技术处理的图像用高分辨率打印机打印出来，那么图像质量就会有明显的受损痕迹。

5.3.5　图像文件格式

数字图像在计算机中存储时，其文件格式有很多，下面介绍几个常用的文件格式。

1. JPEG 文件格式

JPEG 文件格式是目前采用最广泛的静态图像编码格式，使用 JPEG 压缩算法，其压缩比一般为 5∶1～50∶1。对一幅图像按 JPEG 格式进行压缩时，可以根据压缩比与压缩效果要求选择压缩质量因子。JPEG 格式文件的压缩比例很高，非常适用于要处理大量图像的场合，它是一种有损压缩的静态图像文件存储格式，压缩比例可以选择，支持灰度图像、RGB真彩色图像等。

2. GIF 文件格式

GIF 文件格式是 CompuServe 公司开发的图像文件格式，它以数据块为单位来存储图像的相关信息。GIF 文件格式采用了 LZW 无损压缩算法，按扫描行压缩图像数据。它可以在一个文件中存放多幅彩色图像，每一幅图像都由一个图像描述符、可选的局部彩色表和图像数据组成。如果把存储于一个文件中的多幅图像逐幅读出来显示到屏幕上，就形成了简单的动画效果，也就是常见的 GIF 动图。GIF 图像的深度为 1～8 位，即最多支持 256 种色彩的图像。

GIF 文件格式定义了两种数据存储方式，一种是按行连续存储，存储顺序与显示器的显示顺序相同；另一种是按交叉方式存储，GIF 文件格式在 HTML 文档中得到了广泛的应用，大多是多态图的形式。

3. PNG 文件格式

PNG 文件格式是作为 GIF 的替代品而开发的，能够避免使用 GIF 文件所遇到的常见问题。它从 GIF 那里继承了许多特征，增加了一些 GIF 文件所没有的特性。当用来存储灰度图像时，灰度图像的深度可达 16 位；存储彩色图像时，彩色图像的深度可达 48 位。PNG文件支持无损数据压缩。

4. BMP 格式

BMP（位图格式）是 DOS 和 Windows 兼容计算机系统的标准 Windows 图像格式。BMP格式支持 RGB、索引颜色、灰度和位图颜色模式，但不支持 Alpha 通道。BMP 格式支持 1、4、24、32 位的 RGB 位图。

5.4 计算机动画处理技术

动画，顾名思义，即活动的图画。在影视中，它不是真人、实物真实动作在屏幕上的再现，而是把物体的动作过程，制作成连续静态画面，通过逐格摄影、逐帧录制或储存，将图形记录下来，再以一定的速度连续在屏幕上播放，使之活动的图画。

计算机动画是指采用图形与图像的处理技术，借助于编程或动画制作软件生成一系列景物画面，其中当前帧是前一帧的部分修改，即计算机动画采用连续播放静止图像的方法来产生物体运动的效果。

如今计算机动画的应用十分广泛，不仅可以让应用程序更加生动，增添多媒体的感官效果，还应用于游戏的开发、电视动画制作、创作吸引人的广告、电影特技制作、生产过程及科研的模拟等。计算机动画的关键技术体现在计算机动画制作软件及硬件上。计算机动画制作软件目前很多，不同的动画效果取决于不同的计算机动画软、硬件功能。虽然制作的复杂程度不同，但动画的基本原理是一致的。

5.4.1 计算机动画技术的发展

在国外，西班牙画家第一次把连续的动作画在同一作品中，奔跑的牛被画成八条腿。用静态绘画表现连续动作，可以看作动画设计的雏形。在我国，1000 多年前就发明了皮影戏和走马灯。视觉暂留是在 1824 年由英国伦敦大学教授皮特最先提出的：人眼在观察景物时，光信号传入大脑神经，需要经过一段短暂的时间，光的作用结束后，视觉形象并不立即消失，这种残留的视觉称为后像，视觉的这一现象则称为视觉暂留。中国古代的走马灯、现代的电视机、电影和动画片等都是这个原理的应用。

计算机动画的发展过程大体上可分为 3 个阶段。

1）第一阶段是 20 世纪 60 年代，美国的 Bell 实验室和一些研究机构开始研究用计算机实现动画片中间画面的制作和自动上色。这些早期的计算机动画系统基本上是二维辅助动画（computer assisted animation）系统，也称为二维动画。1963 年，美国 Bell 实验室编写了一个称为 BEFLIX 的二维动画制作系统，这个软件系统在计算机辅助制作动画的发展历程上具有里程碑的意义。

2）第二个阶段是 20 世纪 70～80 年代中期，计算机图形、图像技术的软、硬件都取得了显著的发展，使计算机动画技术日趋成熟，三维辅助动画系统也开始研制并投入使用。三维动画也称为计算机生成动画，其动画的对象不是简单地由外部输入，而是根据三维数据在计算机内部生成的。

3）第三个阶段是指从 1985 年到目前为止的飞速发展时期，在这个阶段，计算机动画已经发展成一个多种学科和技术的综合领域，它以计算机图形学为基础，涉及图像处理技术、运动控制原理、视频技术、艺术、人工智能等领域，逐渐发展成为一门独立的学科。计算机辅助三维动画的制作技术有了质的变化，已经综合集成了现代数学、控制论、图形图像学、人工智能、计算机软件和艺术的最新成果。

5.4.2　计算机动画的分类

从动画制作的技术和手段来看，动画可分为以手工绘制为主的传统动画和以计算机为主的计算机动画。传统动画是利用了电影原理，即人眼的视觉暂留现象，将一张张逐渐变化的并能真实地反映一个连续动态过程的静止画面，经过摄像机逐张逐帧拍摄，编辑后通过电视播放，使之在屏幕上活动起来。计算机动画依据传统动画的基本原理，用计算机生成一系列可供实时播放的动态连续图像。

从空间的视觉效果上，计算机动画可分为二维动画和三维动画。动画制作发展较早的类型便是传统二维动画，它以手工绘制为主，用绘画的方法来展现角色的动作。它的制作往往复杂而艰巨，所消耗的成本和时间较多，但是也较为经典。例如，迪士尼的《狮子王》《米老鼠和唐老鸭》，中国的《小蝌蚪找妈妈》《大闹天宫》等都属于知名的传统二维动画制作。

三维动画制作在近年来的应用越来越广，它主要是利用三维仿真技术进行模拟，给人真实生动的观看体验。三维动画制作在影视大片（如《变形金刚》《蜘蛛侠》）中较为常见，另外，随着信息时代的发展，它还被应用到广告领域，如鞋子设计三维动画、医疗机械仿真动画、唐山龙泉寺建筑三维动画等，都发挥出三维动画制作的魅力。

5.4.3　动画的制作

1. 传统的二维动画制作

早期动画制作是逐格拍摄的，放映 1 秒 24 格画面的动画，就要拍 24 次。动画中角色的动作效果（幅度和速度），取决于画幅的多少和每个画幅所拍摄的格数。当表现某一动作时，所画的幅数越多，每幅画间的差别越小，动作就显得越慢、越平稳。

物体在运动过程中，形状、大小、方向及姿态或表情发生变化的状态，称为关键动作或转折动作。在绘制整个动作时，必须首先画出这些关键动作的画稿，即关键画，这种反映动作过程关键部分的画稿，在动画中称为原画。然后才能按照物体的形象、规定的动作范围、运动的规律和速度等要求，逐张画出连接整个动作过程的中间画，即运动物体关键动态之间的过程连接画面，又称动画。原画和动画是相互关联的一个整体。

2. 计算机二维动画

（1）关键帧（原画）的产生

关键帧及背景画面，可以用摄像机、扫描仪、数字化仪实现数字化输入，用扫描仪输入铅笔原画，再用计算机生产流水线后期制作，也可以用相应的软件直接绘制。

动画软件都会提供各种工具，方便绘图。这大大改进了传统动画画面的制作过程，可以随时存储、检索、修改和删除任意画面。传统动画制作中的角色设计及原画创作等几个步骤，使用动画软件一步就完成了。

（2）中间画面的生成

利用计算机对两幅关键帧进行插值计算，自动生成中间画面，这是计算机辅助动画的主要优点之一。这不仅精确、流畅，而且将动画制作人员从烦琐的劳动中解放出来。

（3）分层制作合成

传统动画的一帧画面，是由多层透明胶片上的图画叠加合成的，这是保证质量、提高效率的一种方法，但制作中需要精确对位，而且受透光率的影响，透明胶片最多不超过 4 张。在计算机动画软件中，也使用了分层的技术，但层数从理论上说没有限制，对层可以非常方便地进行各种操作，如改变层的顺序、修改层的属性等。

（4）着色

动画着色是非常重要的一个环节。计算机动画辅助着色可以解除单调、昂贵的手工着色。用计算机描线着色界线准确、不需晾干、不会串色、改变方便，而且不因层数多少而影响颜色，速度快，更不需要为前后色彩的变化而头疼。动画软件一般会提供许多绘画颜料效果，如调色板等，这也是很接近传统的绘画技术。

（5）预演

在生成和制作特技效果之前，可以直接在计算机屏幕上演示一下草图或原画，检查动画过程中的动画和时限以便及时发现问题并进行修改。

（6）图库的使用

动画中的各种角色造型及它们的动画过程，都可以存在图库中反复使用，而且修改也十分方便。在动画中套用动画，就可以使用图库来完成。

3. 计算机三维动画

计算机三维动画是指数据、运动轨迹和动作的设计在三维空间中进行。

计算机三维动画的制作过程主要有建模、编辑材质、贴图、灯光、动画编辑和渲染几个步骤。

（1）建模

建模就是利用三维软件创建物体和背景的三维模型，如人体模型、飞机模型、建筑模型等。一般来说，先要绘制出基本的几何形体，再将它们变成需要的形状，然后通过不同的方法将它们组合在一起，从而建立复杂的形体。

（2）编辑材质

编辑材质就是对模型的光滑度、反光度、透明度的编辑，如玻璃的光滑和透明、木料的低反光度和不透明等都是在这一步实现的。如果经过这一步就直接渲染，可以得到一些漂亮的单色物体，如玻璃器皿和金属物体。

（3）贴图

现实生活中的物体并不都是单色的物体，人的衣着无不存在着各种绚烂的图案。在三维动画中要做得逼真，也要将这些元素制作出来。直接在三维的模型上做出这种效果是难以实现的。所以一般是将一幅或几幅平面的图像像贴纸一样贴到模型上，这就是贴图。

（4）灯光

要在做好的场景中的不同位置放上几盏灯，从不同的角度用灯光照射物体，烘托出不同的光照效果。灯光有主光和辅光之分，主光的任务是表现场景中某些物体的照明效果，一般需给物体投影，辅光主要是辅助主光在场景中进行照明，一般不开阴影。

（5）动画编辑

以上做出来的模型是静态的物体，要使其运动起来就要经过动画编辑。动画就是使各种造型运动起来，由于计算机有非常强的运算能力，制作人员所要做的是定义关键帧，中间帧交给计算机去完成，这就使人们可做出与现实世界非常一致的动画。

（6）渲染

三维建模和动画往往仅占全部动画制作过程中的一部分，大部分时间花费在繁重的渲染工作中。渲染工作对处理器的处理性能有极强的依赖性。因此，为了获得更高的渲染性能，用户必须尽可能地使用更高性能和更多数量的处理器。

制作三维动画涉及范围很广，从某种角度来说，三维动画的创作有点类似于雕刻、摄影、布景设计及舞台灯光的使用，动画设计者可以在三维环境中控制各种组合，调用光线和三维对象。设计者除需要具备基本的技能外，还需要有更多的创造力。

5.4.4　计算机动画的主要技术

1. 关键帧技术

帧就是动画中最小单位的单幅影像画面，相当于电影胶片上的每一格镜头。在动画软件的时间轴上，帧表现为一格或一个标记。关键帧相当于二维动画中的原画，指角色或物体运动或变化中的关键动作所处的那一帧。关键帧与关键帧之间的动画可以由软件来创建，叫作过渡帧或中间帧。电影每秒播放 24 帧，电视每秒播放 25 帧。

2. 轨迹驱动技术

轨迹驱动事先设计好物体的运动轨迹，然后使物体沿着指定的轨迹运动。

变形动画技术将物体外观上发生变化的过程记录下来，生成一个连续变化的动画序列。变形动画技术分为渐变变形和空间变形。渐变是指将给定的对象光滑连续变化到目标对象。空间变形是指将单个对象的形状进行扭曲、变形。

3. 关节动画技术

关节动画是模拟动物骨骼的运动，关节动画技术的发展促进了机器人等学科技术的发展，主要研究基于骨架运动学模型的建立和运动控制技术。这种技术能逼真地模拟各种自然和物理现象。

4. 过程动画技术

过程动画是指动画中物体的运动或变形用一个过程来描述。在过程动画技术中，物体的变形是利用一定的数学模型或物理规律控制物体的形状和动画，如常见的水波运动、布料动画和粒子系统等。粒子系统是模拟不规则的自然景物生成的动画系统，水波动画基于正弦波和平行波，布料动画基于几何和动力学。较复杂的过程动画包括物体的运动与形变、动力学、弹性理论和碰撞检测等。

5. 基于物理动画技术

基于物理动画技术考虑物体在真实世界中的属性，如质量、摩擦力、惯性等，用动力学原理产生物理的运动。例如，在物体受到外力作用时，使用动力学方程自动生成物体在各个时间点的位置、方向和形状。物理动物技术可生成自然、逼真的动画，但它的应用受到一定的局限，如模拟难以建立、过程难以控制等。

6. 行为动画技术

为了使动画的行为更加逼真，通过建立个性模型、情感模型和情绪模型来体现虚拟人和动物的性格特征和对应的情感状态。性格特征和在虚拟场景中的位置信息决定了虚拟任何动物对虚拟场景的感知产生情感和情绪上的变化，新的情感和情绪使人和动物的动作发生变化。

5.4.5 常见的动画文件格式

1. MA 与 MB

Autodesk Maya 是美国 Autodesk 公司出品的世界顶级的三维动画软件，应用对象是专业的影视广告、角色动画、电影特技等。Maya 功能完善、工作灵活、易学易用、制作效率极高、渲染真实感极强，是电影级别的高端制作软件。

Maya 通常保存为 MB 格式，MA 格式输出结点比 MB 低，它能兼容各种版本，MB 只能用同版本或更高版本打开。

2. GIF

GIF（graphic interchange format，可交换图像数据格式），是 CompuServe 公司在 1987 年开发的图像文件格式。GIF 文件的数据，是一种基于 LZW 算法的连续色调的无损压缩格式。其压缩率一般在 50%左右，它不属于任何应用程序。

GIF 格式可以存多幅彩色图像，如果把存于一个文件中的多幅图像数据逐幅读出并显示到屏幕上，就可以构成一种最简单的动画。

3. SWF

SWF（shock wave flash）是 Adobe 公司的动画设计软件 Flash 的专用格式，被广泛应用于网页设计、动画制作等领域，SWF 文件通常也被称为 Flash 文件。SWF 文件普及程度很高，现在超过 99%的网络使用者都可以读取 SWF 文件。

SWF 文件可以在任何操作系统和浏览器中进行，SWF 文件可以用 Adobe Flash Player 打开，浏览器必须安装 Adobe Flash Player 插件。

4. ANI

ANI 文件是 MS Windows 的动画光标文件，其文件扩展名为.ani。它一般由 4 部分构成：

文字说明区、信息区、时间控制区和数据区，即 aconlist 块、anih 块、rate 块和 list 块，任何光标编辑软件都能打开。

5.5　视　频　基　础

随着信息技术的不断发展，人们将计算机技术引入视频采集、制作领域，传统的视频领域经历了模拟化向数字化的变革，过去需要用大量的人力和昂贵的设备去处理视频图像，如今已经发展到在家用计算机上就能够处理。用计算机处理视频信息和用数字传输视频信号在很多领域有着广泛的应用前景。视频分为模拟视频和数字视频。模拟视频是一种用于传输图像和声音的随着时间连续变化的连续信号。要使计算机能够对视频进行处理，必须把模拟信号进行数字化。

5.5.1　电视视频信号概述

电视视频信号是由视频图像转换的电信号。视频信号支持 3 种制式：NTSC、PAL、SECAM。北美、日本等使用 NTSC 制，西欧、中国等使用 PAL 制，东欧等使用 SECAM 制。下面主要介绍国内应用广泛的 PAL 制视频信号的形成原理。

1. 隔行扫描

使用隔行扫描视频能够提高时间采样的视频序列的视觉效果，因此被广泛应用于广播电视质量的视频信号中。例如，PAL 制式视频标准，工作帧率为 25Hz（即 1 秒视频包括 25 个完整帧）。所谓隔行扫描，是指隔一行再扫描下一行，隔行扫描行的集合称为场。为了提高视觉表示而不增加数据率，视频序列被组织成 50Hz 的场（每秒 50 场）。每场包括完整帧一半的行数，奇数行和偶数行分别放入两个不同的场，每一场包含了完整帧的一半信息。一帧完整的画面由奇数、偶数两场组成，它们在时间上有一段延迟，在空间上可以相互补充。

2. 颜色空间

颜色空间有 RGB、YUV 和 YCbCr。

1）RGB 是根据人眼识别的颜色定义的空间，可表示大部分颜色。根据三基色原理，利用 R（红）、G（绿）、B（蓝）3 种颜色不同比例的混合可以表示各种色彩。摄像机在拍摄时，通过光敏器件（如 CCD）将光信号转换为 RGB 三基色电信号。在电视机或监视器内部，最终也使用 RGB 信号分别控制 3 支电子枪发出的撞击荧光屏的电子流，使其发光产生影像。由于摄像机中的原始信号和电视机、监视器中的最终信号是 RGB 信号，因此使用 RGB 信号作为视频信号的传输和记录方式会显示较高的图像质量。但是这种方式在实际的应用中会极大地加宽视频信号带宽，增加相关设备成本。

2）YUV 是一种电视系统和模拟视频领域的颜色编码方法，它将亮度信息（Y）与色彩信息（UV）分离，如果没有 UV 信息也一样可以显示完整的图像，只是图像的颜色为黑白，这种设计能够很好地解决彩色电视机与黑白电视机的兼容问题。并且，YUV 不像 RGB 那样要求 3 个独立的视频信号同时传输，所以用 YUV 方式传送占用极少的频宽。

在现代彩色电视系统中，通常采用三管彩色摄像机或彩色 CCD 摄像机进行摄像，然后把摄得的彩色图像信号经分色、分别放大校正后得到 RGB，再经过矩阵变换电路得到亮度信号 Y 和两个色差信号 R-Y（即 U）、B-Y（即 V），最后发送端将亮度和色差 3 个信号分别进行编码，用同一信道发送出去。这种色彩的表示方法就是所谓的 YUV 色彩空间表示。YUV 的存储格式与其采样方式密切相关，主要的采样方式有 3 种，即 YUV 4∶4∶4、YUV 4∶2∶2、YUV 4∶2∶0，根据其采样方式来从码流中还原每个像素点的 YUV 值，通过 YUV 与 RGB 的转换公式提取出每个像素点的 RGB 值，然后显示出来。

3）ITU-RBT.601 规定了世界数字组织视频编码，它指出在 YCbCr 中，Y 指亮度分量、Cb 指蓝色色度分量、Cr 指红色色度分量。人的肉眼对视频的 Y 分量更加敏感，因此在通过对色度分量进行子采样来减少色度分量后，肉眼将察觉不到图像质量的变化。其主要的子采样格式有 YCbCr 4∶2∶0、YCbCr 4∶2∶2 和 YCbCr 4∶4∶4。

4∶2∶0 表示每 4 个像素有 4 个亮度分量、2 个色度分量（YYYYCbCr），仅采样奇数扫描线，是便携式视频设备（MPEG-4）及电视会议（H.263）最常用的格式；4∶2∶2 表示每 4 个像素有 4 个亮度分量、4 个色度分量（YYYYCbCrCbCr），是 DVD、数字电视、HDTV 及其他消费类视频设备最常用的格式；4∶4∶4 表示全像素点阵（YYYYCbCrCbCrCbCrCbCr），用于高质量视频应用、演播室及专业视频产品。

5.5.2 数字视频

1. 数字视频的概述

数字视频是以数字形式记录的视频，与模拟视频相对。为了使计算机能够处理视频信息，必须将输入的模拟视频信号转换为数字视频信号，经过采样、量化和编码 3 个阶段以后，把模拟视频信息转换为数字图像，方便视频信息的传输，有利于计算机进行分析处理。视频的处理过程如图 5-8 所示。

图 5-8 视频的处理过程

2. 视频数字化采样与编码

数字电视信号相对于模拟电视信号的优点在于，首先提高了信号的质量和效率。其次提高了传输效率，拓宽了业务应用范围。在电视信号数字化处理中采用的是分量编码方式，分量编码是指将亮度 Y 和色差信号 R-Y、B-Y 分别进行 PCM 编码。

对图像在水平方向上进行采样，采样点在空间与时间上的相对位置，称为采样结构。在数字电视中一般采取正交的结构。而人们常说的 YUV444、YUV420 等是色度采样格式，如图 5-9 所示，在数字电视中，两个色差信号一般用 Cr 和 Cb 来表示。根据人眼对彩色的分解力低的视觉特性，一般将亮度信号用全带宽传送，而色差信号则用半带宽或 1/4 带宽传送，因此在分量编码时，两个色差信号的采样频率一般比亮度信号的采样频率低。在数字电视中，亮度信号和色差信号的采样点在空间坐标中的相对位置，通常有以下几种形式。

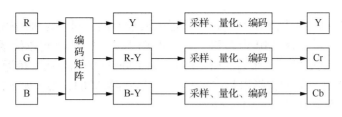

图 5-9　数字分量信号编码图

1）4：4：4 格式：在 4：4：4 格式中，亮度信号和两个色差信号的采样频率之比是 4：4：4，即 3 个分量信号具有相同的水平和垂直分解力。Y、B-Y、R-Y 信号的采样频率选为 13.5MHz、13.5MHz、13.5MHz 的组合。

2）4：2：2 格式：在 4：2：2 格式中，亮度信号和两个色差信号的采样频率之比是 4：2：2，即色差信号是半带宽传送，其水平分解力是亮度信号的 1/2，而垂直分解力与亮度信号相同。Y、B-Y、R-Y 信号的采样频率选为 13.5MHz、6.75MHz、6.75Hz 的组合。

3）4：2：0 格式：在 4：2：0 格式中，两个色差信号在水平方向和垂直方向上的采样点数均为亮度信号 Y 的一半，即色差信号的水平分解力和垂直分解力均为亮度信号的 1/2。Y、B-Y、R-Y 信号的采样频率选为 13.5MHz、3.375MHz、3.375Hz 的组合。

此外还有 4：1：1 格式等。

平常的视频，最常见的是 420 采样，常常被写为 YUV420。这种采样即亮度信号全部保留，而色差信号只以(1/2)×(1/2)的分辨率记录。

3. 数字视频文件格式

1）AVI（audio video interactive，音频视频交错格式）是微软公司开发的，就是把视频和音频编码混合在一起储存。AVI 也是最长寿的格式，已存在 20 余年了，虽然发布过改版（V2.0 于 1996 年发布），但已显老态。AVI 格式上的限制比较多，只能有一个视频轨道和一个音频轨道（现在有非标准插件可加入最多两个音频轨道），还可以有一些附加轨道，如文字等。AVI 格式不提供任何控制功能。

2）WMV（windows media video，Windows 媒体视频格式）是微软公司开发的一组数位视频编解码格式的通称，在同等视频质量下，WMV 格式的文件可以边下载边播放，因此很适合网上播放和传输。

3）MPEG（moving picture experts group，运动图像专家组）是 ISO 认可的媒体封装形式，受到大部分机器的支持。其储存方式多样，可以适应不同的应用环境。

4）MPEG 1 是一种 MPEG 多媒体格式，用于压缩和储存音频和视频及游戏，MPEG 1 的分辨率为 352×240 像素，帧速率为每秒 25 帧。MPEG 1 可以提供和租赁录像带一样的视频质量。

5）MPEG 2 是一种 MPEG 多媒体格式，用于压缩和储存音频及视频。MPEG 2 定义了支持添加封闭式字幕和各种语言通道功能的协议。

6）DivX 是一项由 DivXNetworks 公司发明的，类似于 MP3 的数字多媒体压缩技术。DivX 基于 MPEG 4，可以把 MPEG 2 格式的多媒体文件压缩至原来的 10%，更可以把 VHS 格式、录像带格式的文件压缩至原来的 1%。通过 DSL 或 CableModen 等宽带设备，它可以让人们欣赏全屏的高质量数字电影。同时它还允许在其他设备（如数字电视、蓝光播放器、

PocketPC、数码相框、手机）上观看，对机器的要求不高，对于这种编码的视频，只要满足 CPU 在 300MHz 以上、64MB 内存和一个有 8MB 显存的显卡就可以流畅地播放了。DivX 的文件小，图像质量更好，一张 CD-ROM 可容纳 120min 的图像质量接近 DVD 的电影。

7）DV（数字视频）通常指用数字格式捕获和储存视频的设备（如便携式摄像机），有 DV 类型 I 和 DV 类型 II 两种 AVI 文件。

① DV 类型 I：数字视频 AVI 文件包含原始的视频和音频信息。DV 类型 I 文件通常小于 DV 类型 II 文件，并且与大多数 A/V 设备兼容，如 DV 便携式摄像机和录音机。

② DV 类型 II：数字视频 AVI 文件包含原始的视频和音频信息，同时还包含作为 DV 音频副本的单独音轨。DV 类型 II 比 DV 类型 I 兼容的软件更加广泛，因为大多数使用 AVI 文件的程序都希望使用单独的音轨。

8）Matroska 是一种新的多媒体封装格式，这个封装格式可以把多种不同编码的视频及 16 条或以上不同格式的音频和语言不同的字幕封装到一个 Matroska Media 档内。它也是其中一种开放源代码的多媒体封装格式。Matroska 同时还可以提供非常好的交互功能，而且比 MPEG 更方便、强大。

9）Real Video 或称为 Real Media（RM）档是由 RealNetworks 开发的一种档容器。它通常只能容纳 Real Video 和 Real Audio 编码的媒体。该档带有一定的交互功能，允许编写脚本以控制播放。RM，尤其是可变比特率的 RMVB 格式，体积很小。

10）QuickTime Movie 是由苹果公司开发的容器，由于苹果计算机在专业图形领域的统治地位，QuickTime 格式基本上成为电影制作行业的通用格式。1998 年 2 月 11 日，ISO 认可 QuickTime 档案格式作为 MPEG 4 标准的基础。QT 可储存的内容相当丰富，除了视频、音频以外，还可以支持图片、文字（文本字幕）等。

11）Ogg Media 是一个完全开放的多媒体系统计划，OGM（ogg media file）是其容器格式。OGM 可以支持多视频、音频、字幕（文本字幕）等多种轨道。

12）MOD 格式是 JVC（日本胜利公司）生产的硬盘摄像机所采用的储存格式名称。

由于不同的播放器支持不同的视频文件格式，或者计算机中缺少相应格式的解码器，或者一些外部播放装置（如手机、MP4 等）只能播放固定的格式，因此会出现视频无法播放的现象。在这种情况下就要使用格式转换器软件来弥补这一缺陷。

例如，刚出厂的计算机通常只能播放微软固定的 WMV 格式的视频，而无法播放 AVI 格式，因此要使用 WMV 格式转换器将 AVI 格式转换成 WMV 格式；在计算机中安装 AVI 格式的解码器同样可以解决这一问题。手机自带的播放器只能播放 3GP 格式的视频，因此要使用 3GP 格式转换器。有时候在互联网上传视频时也有格式限制，如果遇到无法上传的视频，用格式转换器转换成规定的格式就能解决无法上传的问题。

多媒体技术使计算机具备了综合处理文字、声音图像和视频等信息的能力。多媒体技术的发展改变了人们使用计算机的方式，使计算机由办公室、实验室中的专用品变成了信息社会的普通工具，给人们的工作、生活和娱乐带来了深刻的变化。

本 章 小 结

本章简单介绍了与多媒体相关的概念和基本技术，以及音频、视频、图像与动画的处理方式。

习题 5

一、选择题

1. 媒体是指（　　）。
   A．二进制代码　　　　　　　　　B．表示和传播信息的载体
   C．计算机输入与输出的信息　　　D．计算机屏幕显示的信息

2. 帧频率为 25 帧/s 的电视制式有（　　）。
   A．PAL、NTSC　　　　　　　　　B．PAL、SECAM
   C．SECAM、NTSC　　　　　　　　D．PAL、YUV

3. 一般来说，声音的质量要求越高，则（　　）。
   A．量化位数越低、采样频率越低　　B．量化位数越高、采样频率越高
   C．量化位数越低、采样频率越高　　D．量化位数越高、采样频率越低

4. 下列叙述正确的是（　　）。
   A．编码时删除一些无关紧要的数据的压缩方法称为无损压缩
   B．解码后的数据与原始数据不一致的编码方法称为有损压缩编码
   C．编码时删除一些重复数据以减少存储空间的方法称为有损压缩
   D．解码后的数据与原始数据不一致的编码方法称为无损压缩编码

5. 下列关于图形图像的叙述，不正确的是（　　）。
   A．矢量图的一个优点是，图形无论放大或缩小都不会失真
   B．被计算机接收的数字图像有位图图像和矢量图形两种
   C．矢量图形是由像素组成的，适用于逼真图片或要求精细细节的图像
   D．位图图像像素之间没有内在联系，而且它的分辨率是固定的

6. 采用（　　）标准采集的声音质量最好。
   A．单声道、8 位量化、22.05kHz 采样频率
   B．双声道、8 位量化、44.1kHz 采样频率
   C．单声道、16 位量化、22.05kHz 采样频率
   D．双声道、16 位量化、44.1kHz 采样频率

7. PAL 制式是我国采用的彩色电视广播标准，它使用的帧频率为（　　）。
   A．12 帧/s　　　B．20 帧/s　　　C．24 帧/s　　　D．25 帧/s

8. 为保证用户在网络上边下载边观看视频信息，需要采用（　　）技术。
   A．流媒体　　　B．数据库　　　C．数据采集　　　D．超链接

9. 在显存中，表示黑白图像的像素点数据最少需（　　）位。
   A．1　　　　　B．2　　　　　C．3　　　　　D．4

10. 图像文件格式分为静态图像文件格式和动态图像文件格式，（　　）属于静态图像文件格式。
    A．MPEG 文件格式　　　　　　　B．AVS 文件格式
    C．JPEG 文件格式　　　　　　　D．AVI 文件格式

11．在 MPEG 中为了提高数据压缩比，采用的方法有（　　　）。

    A．运动补偿的运动估计

    B．减少时域冗余与空间冗余

    C．帧内图像数据与帧间图像数据压缩

    D．向前预测与向后预测

12．某音频信号的采样频率为 44.1kHz，每个样值的比特数是 8 位，则每秒存储数字音频信号的字节数是（　　　）。

    A．344.531KB   B．43.066KB   C．44.1KB   D．352.8KB

13．采用工具软件不同，计算机动画文件的存储格式也就不同。下列不是计算机动画格式的是（　　　）。

    A．GIF 格式   B．MIDI 格式   C．SWF 格式   D．MOV 格式

14．下列不是静态图像文件格式的是（　　　）。

    A．BMP   B．GIF   C．MPG   D．TIFF

15．下列属于正确获取声音文件的方法的是（　　　）。

    ①从光盘上获取　②从网上下载　③通过扫描仪扫描获取

    ④使用数字相机拍摄　⑤用录音设备录制　⑥用软件制作 MIDI 文件

    A．①②③④   B．①②⑤⑥   C．③④⑤⑥   D．②③⑤⑥

二、填空题

1．按国际电信联盟标准定义，媒体可分为以下 5 种：_____、_____、_____、_____、_____。

2．色彩的三要素是_____、_____、_____。

3．RGB 色彩模型的三原色是_____、_____、_____。

4．图像的数字化过程分为 3 个步骤：_____、_____、_____。

5．常用的电视制式有 3 种：_____、_____、_____。

6．MIDI 是_____。

三、简答题

1．多媒体系统由哪几部分组成？

2．简述模拟音频的数字化过程。

3．简述图像的采样。

4．简述图像的量化。

5．简述图形与图像的区别。

6．简述视频与动画的区别。

习题 5 参考答案

第6章 程序设计基础

6.1 算 法

1. 算法概述

算法的英文是 algorithm，9 世纪的波斯数学家花拉子米首先提出了算法这个概念。算法原为 algorism，即 Al-Khwarizmi 的音译，意思是"花拉子米"的运算法则，在 18 世纪演变为"algorithm"。

算法在中国古代文献中被称为"术"，最早出现在《周髀算经》和《九章算术》。特别是《九章算术》，给出了四则运算、最大公约数、最小公倍数、开平方根、开立方根、求素数的埃拉托斯特尼筛法、线性方程组求解的算法。三国时代的刘徽给出求圆周率的算法——刘徽割圆术。

1974 年的图灵奖获得者——斯坦福大学计算机系高德纳教授，在他编写的系列程序设计书籍《计算机程序设计艺术》中对算法的特征进行了归纳。

1) 输入：一个算法必须有零个或以上输入量。

2) 输出：一个算法应有一个或以上输出量，输出量是算法计算的结果。

3) 明确性：算法的描述必须无歧义，以保证算法的实际执行结果精确地符合要求或期望，通常要求实际运行结果是确定的。

4) 有限性：依据图灵的定义，一个算法是能够被任何图灵系统完全模拟的一串运算，而图灵机只有有限个状态、有限个输入符号和有限个转移函数（指令）。而一些定义更规定算法必须在有限个步骤内完成任务。

5) 有效性：又称可行性。算法中描述的操作都是可以通过已经实现的基本运算执行有限次来实现的。

一般认为，算法应当具备上述 5 个特征，算法的核心是创建问题抽象的模型和明确求解目标，之后可以根据具体的问题选择不同的模式和方法完成算法的设计。

算法是可计算模型的实际表示，是一系列明确计算步骤的集合，它包含一系列定义清晰、明确的指令，并可以利用计算资源（时间和空间）清楚完成。

如果把经典小故事"如何把一头大象放进冰箱里？"看成一个计算任务，这个任务可以分为明确的几步：把冰箱门打开，把大象塞进去，把冰箱门关上。

以上 3 个步骤有明确的输入，每一步任务都非常明确，在有限时间内可以完成，同时是有效的，所以它也是一个算法。

世界上公认的第一个算法是求最大公约数的欧几里得算法，也称为辗转相除法，它首次出现于大约公元前 300 年的欧几里得的著名的《几何原本》（第 VII 卷，命题 i 和 ii），中国东汉年间的《九章算术》也有相应的记载。

欧几里得的辗转相除法计算的是两个自然数 a 和 b 的最大公约数 g，即 g 是一个能够同时整除 a 和 b 的最大自然数。

两个数的最大公约数通常写成 GCD(a,b)，可以用下面步骤写出上述过程。

1）如果 $a<b$，则交换 a 和 b。

2）a 被 b 除，得到余数 r。

3）如果 $r=0$，则 b 是最大公约数，否则继续下一步。

4）将 b 赋值给 a，将 r 赋值给 b，回到步骤 2）。

按照上述 4 个步骤，可以轻易地推算出 a 与 b 的最大公约数，有两个输入，也有明确的输出，同时每一步的步骤清晰、明确，执行的步骤也是有限的，也具有有效性，所以它具有算法的 5 个特征。

2. 算法的复杂度度量

算法的复杂度一般会用时间复杂度与空间复杂度两个维度来度量。

时间复杂度是从时间维度上度量当前算法所消耗的时间，用以估算出算法程序对处理器的使用程度。而空间复杂度是从空间维度上度量当前算法执行过程中占用多少内存空间，用以估算出算法程序对计算机内存的使用程度。

要想知道一个算法程序的运行时间，直觉上通常会认为把该算法程序运行一遍即可得到，而事实上这一方案显然是行不通的，这是因为，运行时间不仅与运行环境（如计算机型号、软件/硬件配置、运行状态等）有关，还与算法的输入（如输入数据的规模、大小等）有关。也就是说，同一算法同一输入，会因为运行环境不同而导致运行时间不同，即一个算法的运行时间是无法具体度量的。因此，算法的时间复杂度关心的不再是实际运行时间，转而关心算法语句运行的次数，所以它是一个与运行环境无关的量、可度量。

同理，运行时间与数据的具体输入值有关，不同的输入值可能会导致算法运行的流程不一样，从而导致算法语句执行的次数不同。因此，算法的时间复杂度关心的是最坏情况下语句运行的次数，即最大运行次数。

不难理解，最坏情况下语句运行的次数还与数据的输入规模 n 有关，可以把它记为 n 的一个函数，通常用英文大写字母 O（即 $O(n)$）表示，并且在研究该函数时，通常会遵循如下规则进行化简：①用常数 1 取代所有加法常数；②只需关注 n 的高阶项而忽略其低阶项；③去除最高阶的常数。

举例来说，若某一个算法在输入规模为 n 的情况下，算法程序语句在最坏情况下运行的次数为（$3{\times}n{\times}n+2{\times}n+5$）次，则该算法的时间复杂度为 $O(n^2)$。同理，在上述欧几里得算法中，辗转相除的计算次数只与输入量的大小呈线性关系，所以它的复杂度为 $O(n)$。

如图 6-1 所示，借助算法复杂度，可以直观地分析出，随着输入规模的增大所需计算时间的变化趋势。

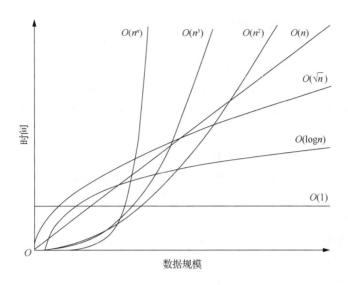

图 6-1　各种算法复杂度的比较

同理，算法的空间复杂度是指一个算法在运行过程中最坏情况下临时占用的内存单元个数，其表示方法与时间复杂度一样。例如，上面的欧几里得算法中需要一个临时变量 r，即它所需空间单元为一个常数（即常量 1），所以它的空间复杂度为 $O(1)$。

6.2　程序设计

1822 年，英国数据家查尔斯·巴贝奇提出了差分机和分析机的设想。他提出的差分机是一种以通过求解差分来计算对数表与三角函数，进而近似求解多项式的机器。该机器预计需要 25000 个零件，重达 4t，只能计算到第六阶差。但因为大量精密零件制造困难重重，加上设计要不停修改，导致在此后的 10 年间，他只拿出了完成品的 1/7，如图 6-2 所示。其后由于预算严重超支，完整的机器还没做完，就被英国政府强制叫停并熔解报废。不过，差分机运转的精密程度仍令当时的人们惊叹，它也是人类的一个重要科技进步。

图 6-2　差分机一号的 1/7 完成品

之后，上述计算分析机被意大利数学家路易吉·米那比亚写成论文《分析机概论》。在 1842～1843 年，埃达（图 6-3）花费 9 个月的时间翻译了路易吉·米那比亚的论文《分析机概论》。在译文后面，她增加了许多注记，详细说明该机器计算伯努利数的方法，被认为是世界上第一个计算机程序。因此，埃达也被认为是世界上第一位程序员。她去世后 100 年，于 1953 年，对现代计算机与软件工程造成了重大影响的埃达的翻译笔记被重新公布。为了纪念她，美国国防部于 1980 年 12 月 10 日以她的名字命名了一种新的计算机编程语言——Ada，而英国计算机工会每年都颁发以埃达为名的奖项。

图 6-3　埃达

程序设计是给出解决特定问题程序的过程，它是软件开发过程中的重要步骤。程序设计往往以某种程序设计语言为工具，给出这种语言下的程序。程序设计过程应包括分析、设计、编码、测试、调试等不同阶段。

程序设计过程中一般要根据不同项目使用特点各异的编程语言，编程语言是用来定义计算机如何工作的形式语言，它可以精确地定义在不同的情况下计算机应采取的动作，可以让程序员准确定义所需的数据。

最早的编程语言早在现代计算机被发明之前就已经诞生了——在 1804 年发明的提花织布机（Jacquard loom，如图 6-4 所示）中就采用了打孔卡上的洞来代表缝纫织布机上的手臂动作，以便自动化产生图案。

第一个现代编程语言目前还比较难以界定。但早期的现代编程语言有两个共同特点：第一，其发展受计算机硬件条件的限制；第二，其非常依赖于硬件。

图 6-4　提花织布机

在 20 世纪 50 年代，Fortran、Lisp、COBOL 这 3 个现代编程语言被设计出来，其所代表的语言风格也一直沿用至今。截至目前，已发展出来 600 多种编程语言。

在计算机技术发展的早期，软件开发的内容主要就是程序设计。但随着技术的发展，软件系统越来越复杂，逐渐分化出许多专用的软件系统（如操作系统、数据库系统、应用服务器），而且这些专用的软件系统逐渐成为普遍的系统环境的一部分。这种情况下软件开发的内容越来越丰富，不再只是纯粹的程序设计，还包括数据库设计、用户界面设计、通信协议设计和复杂的系统配置过程。

任何设计工作都是在各种条件限制和相互矛盾的需求之间寻求一种平衡。这种观点反映在程序设计上，就是硬件存储空间与程序运行时间的限制。

空间方面，在计算机技术发展的早期，由于机器资源比较昂贵，如何缩小存储空间往往是设计关心的首要重点；而随着硬件技术的飞速发展，计算机上数据存储媒体的价格降低，空间不再是考虑的第一要点，一些较耗时的运算也渐渐发展为以空间换取时间的模式。

时间方面，在早期，如何加强程序效率、缩短程序运行时间是程序员的共同目标；而在硬件性能进步、效率差距缩小，软件规模与复杂度却日益增加的现在，程序的结构、可维护性、重复使用性、弹性等因素更显得重要。在多人合作的程序设计项目中，程序员们会加上各种注解以帮助其他参与者理解代码，此行为虽然对运行时间的缩短没有帮助，还会加重存储空间的负担，但却因能实现较好的沟通并提高代码的可维护性，而成为当前的主流。

然而，随着智能手机等便携式设备的兴起，运行时间的缩短与存储空间的有效运用再次成为焦点，形成与客户机/服务器类型应用程序不同的重点考虑方向。

6.3　3 种主要的编程思想

1.　结构化程序设计

在计算机的早期程序设计阶段，程序设计的任务主要是由科学家根据自己的研究任务写出自己问题的计算程序，也基本遵循将一个大问题分解成诸多小问题，小问题再分解成更小的问题，最后针对不能再分的小问题编写具体的程序代码，即所谓"自顶向下，逐步求精"的思维及编程思想，这种编程思想也称为结构化编程思想。简单来说，这种编程思想是通过支持顺序、选择和循环这 3 种控制结构来进行编程的。

1966 年，Böhm 和 Jacopini 在 *Comm.ACM* 上发表了一篇论文，证明所有的程序都可以由顺序、选择和循环这 3 个结构组成，并同时论证了程序语言中可以不用 goto 这种强制跳转的语句。

艾兹赫尔•韦伯•戴克斯特拉发现任何复杂的程序都有很多细节，程序中任何一个细节错误都可能导致程序以不可思议的方式崩溃。对于这个问题，科学家解决它的办法当然是想办法用更严谨的数学去证明，Dijkstra 的设想是建立一个公理体系，程序员们可以像数学家那样经过这个公理体系验证程序结构的正确性，并最终与代码结合在一起，确保最后满含实现细节的程序也是正确的。

1968 年，Dijkstra 在 *Comm.ACM* 上发表的论文 *Go To Statement Considered Harmful* 中进一步阐述了对 3 种基本程序结构的数学证明：在顺序结构中，Dijkstra 通过简单的枚举从序列的输入追溯到序列的输出，从而证明程序是正确的。在选择结构中，Dijkstra 通过枚举每条路径的正确性来证明选择结构的正确性。如果每条路径都最终产生了适当的数学结果，那就证明了选择结构是正确的。循环的证明有一点不同，为了证明循环是正确的，Dijkstra 必须使用归纳法。他首先通过枚举证明了第一次循环的正确性，再通过枚举证明了如果第 N 次循环是正确的，那么第 $N+1$ 次循环也是正确的。他还通过枚举证明了循环的开始和结束标准。

这样的证明是费力且复杂的，但它们是形式化的数学证明。继续发展下去，可以用这些数学证明构建出一个欧几里得体系结构。于是一个值得注意的情况出现了：所有的程序都可以由 3 个数学上可证明正确的控制结构构造而成，而逻辑上多余的 goto 语句则会破坏这种控制结构。

Python、C、Pascal 等语言都支持结构化编程。

2.　面向对象程序设计

结构化编程的一个特点是把程序看成一系列的函数集合，指令直接下达给计算机去执行；而面向对象编程的思想是把程序看成一系列对象的集合，每一个对象都可以看成相对独立的小机器，它可以接收、处理数据并可以将数据（消息）传递给其他对象。软件工程的实践表明，面向对象程序设计使程序具有更好的灵活性与可维护性，并且在大型软件项目中得到了广泛的使用。

面向对象程序设计（object oriented programming，OOP）是一种抽象的程序开发方法，与结构化编程中函数的基本单元不同的是，在 OOP 中对象是整个程序的基本单元。并且，在计算机当中将对象进行了抽象，将创建一类具有相同特征的对象的模板称之为类，它将方法（执行代码）与数据（属性）封装在一起，同时模拟人类认识事物的特点，将继承、多态、封装思想引入进来，使其更加贴近人类认识事情的普遍规律，进一步提供了软件重用性、灵活性与可扩展性。

支持面向对象编程语言通常利用继承其他类达到代码重用和可扩展性的特性。这里有以下两个主要的概念。

1）类：定义了一件事物的抽象特点。类的定义包含了数据的形式及对数据的操作。

2）对象：是类的实例。

例如，"汽车"这个类会包含汽车的一切基础特征，它一般会有发动机、轮胎、颜色等，这些被称为属性（数据）；一般也会有可以被开动、可以停车、可以加速等，这些被称为方法（动作）。下面这个例子说明了类与对象的定义特点。

类：汽车。

公共方法：启动()、停车()。

私有成员：颜色、发动机种类、轮胎数。

显然，上面定义的这个类并没有穷尽所有汽车的特性，但它也可以反映某一群人（应用系统）对汽车的看法。在程序世界中，可以使用上面的汽车类生成一个类的实例，那就是对象。

例如，下面的代码，根据上面的汽车类定义了一辆可以"启动"的车：

```
定义宝马是汽车
宝马.颜色=红色
宝马.发动机种类=V8 发动机
宝马.轮胎数=4
宝马.启动()
```

一般情况下，不能让一辆车的类（概念）在路上跑起来，但可以让一辆具体的车（宝马）跑起来。

面向对象编程语言包括 Common Lisp、Python、C++、Objective-C、Smalltalk、Delphi、Java、Swift、C#、Perl、Ruby 和 PHP 等。

3. 函数式编程

函数式编程或称函数程序设计、泛函编程，是一种编程范式，它将计算机运算视为函数运算，并且避免使用程序状态及易变对象。其中，λ 演算（lambda calculus）为该语言最重要的基础。而且，λ 演算的函数可以接收函数并将其当作输入（引数）和输出（传出值）。

比起指令式编程，函数式编程更强调程序执行的结果而非执行的过程，倡导利用若干简单的执行单元使计算结果不断渐进，逐层推导复杂的运算，而不是设计一个复杂的执行过程。

函数式编程长期以来在学术界流行，但几乎没有工业应用。然而，最近几种函数式编程语言已经在商业或工业系统中使用。例如，Erlang 编程语言由瑞典公司 Ericsson 在 20 世纪 80 年代后期开发，最初用于实现容错电信系统。此后，它已在 Nortel、Facebook、ÉlectricitédeFrance 和 WhatsApp 等公司作为创建一系列应用程序的语言。Lisp 的 Scheme 分支被用作早期 Apple Macintosh 计算机上的几个应用程序的基础，并且最近已应用于诸如训练模拟软件和望远镜控制等方向。OCaml 于 20 世纪 90 年代中期推出，已经在金融分析、驱动程序验证、工业机器人编程和嵌入式软件静态分析等领域得到了商业应用。Haskell 虽然最初是作为一种研究语言，但现已被一系列公司应用于航空航天系统、硬件设计和网络编程等领域。

函数式编程的思想在软件开发领域由来已久。在众多的编程范式中，函数式编程虽然出现的时间很长，但是一直没有在软件工程实践中得到大范围的流行。它有一部分狂热的支持者，在他们眼中，函数式编程思想是解决各种软件开发问题的终极方案；而另外的一部分人，则觉得函数式编程的思想并不容易理解，学习曲线较陡，上手也有一定的难度。大多数人更倾向于接受面向对象或是结构化编程范式。这也是函数式编程范式一直停留在小众阶段的原因。

这样两极化的反应，与函数式编程本身的特性是分不开的。函数式编程的思想脱胎于数学理论，也就是通常所说的 λ 演算。一听到数学理论，可能很多人就感觉比较难。这的确是函数式编程的学习曲线较陡的一个原因。如同数学中的函数一样，函数式编程范式中的函数有独特的特性，也就是通常说的无状态或引用透明性。一个函数的输出由且仅由其输入决定，同样的输入永远会产生同样的输出。这使函数式编程在处理很多与状态相关的问题时，有着天然的优势。函数式编程的代码通常更加简洁，但是不一定易懂。

函数式编程所涵盖的内容非常广泛，从其背后的数学理论，到其中包含的基本概念，再到诸如 Haskell 这样的函数式编程语言，以及主流编程语言中对函数式编程方式的支持，相关的专有第三方库等。通过本系列的学习，用户可以了解到很多函数式编程相关的概念，还会发现很多概念都可以在日常的开发中找到相应的映射。例如，做前端的开发人员一定听说过高阶组件，它就与函数式编程中的高阶函数有着异曲同工之妙。流行的前端状态管理方案 Redux 的核心是 reduce 函数。库 reselect 则是记忆化的精妙应用。很多 Java 开发人员已经切实地体会到了 Java 8 中的 Lambda 表达式如何让对流的操作变得简洁又自然。

其他在工业中使用的函数式编程语言包括 Scala、F#（两者都是功能性面向对象编程的混合，支持纯函数和命令式编程）、Wolfram、Lisp、Standard ML 和 Clojure。

6.4　主要的几种数据结构

图书馆的书一般会按某种特定的编号顺序码摆放，超市的货品也会按各类或功能分成不同的区，训练有素的士兵会对他携带的武器一丝不苟地分类排列，这 3 个例子都有一个共同特点：都是进行分类摆放工作，都是方便使用者可以更快速地定位到自己想要的物品或工具，以减少查找时间、提高工作效率。

与人一样，计算机要执行程序指令，必须要存储各种数据，不同的任务有不同需要处理的数据或数据集。当数据集变得庞大时，可以以一定的结构形式更好地组织数据。在计算机科学中，把在计算机中存储组织数据的方式称为数据结构。

图书馆的书籍摆放形式与超市的货品的分类摆放形式总有不同，与此类似，不同种类的数据结构也适合于不同种类的应用，甚至有的数据结构就是为了解决特定问题而设计出来的，如 B 树就是为了提高树状访问速度而设计的，所以常被应用在文件系统与数据库系统中。

在计算机的程序设计过程中，一项重要的工作就是要认真分析所面临问题的特点，然后选择或设计适当的数据结构，这项工作有时直接决定了整个软件设计与开发的困难程度，最终影响软件的交付质量。

由于数据结构如此重要，因此很多现在流行语言都包含了默认的数据结构库，如业界公认效率最高的 C++ 标准模板库中的容器，Java 集合框架或常常用来做桌面应用程序的微软的.NET 等。

常见的数据结构包括线性结构（线性表、栈、队列）、树、图、散列表等。

6.4.1 线性表

1. 基本概念

线性结构是一种简单而且常用的数据结构。线性表是一种典型的线性结构，在软件设计中的使用率远远高于其他数据结构。

定义：线性表是由 n（$n \geq 0$）个具有相同数据类型的数据元素构成的有限序列（a_1, a_2, a_3, $\cdots$, a_n），该序列要么为空或仅有一个元素，要么除了第一个元素没有前驱及最后一个元素没有后继之外，其他元素有且仅有一个前驱和一个后继。

线性表中结点的个数 n 称为线性表的长度。当 $n=0$ 时，称为空表，空表中无任何元素。

非空线性表有如下一些结构特征。

1）线性表中的元素类型相同。

2）有且只有一个开始（根）结点 a_1，它无前驱。

3）有且只有一个终端结点 a_n，它无后继。

4）元素之间的相对位置是线性（一维）的，且在表中有先后次序。除根结点与终端结点外，其他所有结点有且仅有一个前驱和一个后继。

例如，一个 n 维向量（x_1, x_2, $\cdots$, x_n）是一个长度为 n 的线性表，其中的每一个分量就是一个数据元素。又如，英文字母表（A，B，C，$\cdots$，Z）是一个长度为 26 的线性表，其中的每一个字母就是一个数据元素。

2. 顺序存储结构

在计算机中存放线性表，一种最简单的方法是顺序存储，也称为顺序分配。

线性表的顺序存储结构具有以下两个基本特点：①线性表中所有元素所占的存储空间是连续的；②线性表中各数据元素在存储空间中是按逻辑顺序依次存放的。

在线性表的顺序存储结构中，如果线性表中各数据元素所占的存储空间（字节数）相等，则要在该线性表中查找某一个元素是很方便的。

假设线性表中的第一个数据元素的存储地址（指第一个字节的地址，即首地址）为 $\text{ADR}(a_1)$，每一个数据元素占 k 字节，则线性表中第 i 个元素 a_i 在计算机存储空间中的存储

地址为 $ADR(a_i)=ADR(a_1)+(i-1)k$。

因此在顺序存储结构中，线性表中每一个数据元素在计算机存储空间中的存储地址由该元素在线性表中的位置序号唯一确定。长度为 n 的线性表 $(a_1, a_2, \cdots, a_i, \cdots, a_n)$ 在计算机中的顺序存储结构如图 6-5 所示。

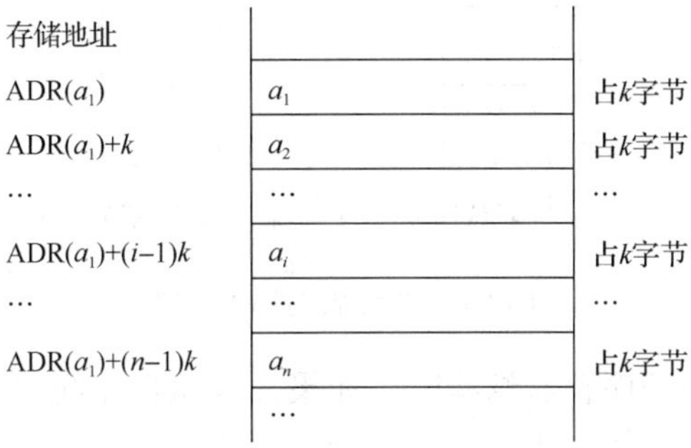

图 6-5　线性表的顺序存储结构

在程序设计语言中，通常定义一个一维数组来表示线性表的顺序存储空间。因为程序设计语言中的一维数组与计算机中实际的存储空间结构是类似的，这就便于用程序设计语言对线性表进行各种运算处理。

在用一维数组存放线性表时，该一维数组的长度通常要定义得比线性表的实际长度大一些，以便对线性表进行各种运算，特别是插入运算。如果开始时所开辟的存储空间太小，则在线性表增长时可能会出现因存储空间不够而无法再插入新的元素的情况；但如果开始时所开辟的存储空间太大，也会造成存储空间的浪费。因此，在实际应用中，要根据线性表动态变化过程中的具体情况适当地开辟存储空间量。

3. 插入运算

线性表的插入运算是指在线性表的第 $i-1$ 和第 i 个元素之间插入一个新的元素 x，就是使长度为 n 的线性表 $(a_1, a_2, \cdots, a_{i-1}, a_i, \cdots, a_n)$ 变为长度为 $n+1$ 的线性表 $(a_1, a_2, \cdots, a_{i-1}, x, a_i, \cdots, a_n)$。由于顺序存储结构下线性表中逻辑上相邻的元素在物理结构上也是相邻的，因此，在插入一个新的元素之后，线性表中元素的逻辑关系发生了变化，其物理结构应随之发生相应的变化，除非 $i=n+1$，否则，就必须将原线性表的第 i，$i+1$，$\cdots$，n 个元素分别向后移动一个位置，空出第 i 个位置以便插入新元素 x。

例 6-1　图 6-6（a）为一个长度为 6 的线性表顺序存储在长度为 10 的存储空间中。现在要求在第 2 个元素（即 20）之前插入一个新元素 86。

首先从最后一个元素开始直到第 2 个元素，将其中的每一个元素均依次往后移动一个位置，然后将新元素 86 插到第 2 个位置。插入一个新元素后，线性表的长度变成了 7，如图 6-6（b）所示。

当线性表的存储空间占满时，就不能再插入新的元素了，否则会造成称为"上溢"的错误。

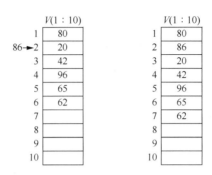

（a）长度为6的线性表　　（b）插入元素86后的线性表

图 6-6　线性表的插入运算

显然，在线性表采用顺序存储结构时，如果插入运算在线性表的末尾进行，即在第 n 个元素之后（可以认为是在第 $n+1$ 个元素之前）插入新元素，则只要在表的末尾增加一个元素即可，不需要移动表中的元素；如果要在线性表的第 1 个元素之前插入一个新元素，则需要移动表中所有的元素。在一般情况下，如果插入运算在第 i（$1 \leqslant i \leqslant n$）个元素之前进行，则原来第 i 个元素之后（包括第 i 个元素）的所有元素都必须移动。在平均情况下，长度为 n 的线性表，要在线性表中插入一个新元素，需要移动表中一半（即 $n/2$ 个）的元素。

4. 删除运算

线性表的删除运算是指将表中第 i 个（$i=1$，2，…，n）元素删除，使长度为 n 的线性表（a_1，a_2，…，a_{i-1}，a_i，…，a_n）变为长度为 $n-1$ 的线性表（a_1，a_2，…，a_{i-1}，a_{i+1}，…，a_n）。删除运算与插入运算一样要移动元素，只不过插入是后移元素，而删除则是前移元素。只有 $i=n$ 时直接删除终端元素，不需移动元素。

例 6-2　图 6-7（a）为一个长度为 6 的线性表顺序存储在长度为 10 的存储空间中。现在要求删除线性表中的第 1 个元素（即删除元素 80）。

从第 2 个元素开始直到最后一个元素，将其中的每一个元素均依次往前移动一个位置。此时，线性表的长度变成了 5，如图 6-7（b）所示。

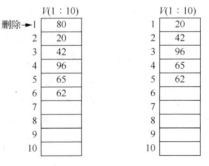

（a）长度为6的线性表　　（b）删除元素80后的线性表

图 6-7　线性表的删除运算

一般情况下，若要删除第 i（$1 \leqslant i \leqslant n$）个元素，则要从第 $i+1$ 个元素开始，直到第 n 个元素之间共 $n-i$ 个元素依次向前移动一个位置。删除结束后，线性表的长度就减小了 1。

与插入操作类似，在平均情况下，长度为 n 的线性表，要在线性表中删除一个元素，需要移动表中一半即 $n/2$ 个的元素。

因此，在线性表顺序存储的情况下，要插入和删除一个元素，其效率是很低的，特别是在线性表比较大的情况下更为突出。线性表的顺序存储结构适用于小线性表或其中元素不常变动的线性表，因为顺序存储的结构比较简单。

6.4.2　栈

1. 基本概念

栈是一种特殊的线性表。在这种特殊的线性表中，其插入与删除运算都只在线性表的一端进行，即在这种线性表的结构中，一端是封闭的，不允许插入与删除元素；另一端是开口的，允许插入与删除元素。在顺序存储结构下，对这种类型线性表的插入与删除运算不需要移动表中的其他数据元素。这种线性表称为栈。表中没有元素时称为空栈。

在栈中，允许插入与删除的一端称为栈顶，而不允许插入与删除的另一端称为栈底。栈顶元素总是最后被插入的元素，从而也是最先能被删除的元素；栈底元素总是最先被插入的元素，从而也是最后才能被删除的元素。栈是按照"先进后出"（first in last out，FILO）或"后进先出"（last in first out，LIFO）的原则组织数据的，因此，栈也被称为"先进后出"表或"后进先出"表。通常用指针 top 来指示栈顶的位置，用指针 bottom 指向栈底。

往栈中插入一个元素称为入栈运算，从栈中删除一个元素（即删除栈顶元素）称为出栈运算或退栈运算。栈顶指针 top 动态反映了栈中元素的变化情况。栈的示意图如图 6-8 所示。

栈这种数据结构在日常生活中也是常见的。栈的直观形象可比喻为一摞放在桶中的盘子，要从中取出一个或放入一个盘子只有在顶部操作才是最方便的。

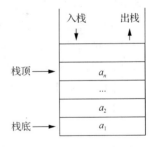

图 6-8　栈的示意图

2. 顺序存储及其运算

与一般的线性表一样，在程序设计语言中，用一维数组 $S(1：m)$ 作为栈的顺序存储空间，其中 m 为栈的最大容量。通常，栈底指针指向栈空间的低地址一端（即数组的起始地址这一端）。图 6-9（a）是容量为 10 的栈顺序存储空间，栈中已有 8 个元素；图 6-9（b）与图 6-9（c）分别为入栈与出栈后的状态。

在栈的顺序存储空间 $S(1：m)$ 中，$S(\text{bottom})$ 通常为栈底元素（在栈非空的情况下），$S(\text{top})$ 为栈顶元素。top=0 表示栈空，top=m 表示栈满。

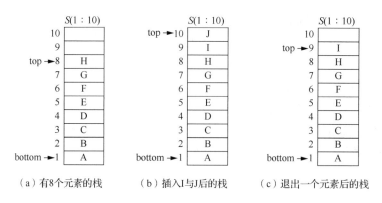

（a）有8个元素的栈　　　（b）插入I与J后的栈　　　（c）退出一个元素后的栈

图 6-9　入栈和出栈运算

栈的基本运算有 3 种：入栈、退栈与取栈顶元素。下面分别介绍在顺序存储结构下栈的这 3 种运算。

1）入栈。入栈运算是指在栈顶位置插入一个新元素。首先将栈顶指针进一（即 top 加 1），然后将新元素插入栈顶指针指向的位置。当栈顶指针已经指向存储空间的最后一个位置时，说明栈空间已满，不可能再进行入栈操作。这种情况称为栈"上溢"。

2）出栈。出栈运算是指取出栈顶元素并赋给一个指定的变量。首先将栈顶元素（栈顶指针指向的元素）赋给一个指定的变量，然后将栈顶指针退一（即 top 减 1）。当栈顶指针为 0 时，说明栈空，不可能进行出栈操作。这种情况称为栈"下溢"。

3）取栈顶元素。取栈顶元素是指将栈顶元素赋给一个指定的变量。必须注意，这个运算并不删除栈顶元素，只是将它的值赋给一个变量，因此，在这个运算中，栈顶指针不会改变。当栈顶指针为 0 时，说明栈空，取不到栈顶元素。

例如，对于一个栈，若输入序列为 a、b、c，其输出序列有如下几种情况。

1）a 进、a 出、b 进、b 出、c 进、c 出，产生输出序列 abc。

2）a 进、a 出、b 进、c 进、c 出、b 出，产生输出序列 acb。

3）a 进、b 进、b 出、a 出、c 进、c 出，产生输出序列 bac。

4）a 进、b 进、b 出、c 进、c 出、a 出，产生输出序列 bca。

5）a 进、b 进、c 进、c 出、b 出、a 出，产生输出序列 cba。

但不可能产生输出序列 cab。

3. 使用 Python 模拟栈结构

```
class Stack:
    """模拟栈"""
    def __init__(self):      #栈初始化
        self.items = []

    def push(self, item):    #入栈
        self.items.append(item)

    def pop(self):           #出栈
```

```
        return self.items.pop()

    def isEmpty(self):      #判断是否空
        return len(self.items)==0

    def size(self):         #求栈的大小
        return len(self.items)
if __name__ == "__main__":
    stack=Stack()
    stack.push("hello")
    stack.push("world")
    stack.push("Abcdef")
    print(stack.size())
    print(stack.pop())
    print(stack.pop())
    print(stack.pop())
```

运行后输出的结果是

```
3
Abcdef
world
hello
```

6.4.3 队列

1. 基本概念

队列是指允许在一端进行插入、而在另一端进行删除的线性表。允许插入的一端称为队尾，通常用一个尾指针（rear）指向队尾元素，即尾指针总是指向最后被插入的元素；允许删除的一端称为排头（也称为队头）。显然，在队列这种数据结构中，最先插入的元素将最先能够被删除，反之，最后插入的元素将最后才能被删除。因此，队列又称为"先进先出"（first in first out，FIFO）或"后进后出"（last in last out，LILO）的线性表，它体现了"先来先出"的原则。在队列中，队尾指针 rear 与排头指针 front 共同反映了队列中元素动态变化的情况。如图 6-10 所示是具有 6 个元素的队列示意图。

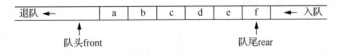

图 6-10　具有 6 个元素的队列示意图

2. 顺序存储及其运算

与栈类似，在程序设计语言中，也可以用一维数组作为队列的顺序存储空间。

往队列的队尾插入一个元素称为入队运算，从队列的排头删除一个元素称为退队运算。如图 6-11 所示是在队列中进行插入与删除运算的示意图。由图 6-11 可以看出，在队列的末尾插入一个元素（入队运算）只涉及队尾指针 rear 的变化，而删除队列中的排头元素（退队运算）只涉及排头指针 front 的变化。

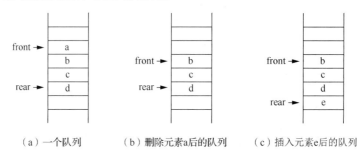

（a）一个队列　　　　（b）删除元素a后的队列　　　　（c）插入元素e后的队列

图 6-11　队列运算示意图

3. 使用 Python 模拟队列结构

```
from queue import Queue    #引入队列结构
q=Queue(3)                 #创建一个队列对象,队列长度为3
q.put(1)
q.put(2)
q.put(3)
print(q.get())
print(q.get())
print(q.get())
```

运行后输出的结果是

```
1
2
3
```

6.4.4　树与二叉树

1. 基本概念

树中所有数据元素之间的关系具有明显的层次特性。如图 6-12 所示表示了一棵一般的树。在用图形表示树这种数据结构时，很像自然界中的树，只不过是一棵倒长的树，因此，这种数据结构就用"树"来命名。

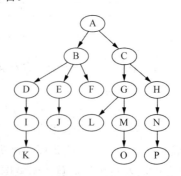

图 6-12　一般的树

在树的图形表示中，总是认为在用直线连起来的两端结点中，上端结点是前驱，下端结点是后继。

在现实世界中，能用树这种数据结构表示的例子有很多。例如，学校行政关系结构和一本书的层次结构。由于树具有明显的层次关系，因此，具有层次关系的数据都可以用树这种数据结构来描述。在所有的层次关系中，人们最熟悉的是血缘关系，按血缘关系可以很直观地理解树结构中各数据元素结点之间的关系，因此，在描述树结构时，也经常使用血缘关系中的一些术语。下面介绍有关树结构的基本术语。

1）根结点。每一个结点只有一个前驱，称为父结点；没有前驱的结点只有一个，称为树的根结点，简称为树的根。在图 6-12 中，结点 A 是树的根结点。

2）叶子结点。每一个结点可以有多个后继，它们都称为该结点的子结点，没有后继的结点称为叶子结点。在图 6-12 中，结点 K、J、F、L、O、P 均为叶子结点。

3）结点的度。一个结点的子结点的个数称为该结点的度。在图 6-12 中，结点 B 的度为 3；结点 A、C、G 的度都为 2；结点 D、E、H、I、M 和 N 的度都为 1；所有叶子结点的度都为 0。

4）树的度。所有结点中的最大的度称为树的度。图 6-12 所示的树的度为 3。

5）结点的层次。一般按如下原则分层：根结点在第 1 层，同一层上所有结点的所有子结点都在下一层。在图 6-12 中，根结点 A 在第 1 层；结点 B、C 在第 2 层；结点 D、E、F、G、H 在第 3 层；结点 I、J、L、M、N 在第 4 层；结点 K、O、P 在第 5 层。

6）树的深度。树的最大层次称为树的深度。图 6-12 所示的树的深度为 5。

7）子树。以某结点的一个子结点为根构成的树称为该结点的一棵子树。在图 6-12 中，结点 A 有 2 棵子树，它们分别以结点 B、C 为根结点；结点 B 有 3 棵子树，它们分别以结点 D、E、F 为根结点；结点 H 有 1 棵子树，其根结点为 N。

2. 二叉树及其基本性质

（1）二叉树的概念

二叉树是 n 个结点的有限集合，这个有限集合或为空集（$n=0$），或由一个根结点及两棵不相交的、分别称作这个根的左子树和右子树的二叉树组成。如图 6-13 所示给出了二叉树的 5 种基本形态。

（a）空二叉树　（b）只有一个根　（c）右子树为　（d）左子树为　（e）有3个结点
　　　　　　　　结点的二叉树　　空的二叉树　　空的二叉树　　的二叉树

图 6-13　二叉树的 5 种基本形态

在二叉树中，每一个结点的度最大为 2，即所有子树（左子树或右子树）也均为二叉树。当一个结点既没有左子树也没有右子树时，该结点即叶子结点。

（2）二叉树的基本性质

二叉树具有以下几个性质。

性质 1　在二叉树的第 i 层上，最多有 2^{i-1}（$i \geq 1$）个结点。

这一性质可以由数学归纳法简单得到。

性质2 深度为 k 的二叉树最多有 2^k-1 个结点。

深度为 k 的二叉树是指二叉树共有 k 层。

当每一层的结点个数均达到最大时，二叉树的结点个数自然也达到了最大，因此由性质 1 可知，深度为 k 的二叉树中结点个数的最大值为 $\sum_{j=1}^{k} 2^{j-1} = 2^k -1$。

性质3 在任意一棵二叉树中，度为 0 的结点个数（即叶子结点数 n_0）总是比度为 2 的结点个数（n_2）多一个，即 $n_0=n_2+1$。

设二叉树中度为 1 的结点的个数为 n_1，则所有结点数为 $n=n_0+n_2+n_1$。

而二叉树中的结点除了根结点之外，都是度为 1 或 2 的结点的后继，度为 1 的结点有一个后继，度为 2 的结点有 2 个后继，所以共有结点数为 $n=1×n_1+2×n_2+0×n_0+1$。

由上面两式联立即可得出：$n_0=n_2+1$。

性质4 具有 n 个结点的二叉树，其深度至少为 $[\log_2 n]+1$，其中 $[\log_2 n]$ 表示取 $\log_2 n$ 的整数部分。

（3）满二叉树与完全二叉树

满二叉树与完全二叉树是两种特殊形态的二叉树。

1）满二叉树。所谓满二叉树，是指除最后一层外，每一层上的所有结点都有两个子结点。这就是说，在满二叉树中，每一层上的结点数都达到最大值，即在满二叉树的第 k 层上有 2^{k-1} 个结点，且深度为 m 的满二叉树有 2^m-1 个结点。

如图 6-14（a）和（b）所示分别是深度为 4 的满二叉树和非满二叉树。

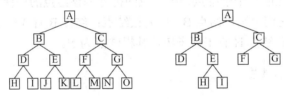

（a）深度为4的满二叉树　　　　　（b）深度为4的非满二叉树

图 6-14　满二叉树与非满二叉树

2）完全二叉树。所谓完全二叉树，是指除最后一层外，每一层上的结点数均达到最大值；在最后一层上只缺少右边的若干个结点。

更确切地说，如果从根结点起，对二叉树的结点自上而下、自左至右用自然数进行连续编号，则深度为 m、且有 n 个结点的二叉树，当且仅当其每一个结点都与深度为 m 的满二叉树中编号从 1 到 n 的结点一一对应时，称之为完全二叉树。

如图 6-15（a）和（b）分别是深度为 3 的完全二叉树和非完全二叉树。

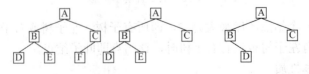

（a）深度为3的完全二叉树　　　　　（b）深度为3的非完全二叉树

图 6-15　完全二叉树和非完全二叉树

对于完全二叉树来说，叶子结点只可能在层次最大的两层上出现。对于任何一个结点，若其分支下的子孙结点的最大层次为 p，则其左分支下的子孙结点的最大层次或为 p，或为 $p+1$。

由满二叉树与完全二叉树的特点可以看出，满二叉树也是完全二叉树，而完全二叉树一般不是满二叉树。

完全二叉树还具有以下两个性质。

性质 5　具有 n 个结点的完全二叉树的深度为 $[\log_2 n]+1$。

性质 6　设完全二叉树共有 n 个结点。如果从根结点开始，按层序（每一层从左到右）用自然数 1，2，$\cdots$，n 给结点进行编号，则对于编号为 k（$k=1$，2，$\cdots$，n）的结点有以下结论。

① 若 $k=1$，则该结点为根结点，它没有父结点；若 $k>1$，则该结点的父结点编号为 $\text{int}(k/2)$。

② 若 $2k \leqslant n$，则编号为 k 的结点的左子结点编号为 $2k$；否则该结点无左子结点（显然也没有右子结点）。

③ 若 $2k+1 \leqslant n$，则编号为 k 的结点的右子结点编号为 $2k+1$；否则该结点无右子结点。

根据完全二叉树的这个性质，如果按从上到下、从左到右顺序存储完全二叉树的各结点，则很容易确定每一个结点的父结点、左子结点和右子结点的位置。

3. 二叉树的存储结构

（1）顺序存储方式

对于完全二叉树，可按层次顺序对各结点进行编号，然后顺序地存储在一个一维数组中，由于完全二叉树的特殊性质，这种存储方式不仅存储了各个结点中的信息，通过结点的物理存储位置还隐含地存储了结点之间的逻辑关系。

如图 6-16（a）所示的完全二叉树，其顺序存储结构如图 6-16（b）所示。

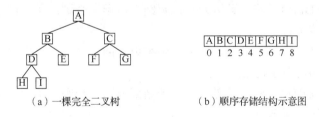

（a）一棵完全二叉树　　　　　（b）顺序存储结构示意图

图 6-16　完全二叉树的顺序存储

对于一般的二叉树，在进行顺序存储之前，先把它改造成一棵虚拟的完全二叉树，即在保持二叉树的高度和已有结点的结构不变的前提下，通过添加尽可能少的虚拟结点，将它改造成一棵虚拟的完全二叉树，然后按上述顺序存储方式存储，如图 6-17 所示。

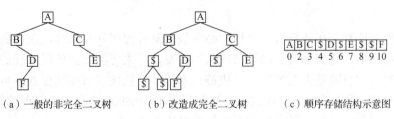

（a）一般的非完全二叉树　　　（b）改造成完全二叉树　　　（c）顺序存储结构示意图

图 6-17　二叉树的顺序存储

对于完全二叉树和满二叉树，按层序进行顺序存储，既节省了存储空间，又能方便地确定每一个结点的父结点与左、右子结点的位置。但对于一般的二叉树，则可能会浪费较多的存储空间，所以二叉树的顺序存储方式对于一般的二叉树不适用。

（2）二叉树的链式存储方式

在计算机中，二叉树通常采用链式存储结构。存储二叉树的存储结点时采用两个指针域：一个用于指向该结点的左子结点的存储地址，称为左指针域；另一个用于指向该结点的右子结点的存储地址，称为右指针域，如图 6-18 所示。

	Lchild	Value	Rchild
i	L(i)	V(i)	R(i)

图 6-18 二叉树存储结点的示意图

其中，L(i)为结点 i 的左指针域，即 L(i)为结点 i 的左子结点的存储地址；R(i)为结点 i 的右指针域，即 R(i)为结点 i 的右子结点的存储地址；V(i)为数据域。由于二叉树的存储结构中每一个存储结点有两个指针域，因此，二叉树的链式存储结构也称为二叉链表。

4．二叉树的遍历

二叉树的遍历是指不重复地访问二叉树中的所有结点。

根据二叉树的递归定义，遍历一棵非空二叉树的问题可分解为 3 个子问题：访问根结点，遍历左子树，遍历右子树。

在遍历二叉树的过程中，一般先遍历左子树，然后遍历右子树。在先左后右的原则下，根据访问根结点的次序，二叉树的遍历可以分为 3 种：前序遍历、中序遍历、后序遍历。这 3 种遍历次序的递归定义分别如下。

1）前序遍历（DLR）。若二叉树为空，则结束返回。否则：①访问根结点；②前序遍历左子树；③前序遍历右子树。

2）中序遍历（LDR）。若二叉树为空，则结束返回。否则：①中序遍历左子树；②访问根结点；③中序遍历右子树。

3）后序遍历（LRD）。若二叉树为空，则结束返回。否则：①后序遍历左子树；②后序遍历右子树；③访问根结点。

对图 6-16（a）所示的二叉树进行遍历，则前序遍历的结果为 ABDHIECFG；中序遍历结果为 HDIBEAFCG；后序遍历结果为 HIDEBFGCA。

6.5 Python 程序

设计的算法要真正在计算机上运行，必须借助某种程序开发语言。在前面的章节学习中，大家已经知道，现代意义上的算法或软件开发，不太可能回到使用烦琐的机器语言或汇编语言编写，并且随着人工智能、区块链技术等信息新技术与传统行业逐步结合得越来越紧密，一些可以更好适应新特性的语言被发明出来。Python 便是一种目前比较容易学习，同时未来可能在各个行业取得极好应用的程序设计语言。

6.5.1　Python 3 简介

Python 是一种广泛使用的解释型、通用的高级编程语言，由吉多·范罗苏姆（如图 6-19 所示，计算机程序员，为 Python 程序设计语言的最初设计者及主要架构师）创造。

1989 年的圣诞节期间，吉多·范罗苏姆为了打发时间，决心开发一个新的脚本解释程序，作为 ABC 语言（一种编程语言与编程环境）的一种继承。之所以选中 Python 作为程序的名称，是因为他是 BBC 电视剧——蒙提·派森的飞行马戏团的爱好者，所以 Python 的 Logo 为蟒蛇，如图 6-20 所示。而 ABC 是由吉多参加设计的一种教学语言。就吉多本人看来，ABC 这种语言非常优美和

图 6-19　吉多·范罗苏姆

强大，是专门为非专业程序员设计的。但是 ABC 语言并没有成功，究其原因，吉多认为是非开放造成的。吉多在设计 Python 时避免了这一错误，从实践的效果来看，效果非常好，它完美地结合了计算机经典的 C 语言和其他一些语言特性。

Python 第一版发布于 1991 年。可以视之为一种改良（加入一些其他编程语言的优点，如面向对象）的 LISP。Python 的设计哲学强调代码的可读性和简洁的语法（尤其是使用空格缩进划分代码块，而非使用大括号或关键词）。相比于 C++或 Java，Python 使开发者能够用更少的代码表达想法。不管是小型还是大型程序，该语

图 6-20　Python 的 Logo

言都试图让程序的结构清晰明了。

与其他动态类型的编程语言一样，Python 拥有动态类型系统和垃圾回收功能，能够自动管理内存使用，并且支持多种编程范式，包括面向对象、命令式、函数式和过程式编程。其本身拥有一个巨大而广泛的标准库。

Python 解释器本身可以在大多数的操作系统中运行。Python 的其中一个解释器 CPython 是一个用 C 语言编写的、由社群驱动的自由软件，当前由 Python 软件基金会管理。

现实中，一般使用 Python 3.0 及以上版本。Python 3.0 于 2008 年 12 月 3 日发布，常被称为 Python 3000 或简称 Py3k，相对于 Python 的早期版本，这是一个较大的升级。因为 Python 3.0 在设计时没有考虑向下兼容，所以 Python 2.0 与 3.0 的区别非常大。同时，官网也宣布自 2020 年 1 月 1 日后，停止更新 Python 2.0，所以后面内容的阐述将以 Python 3.0 及以上版本（以下统称为 Python 3）为准。

6.5.2　Python 环境的搭建

要编写运行 Python 程序，先要下载 Python 的编译工具。Python 3 最新源码、二进制文档、新闻资讯等，都可以在 Python 的官网（https://www.python.org/）上查看，并且 Python、HTML、PDF 和 PostScript 等格式的文档，可以在 https://www.python.org/doc/ Python3 链接中下载。

Python 3 可应用于多平台，包括 Windows、Linux 和 Mac OS X。Windows 平台，可在 https://www.python.org/downloads/windows/中下载 executable installer，其中 x86 代表 32 位机器，x86-64 代表 64 位机器。

具体的安装步骤及过程可以参考上面的链接及图文。一旦安装完成后，可以用命令“Python3-V”检测，如果安装成功，则会弹出相应的版本信息。

6.5.3 Python 程序设计

对于大多数程序语言，第一个入门编程代码便是“Hello, World!”，如图 6-21 所示的代码是使用 Python 实现输出“Hello, World!”。

```
C:\WINDOWS\system32\cmd.exe - python
Microsoft Windows [版本 10.0.18362.535]
(c) 2019 Microsoft Corporation。保留所有权利。

C:\Users\hua>python
Python 3.7.1 (v3.7.1:260ec2c36a, Oct 20 2018, 14:57:15) [MSC v.1915 64
 bit (AMD64)] on win32
Type "help", "copyright", "credits" or "license" for more information.

>>> print("Hello,World!")
Hello,World!
>>>
```

图 6-21 使用 Python 实现输出“Hello, World!”

这是交互式的 Python 代码，使用的是 Windows 版中已经安装好的 Python 环境，在提示符（如图 6-21 中的“C:\Users\hua>”，需要注意的是，不同的安装环境中提示符会有所不同）后，输入“python”，即可启动 Python 环境。但真正的 Python 代码是“print("Hello, World! ")”。其后的一行是执行该语句指令后的输出效果——在屏幕上输出“Hello, World!”。

将以上“print("Hello, World! ")”代码保存在“hello.py”文件中，并使用如下 Python 命令执行该脚本文件：

```
$ python3 hello.py
```

以上命令的输出结果为

```
Hello, World!
```

现在把 6.2 节中的辗转相除算法转换成 Python 程序，讲解 Python 程序设计的过程。

可以打开一个 JetBrains PyCharm 软件（具体的安装方法可以百度查找，这里不再具体讲解），输入如图 6-22 所示的代码，并存为扩展名为.py 的文件。

```
def fun(x):
    num1 = int(input("请输入第一个数字："))
    num2 = int(input("请输入第二个数字："))
    m = max(num1, num2)
    n = min(num1, num2)
    r = m % n
    while r != 0:
        m = n
        n = r
        r = m % n
    print(num1, "和", num2, "的最大公约数为", n)
```

图 6-22 辗转相除法的 Python 程序代码

接着单击 PyCharm 软件中的“运行”按钮▶，之后根据提示分别输入数据。

```
请输入第一个数字：40
```

　　请输入第二个数字：25
　　40 和 25 的最大公约数为 5

　　最后一行是程序运行后输出的内容。

　　在这个程序中，可以看到，第 2、3 行执行的任务是分别从键盘读取一个整数的任务。其中，input()函数的意义是在屏幕上输出一行引号中的文字，并接收一个输入；这个输入变成 input()函数的输出，并放到了 int()函数中；int()函数是把输入的字符变成一个整数输出；符号"="的意义不是数学意义上的等于，而是"赋值"的意思，即把等号右边的值赋值给左边的变量。所以，第 2、3 行的意义是分别从键盘读取一个字符，然后把它转换成一个整数并分别赋值给 num1 和 num2。需要注意的是，在这两行语句执行的过程中，如果输入的不是一个数值（如输入了不能转换成整数的字母），则程序会直接报告"转换错误"。

　　程序的第 4、5 行，从字面意义即可理解，是分别取得 num1 与 num2 的最大与最小值并分别赋值给 m 和 n，这里也用到了 Python 自带的函数 max 与 min。

　　因为 m 是 a 与 b 中较大的，n 是 num1 与 num2 中较小的，按辗转相除算法的定义，要判断较大的数除以较小数的余数是否为 0，所以有了第 6 行的代码"r=m%n"，其中百分号的意义是求得其左边数除右边数的余数，等号同样是赋值的意思，组合起来就是求 m 除 n 的余数并赋值给 r。

　　第 7 行中的"! ="的意义是不等于符号。"r!=0"的意思就是判断 r 是否等于 0，如果 r 等于 0，则这个判断式的值为假（false）；反之，若 r 不等于 0，则判断式的值为真（true）。前面的 while 则是一个循环控制语句，注意在这一行的最右侧末尾有一个冒号"："，它的意义是指下面缩进的语句（注意第 8～10 行没有与第 7 行对齐，而是缩进了）是受本行语句控制执行的，也就是说，当 while 后面的表达式"r!=0"执行的条件为真时，就执行第 8～10 行代码；如果"r!=0"条件为假，则马上跳到第 11 行继续执行。

　　第 8 行中的"m=n"，这是把 n 的值赋值给了 m，由于在第 7 行执行过判断"r!=0"，如果 r 不等于 0（条件为真），则执行第 8 行时，意味着还要继续判断下去，所以，这时上一次较小的 n，在下一次的相除时变成了较大的，并将这个 n 赋值给 m，也才有了第 9 行把更小的 r 赋值给 n，使第 10 行除余数时保证 m 还是比 n 要大，从而计算出新的 r 来。

　　然后执行第 10 行后，因为 while 的存在，计算机会返回第 7 行继续判断"r!=0"这个条件是否为真，如果判断 r 等于 0，则程序从第 7 行这里直接跳到第 11 行。

　　按辗转相除的定义，当除法的余数为 0 时，它前一次不为 0 的数就是最大公约数，所以第 11 行输出的 n 即最大公约数。print()函数的意义是把括号中的信息输出到屏幕上。

　　在上面的程序中，把类似 num1、num2、m、n、r 这些称为标识符，按 Python 的规定，标识符第一个字符必须是字母或下划线_，同时标识符区分大小写，如 a 与 A，Python 会认为是两个不同的标识符，这个特点被称为大小写敏感。

　　由于 Python 在发明之后，UTF-16 的编码格式可以兼容世界上包括中文在内的绝大部分的字符，因此标识符也可以使用中文，但作为一般的程序设计约定，不建议使用中文或其他非 ASCII 字符作为标识符。

　　在定义标识符时，有时会使用有意义的单词或缩写，如 min、max 表示最大值、最小值，avg 表示平均值，但有一类单词不要使用，即用来编写 Python 程序的关键字或称保留字，可以在命令提示符下输入下面的命令，了解 Python 有哪些关键字。

```
>>> import keyword
>>> keyword.kwlist
['False', 'None', 'True', 'and', 'as', 'assert', 'break', 'class',
'continue', 'def', 'del', 'elif', 'else', 'except', 'finally', 'for', 'from',
'global', 'if', 'import', 'in', 'is', 'lambda', 'nonlocal', 'not', 'or', 'pass',
'raise', 'return', 'try', 'while', 'with', 'yield']
```

在定义标识符时，使用的单词一定不要与这个列表所列的单词重复。

在上面的辗转相除法的程序中，"#"后的内容就是注释，它不参与任何实际的程序执行，只提供程序说明。在程序设计的早期，即使用汇编语言或机器语言的年代，程序编写很多时候是独立完成的，同时宝贵的存储空间也不太允许程序员写指令以外的说明文字，这使后期接手的人无法从晦涩难懂的机器或汇编代码中了解当时编写者的意图，这也间接导致早期的软件维护升级极其困难，所以后期的高级语言一般支持对代码进行说明，这种说明文字一般不参与程序的运行，写下它一般是供其他程序员或负责程序升级维护的开发人员阅读，以便他们快速了解当前指令的意图，而这种不参与程序运行的说明文字叫作注释。适当地撰写注释是一个良好的编程习惯。

为了提高程序代码的可读性和可维护性，应该学习如何给自己的程序代码写注释。Python 注释可分为"单行注释"和"多行注释"。Python 中的单行注释以"#"开头，如上面程序所演示的那样，只做单行说明。如果要进行多行注释的编写，可以像下面这样，使用多个"#"对每一行进行标识，也可以使用连续的 3 个单引号"'"或""作为开始与结束，中间写上多行注释。

多行注释方式一：
　　# 第一个注释
　　# 第二个注释
多行注释方式二：
　　'''
　　第一个注释
　　第二个注释
　　'''
多行注释方式三：
　　"""
　　第一个注释
　　第二个注释
　　"""

6.5.4 数据处理的分支结构

在程序设计中，常常遇到选择问题。一如日常生活的选择，出门前看看外面是否下雨，以决定是否带伞出门；看看股票的价格是否涨（跌）到了心理价位，以决定是否卖出（买入）。

Python 程序设计中为了表示这种选择，使用了一个简单而直接的关键字结构 if-else，这个关键字用来测试 if 后的表达式的条件是真是假，如果是真，则执行 if 与 else 之间的语句块，否则执行 else 之后的语句块，如图 6-23 所示。

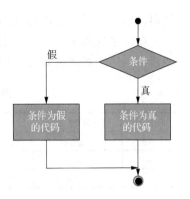

图 6-23　条件选择代码

对应这个条件表示式的 Python 伪代码如下：

```
if condition_1:
    statement_block_1
else:
    statement_block_2
```

特别留意在 if 及 else 每一行的末尾都不能丢下冒号“:”。

除了以上选择结构之外，还可以使用没有 else 的 if 结构，或者 if-elif-else 结构（其中 elif 可以有 1 个或多个）。

下面来看一个利用选择结构进行程序设计的实例。为了节约能源，很多城市都按阶梯价收电费。假设某市的电费是这样规定的，当用电量在 180kW·h 以内时按 0.56 元/（kW·h）收费；用电费在 180～260kW·h 时，按 0.61 元/（kW·h）收费；用电费在 260kW·h 以上时按 0.86 元/（kW·h）收费。也就是说，若以 x 来表示用户的用电量，则可用下述分段函数来描述用户应缴纳的电费：

$$f(x) = \begin{cases} 0.56x & x \leqslant 180 \\ 0.56x \cdot 180 + 0.61(x-180) & 180 < x \leqslant 260 \\ 0.56 \times 180 + 0.61 \times (260-180) + 0.86(x-260) & x > 260 \end{cases}$$

根据这个函数的定义，可以翻译成下面的 Python 程序。

```
def fun(x):
    if x<=180:
        print(x*0.56)
    elif x>180 and x<=260:
        print(0.56*180+0.61*(x-180))
    else:
        print(0.56*180+0.61*(260-180)+0.86*(x-260))
fun(750)
```

运行上述程序，可得到结果：571.0。

在这个程序中，第一行的“def fun(x)”表示定义了一个函数，入口参数的值是 x，在其后的语句严格按照数学的定义；注意在第一个“if x<=180”之后的冒号不能省略，同时它的下一句“print(x*0.56)”相对上一句进行了缩进，代表它是 if 条件为真时执行的语句；以 elif 开头的语句与 if 语句是对齐的，即表示当 if 后面的条件为假时，再判断 elif 后面表达式的条件，如果表达式为真，则执行 elif 与 else 语句之间的缩进语句；最后，如果 elif 条件为假，则执行 else 后的缩进语句。

Python 这种缩进式结构，可以让 Python 代码天然形成代码块，不需要使用其他语言常用的 {} 来标识代码块，这样可以使代码层次结构清晰、容易阅读与排错。同时，Python 也规定，虽然缩进的空格数是可变的，但同一个代码块必须包含相同的缩进空格数，这样也从语法形式上保证了代码风格的统一。

在程序代码中，还有 and、or 与 not 运算符，它们分别表示"并且"、"或者"和"否"运算，具体运算规则如表 6-1 所示。

表 6-1　and、or 和 not 运算符与表达式

运算符	逻辑表达式	描述
and	x and y	布尔"与"，如果 x 为 False，x and y 返回 False，否则它返回 y 的计算值
or	x or y	布尔"或"，如果 x 是非 0，它返回 x 的值，否则它返回 y 的计算值
not	not x	布尔"非"，如果 x 为 True，返回 False；如果 x 为 False，它返回 True

6.5.5　循环控制结构

计算机被发明出来的初始目的是把人们从烦琐重复的计算任务中解放出来。英文 computer 这个单词在 400 多年前被发明出来，原意是指从事数据计算的人，这也足见计算从那个时候起就被认为是一件多么重要而烦琐的专门工作。

1801 年，法国人约瑟夫·玛丽·雅卡尔对织布机的设计进行改进，使用一系列打孔的纸卡片来作为编织复杂图案的程序。尽管这种被称作"雅卡尔织布机"的机器并不被认为是一部真正的计算机，但是其可编程性质使之被视为现代计算机发展过程中的重要一步，同时也说明人们也在尝试对重复而机械的事情用机械来代替。

直到 1937 年，21 岁的麻省理工学院的学生克劳德·香农发表了他的重要研究生论文《对继电器和开关电路中的符号分析》，这篇论文被称为"可能是 20 世纪最重要、最著名的硕士学位论文"。在这篇论文中，香农证明了布尔代数和二进制算术可以简化当时在电话交换系统中广泛应用的机电继电器的设计。然后，香农扩展了这个概念，证明了基于机电继电器的电路能用于模拟和解决布尔代数问题，这一论文也为后来现代意义上的电子计算机的发明奠定了坚实的基础（香农在其后的 1948 年提出了著名的针对信息度量的香农定理，从而从数学角度给现代通信及信息传输的发展打下了理论基础，他也凭此理论被称为"信息论之父"）。

作为现代意义上的计算机，其一个重要特点是它能以极高的速度完成人类手工重复的计算任务，在汇编语言时代使用跳转指令完成，而高级语言使用循环语句，但它们执行的规律基本是一致的。

1. while 循环

Python 中 while 语句的一般形式如下：

```
while 判断条件(condition):
    执行语句(statements)……
```

执行流程图如图 6-24 所示。

同样需要注意冒号和缩进。下面使用 while 语句来计算 1～100 的总和。

实例

```
#!/usr/bin/env python3
n=100
sum=0
counter=1
while counter<=n:
    sum=sum+counter
    counter+=1
print("1到%d之和为:%d"%(n,sum))
```

执行结果如下:

1 到 100 之和为:5050

如果最后的条件改为"counter>1",由于 counter 一直在加
1,所以永远大于 1,这个条件永远成立即总是为 true,因此里
面的循环体语句会一直重复执行下去,也就是常说的死循环,
要强制结束这个状态,可以按 Ctrl+C 组合键来强制结束程序。

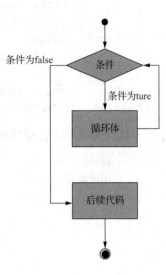

图 6-24 while 语句流程图

2. for 语句

有时需要针对一个系列中所有元素做统一的处理,这个系列中的元素个数是一定的,
这时可以使用循环结构 for 语句。

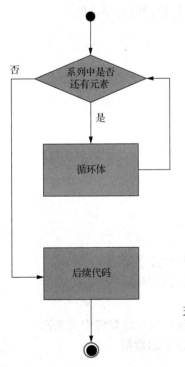

图 6-25 for 语句流程图

for 循环的一般格式如下:

```
for <variable> in <sequence>:
    <statements>
else:
    <statements>
```

要注意在这个 for 循环结构中的缩进式结构。

for 语句的流程图如图 6-25 所示。

Python 中 for 循环语句实例:

实例 1

```
>>>languages=["C", "C++", "Perl", "Python"]
>>>for x in languages:
... print (x)
... C C++ Perl Python
>>>
```

下述实例 2 使用了 break 语句,它一般用于跳出当前循
环体。

实例 2

```
#!/usr/bin/python3
sites=["Baidu", "Google","Abcdefg","Taobao"]
for site in sites:
```

```
if site=="Abcdefg":
    print("找到了这个字符串")
    break
print("循环数据"+site)
else:
    print("没有循环数据!")
print("完成循环!")
```

执行脚本后，在循环到"Abcdefg"时会跳出循环体，执行结果如下：

```
循环数据 Baidu
循环数据 Google
找到了这个字符串
完成循环!
```

本 章 小 结

本章从算法的起源开始，分析了度量算法特性的时间复杂度、空间复杂度，介绍了几种主流的编程思想，为方便读者更好地了解驱动计算机运行的程序设计工作是如何展开的，简单介绍了 Python 语言、计算机常用的数据结构等。随着计算机在各行各业的普及与发展，各种计算机算法及程序设计思想一定会有更大的发展与演化，希望读者在掌握基本计算机算法思维及基本程序设计思想的基础上，结合本专业利用计算机创造更多可能。

习题 6

一、选择题

1. 算法的空间复杂度是指（　　　）。
   - A. 算法程序的长度
   - B. 算法程序中的指令条数
   - C. 算法程序所占的存储空间
   - D. 算法执行过程中所需要的存储空间

2. 下列叙述中正确的是（　　　）。
   - A. 线性表是线性结构
   - B. 栈与队列是非线性结构
   - C. 线性链表是非线性结构
   - D. 二叉树是线性结构

3. 数据的存储结构是指（　　　）。
   - A. 数据所占的存储空间量
   - B. 数据的逻辑结构在计算机中的表示
   - C. 数据在计算机中的顺序存储方式
   - D. 存储在外存中的数据

4. 线性表是（　　　）。
   - A. 一个有限序列，可以为空
   - B. 一个有限序列，不能为空
   - C. 一个无限序列，可以为空
   - D. 一个无序序列，不能为空

5. 对于顺序存储的线性表，设其长度为 n，在任何位置上插入或删除操作都是等概率的。插入一个元素时平均要移动表中的（　　）个元素。

    A．$n/2$　　　　　　B．$n+1/2$　　　　　　C．$n-1/2$　　　　　　D．n

6. 下列关于队列的叙述中正确的是（　　）。

    A．在队列中只能插入数据　　　　　　B．在队列中只能删除数据

    C．队列是先进先出的线性表　　　　　D．队列是先进后出的线性表

7. 下列关于栈的叙述中正确的是（　　）。

    A．在栈中只能插入数据　　　　　　　B．在栈中只能删除数据

    C．栈是先进先出的线性表　　　　　　D．栈是先进后出的线性表

8. 在深度为 5 的满二叉树中，叶子结点的个数为（　　）。

    A．32　　　　　　　B．31　　　　　　　C．16　　　　　　　D．15

9. 对长度为 n 的线性表进行顺序查找，在最坏情况下所需要的比较次数为（　　）。

    A．$n+1$　　　　　　B．n　　　　　　C．$(n+1)/2$　　　　　D．$n/2$

10. 设树 T 的度为 4，其中度为 1、2、3、4 的结点个数分别为 4、2、1、1，则 T 中的叶子结点数为（　　）。

    A．8　　　　　　　B．7　　　　　　　C．6　　　　　　　D．5

二、简答题

1. 试列举出生活中计算思维的例子。

2. 试用"算法"描述西红柿炒鸡蛋的做法。

3. 对于数列 1，1，2，3，5，8，…，仔细观察这个数列的规律，编写 Python 程序，输出该数列从第 1 位到第 20 位的值。

4. 举例说明结构化程序设计与面向对象程序设计思维方式的不同。

5. 类与对象的区别是什么？

6. 栈和队列各有什么特点？什么情况下用到栈？什么情况下用到队列？

7. 设有编号为 1、2、3、4 的 4 辆车，顺序进入一个栈式结构的站台，试写出这 4 辆车开出车站的所有可能的顺序（每辆车可能入站，可能不入站，时间也可能不等）。

8. 试分别画出具有 3 个结点的树和具有 3 个结点的二叉树的所有不同形态。

9. 深度为 h 的完全二叉树至少有多少个结点？最多有多少个结点？

三、调研题

搜索主流的编程语言排行榜，并查阅排名前 10 的语言特点。

习题 6 参考答案

第 7 章　数据库设计基础

和朋友网上聊天、在网上购物、在图书馆借书、在教务处网站查询成绩、在食堂刷卡吃饭等，都要依赖于数据库，可以说数据库是信息时代生活的土壤，如果没有它，人们在浩瀚的信息世界中将显得手足无措。

数据库技术是计算机领域的一个重要分支，是 20 世纪 60 年代后期发展起来的一项管理数据的重要技术，主要研究如何科学地组织和存储数据、在数据库系统中减少数据存储冗余、实现数据共享，以及如何保障数据安全、高效地获取和处理数据，并可以满足用户各种不同的信息需求。数据库技术的应用程度已经成为衡量一个企业乃至一个国家信息化程度的重要标志之一。

本章主要介绍数据库的基础知识、数据模型、关系运算、数据库系统的开发过程，最后简单介绍 Access。

7.1　数据库基础知识

7.1.1　数据库的基本概念

1. 数据

数据是描述客观事物的符号记录，是信息的具体表现形式。说起数据，大多数人头脑中的第一个反应就是数字，其实数字只是最简单的一种数据。数据的种类很多，在人们日常生活中数据无处不在，文本、图形、图像、音频、视频等都是数据。

例如，学生证中填写的学号、姓名、班级、照片等这些数字、文字和图像等都是数据。

2. 数据库

顾名思义，数据库就是存放数据的仓库，只不过这个仓库是在计算机存储设备上，而且数据是按一定的组织和格式存放的。例如，企事业单位的人事部门常常把本单位职工的基本情况（职工号、姓名、出生日期、性别、籍贯、工资、简历等）存放在表中，这张表就可以看成一个数据库。有了这个存放数据的仓库，用户就可以根据需要随时查询职工的基本情况，也可以查询工资在某个范围内的职工人数等。

严格来讲，数据库是指长期存储在计算机内、有组织的、可共享的大量数据的集合。数据库中的数据按一定的数据模型组织、描述和存储，具有较小的冗余度、较高的数据独立性和易扩展性，并可为各种用户共享。

3. 数据库管理系统

数据库管理系统（database management system，DBMS）是位于用户与操作系统之间的一层管理数据的软件。一般来说，DBMS 主要包括以下几个方面的功能。

1）数据定义：DBMS 提供数据定义语言（data definition language，DDL）来创建、修改和删除数据库中的各种对象。例如，定义数据表（create table）、修改数据表（alter table）、删除数据表（drop table）。

2）数据操纵：DBMS 提供数据操纵语言（data manipulation language，DML）来实现向数据库中插入数据（insert）、删除数据（delete）、修改数据（update）和查询数据（select）。

3）数据控制：DBMS 提供数据控制语言（data control language，DCL）来实现数据库的安全管理。例如，给用户授权（grant）、撤销用户权限（revoke）、拒绝授予用户权限（deny）。

4）数据库的运行管理：数据库在建立、运用和维护时由 DBMS 统一管理、统一控制，以保证数据的安全性、完整性、多用户对数据的并发使用及发生故障后的系统恢复。

5）数据库的建立和维护：数据库初始数据的输入，数据库的转储，恢复功能，数据库的重组织及性能监视和分析等。

目前流行的关系 DBMS 主要有 SQL Server、Oracle、MySQL 等，还有一些比较实用的小型 DBMS，如 Visual Foxpro 和 Access 等。

4. 数据库系统

数据库系统是指在计算机系统中引入数据库后的系统，一般由数据库、操作系统（如 Windows、Linux 等）、DBMS（如 SQL Server、Oracle、MySQL 等）、应用开发工具（如 C#、Java、Python 等）、应用系统（如图书管理系统、教务管理系统等）、数据库管理员（database management administrator，DBA）和用户组成，其中数据库管理员全面负责管理、控制和维护数据库。数据库系统的组成如图 7-1 所示。

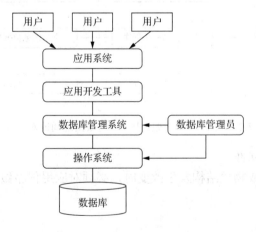

图 7-1　数据库系统的组成

7.1.2　数据管理技术的发展

数据管理是指对数据进行分类、组织、编码、存储、检索和维护，是数据处理的中心问题。随着计算机硬件和软件的发展，数据管理经历了人工管理、文件系统和数据库系统 3 个阶段。

1. 人工管理阶段

20 世纪 50 年代中期以前，计算机主要用于科学计算。当时硬件方面，外存只有纸带、卡片和磁带，没有磁盘等直接存取的存储设备；软件方面，只有汇编语言，没有操作系统和高级语言，更没有管理数据的软件；数据处理的方式是批处理。

在人工管理阶段，数据管理具有如下特点。

（1）数据不保存

计算机主要用于科学计算，一般不需要将数据长期保存，只是在计算某一课题时将数据输入，用完就撤走。

（2）数据由应用程序自己管理

没有专门的软件对数据进行管理，数据由计算或处理它的应用程序自行携带，应用程序不仅要规定数据的逻辑结构，还要设计其物理结构，包括存储结构、存取方法、输入方式等，因此程序员的负担很重。

（3）数据不共享

数据是面向应用程序的，一组数据只能对应一个程序。当多个应用程序涉及某些相同的数据时，由于必须各自定义，无法相互利用，因此程序与程序之间存在大量的冗余数据。在人工管理阶段，应用程序与数据之间是一一对应的关系。

例如，人事管理应用程序、学生管理应用程序和教务管理应用程序与其对应的数据集是一一对应的，如图 7-2 所示。

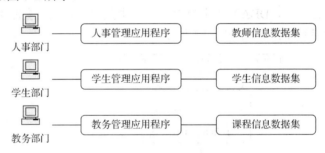

图 7-2　人工管理阶段应用程序与数据之间的对应关系

（4）数据不具有独立性

当数据的逻辑结构或物理结构发生改变时，必须对应用程序做相应的修改，这就进一步加重了程序员的负担。

2. 文件系统阶段

20 世纪 50 年代后期至 20 世纪 60 年代中期，这时硬件方面已有了磁鼓、磁盘等直接存取的存储设备；软件方面，操作系统中已经有了专门的数据管理软件，一般称为文件系统；处理方式上不仅有了批处理，还能够联机实时处理。

在文件系统阶段，数据管理具有如下特点：

（1）数据可以长期保存

数据以文件的形式进行组织，可以长期保存在外部存储器上。

（2）由文件系统管理数据

文件系统把数据组织成相互独立的数据文件，利用"按文件名访问，按记录进行存取"的管理技术，实现对文件中的记录进行查询、修改、插入和删除的操作。

在文件系统中，每个文件内部是有结构的，即文件由记录构成，每个记录由若干属性组成。例如，教师信息文件中的每个记录由教师号、姓名、性别、学院和职称等属性组成；教师信息文件、学生信息文件、选课信息文件的记录结构如图 7-3 所示。

教师信息文件的记录结构

教师号	姓名	性别	学院	职称

学生信息文件的记录结构

学号	姓名	性别	年龄	专业

选课信息文件的记录结构

学号	姓名	专业	课程号	课程名	学分	类型	教师号	教师名	学院	职称	成绩

图 7-3　教师、学生、选课信息文件的记录结构

在文件系统中，尽管记录内部有了某些结构，但记录之间没有联系，文件之间整体是无结构的，即文件之间是互相独立的，不能反映现实世界中事物之间的内在联系。例如，教师信息文件、学生信息文件和选课信息文件是独立的 3 个文件，但实际上这 3 个文件的记录之间是有联系的，如选课信息文件中的学号必须是学生信息文件中某个学生的学号。

（3）数据共享性差、冗余度大

在文件系统中，一个（或一组）文件基本对应于一个应用程序，即文件仍然是面向应用程序的。当不同的应用程序具有相同部分的数据时，也必须建立各自的文件，而不能共享相同的数据，因此数据的冗余度大，浪费存储空间。例如，选课信息文件和教师信息文件都同时存储了教师号、教师名、学院和职称。同时，由于相同数据的重复存储、各自管理，容易造成数据的不一致性，给数据的修改和维护带来了困难。

例如，人事管理应用程序、学生管理应用程序和教务管理应用程序与数据文件之间的对应关系如图 7-4 所示。

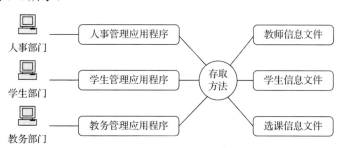

图 7-4　文件系统阶段应用程序与数据之间的对应关系

（4）数据独立性差

文件系统中的文件是为某一特定应用程序服务的，文件的逻辑结构对该应用程序来说是优化的，因此要想对现有的数据再增加一些新的应用会很困难，系统不容易扩充。一旦数据的逻辑结构改变，就必须修改应用程序。

3. 数据库系统阶段

自 20 世纪 60 年代后期以来，计算机的硬件和软件都有了进一步的发展。硬件方面，有了大容量磁盘；软件方面，传统的文件系统已不能满足人们管理数据的需求，于是能解决多用户、多应用共享数据的专门软件系统——DBMS 应运而生。

与人工管理和文件系统相比，数据库系统具有如下特点。

（1）数据结构化

数据库系统实现整体数据的结构化，这是数据库系统与文件系统的本质区别。"整体数据的结构化"是指数据库中的数据不再仅仅针对某一个应用，而是面向全组织的，不仅数据内部是结构化的，而且整体也是结构化的，数据之间是具有联系的。

例如，可以按照如图 7-5 所示的结构为人事部门、学生部门和教务部门组织学生、教师、课程和选课数据。这种数据组织方式为各部门的应用提供了必要的记录，在描述数据时不仅描述了数据本身，还描述了数据之间的联系，使整体数据结构化了。

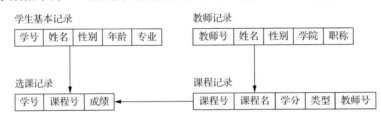

图 7-5　数据结构化

（2）数据的共享性高、冗余度低

数据库系统从整体角度看待和描述数据，数据不再面向某个应用而是面向整个系统，因此数据可以被多个用户、多个应用程序共享使用。数据共享不仅可以大大减少数据冗余、节约存储空间，还可以避免数据之间的不相容性与不一致性。

（3）数据独立性高

数据独立性是指数据与应用程序之间彼此独立，包括数据的物理独立性和数据的逻辑独立性。

物理独立性是指用户的应用程序与存储在磁盘上的数据库中的数据是相互独立的。当数据的物理存储结构改变时，通过 DBMS 的相应改变可以保持数据的逻辑结构不变，从而应用程序不用改变。

逻辑独立性是指用户的应用程序与数据库的逻辑结构是相互独立的。当数据的总体逻辑结构改变时，通过 DBMS 的相应改变可以保持数据的局部逻辑结构不变，应用程序是依据数据的局部逻辑结构编写的，所以应用程序不必改变。

由数据和程序的独立性可知，可以将数据的定义和描述从应用程序中分离出来。数据的存取由 DBMS 管理，用户不必考虑存取路径细节，从而简化了应用程序的编写，大大减少了应用程序的维护和修改工作量，减轻了程序员的负担。

（4）数据由 DBMS 统一管理和控制

例如，人事管理应用程序、学生管理应用程序和教务管理应用程序与数据的对应关系如图 7-6 所示。

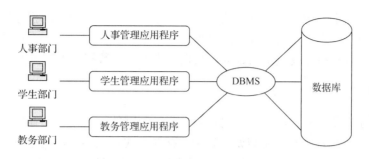

图 7-6 数据库系统阶段程序和数据之间的对应关系

7.1.3 数据库系统的三级模式结构

从 DBMS 角度来看，数据库系统通常采用三级模式结构，这是 DBMS 内部的体系结构。数据库系统的三级模式结构是指数据库系统是由外模式、模式和内模式三级构成的，如图 7-7 所示。

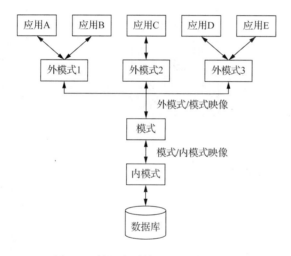

图 7-7 数据库系统的三级模式结构

1. 模式

模式又称为概念模式或逻辑模式，对应于概念级，它是数据库中全体数据的逻辑结构和特征的描述，是所有用户的公共数据视图，综合了所有用户的需求。一个数据库只有一个模式。定义模式时不仅要定义数据的逻辑结构，如数据记录由哪些数据项构成、数据项的名称、类型、取值范围，还要定义数据之间的联系、定义与数据有关的安全性和完整性要求。

2. 外模式

外模式又称为子模式或用户模式，对应于用户级，它是数据库用户能够看见和使用的局部数据的逻辑结构和特征的描述，是与某一应用有关的数据的逻辑表示。

外模式是从模式导出的一个子集，包含模式中允许特定用户使用的那部分数据。一个数据库可以有多个外模式。不同的用户在应用需求、看待数据的方式等方面存在差异，则其外模式描述就是不同的。同一外模式也可以为某一用户的多个应用程序所使用，但一个应用程序只能使用一个外模式。外模式是保证数据库安全性的一个有力措施，每个用户只能看见和访问所对应的外模式中的数据，数据库中的其余数据是不可见的。

3. 内模式

内模式又称为存储模式，对应于物理级，它是数据的物理结构和存储方式的描述，是数据在数据库内部的表示方式。例如，记录的存储方式是堆存储，还是按照某个（些）属性值的升（降）序存储，还是按照属性值聚簇存储；索引按照什么方式组织，是 B+树索引，还是 hash 索引；数据是否压缩存储，是否加密；等等。一个数据库只有一个内模式。

如图 7-8 所示为一个数据库的三级模式实例。其中，"教师文件"、"课程文件"、"学生文件"和"成绩文件"构成内模式，表示数据的物理结构；"教师表"、"课程表"、"学生表"和"成绩表"构成模式；从模式中导出的若干子集"授课信息"、"选课信息"和"课程平均成绩"构成外模式。

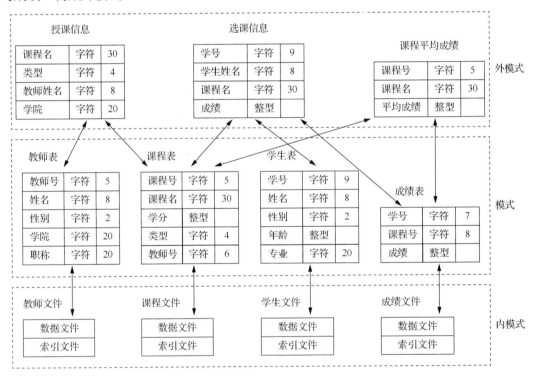

图 7-8　数据库的三级模式实例

对于 Access 而言，在数据库的三级模式结构中，索引对应的是内模式部分，基本表对应的是模式部分，查询对应的是外模式部分。对于 SQL Server 而言，索引对应的是内模式部分，基本表对应的是模式部分，视图对应的是外模式部分。

7.1.4　数据库系统的两级映像功能

数据库的三级模式是对数据的 3 个抽象级别，它把数据的具体组织留给 DBMS 来管理，这样就使用户能逻辑地处理数据,而不必关心数据在计算机中的具体表示方式与存储方式。为了能够在系统内部实现这 3 个抽象层次的联系和转换,DBMS 在这三级模式之间提供了两级映像:外模式/模式映像和模式/内模式映像。

这两级映像保证了数据库系统中的数据能够具有较高的逻辑独立性和物理独立性。数据与程序之间的独立性,使数据的定义和描述可以从应用程序中分离出来。另外,由于数据的存取由 DBMS 管理,用户不必考虑存取路径等细节,从而简化了应用程序的编写。

1. 外模式/模式映像

模式描述的是数据的全局逻辑结构,外模式描述的是数据的局部逻辑结构。同一个模式可以有任意多个外模式。对于每一个外模式,数据库系统都有一个外模式/模式映像,它定义了该外模式与模式之间的对应关系。这些映像的定义通常包含在各自外模式的描述中。

例如,如图 7-8 所示,同一模式有 3 个外模式,其中外模式"授课信息"通过外模式/模式映像与模式中的"教师表"和"课程表"联系起来。

当模式发生改变时(如增加新的关系、新的属性、改变属性的数据类型等),由数据库管理员对各个外模式/模式映像进行相应的改变,可以使外模式保持不变。应用程序是依据外模式编写的,从而应用程序不必修改,保证了数据与应用程序的逻辑独立性,简称数据的逻辑独立性。

例如,如图 7-8 所示,假设某应用程序的功能是查看教师的授课情况,则该应用程序可根据外模式"授课信息"进行数据操作,当模式发生改变(如学生表中增加了一个属性"家庭地址"),只需要改变外模式/模式映像,就可以使外模式"授课信息"保持不变,对应的应用程序不必修改。

2. 模式/内模式映像

数据库中只有一个模式,也只有一个内模式,因此模式/内模式映像是唯一的,它定义了数据全局逻辑结构与存储结构之间的对应关系。当数据库的存储结构改变了(如选用了另一种存储结构),则由数据库管理员对模式/内模式映像进行相应的改变,可以使模式保持不变,从而应用程序也不必改变,保证了数据与程序的物理独立性,简称数据的物理独立性。

7.2　数据模型

为了方便研究问题,人们通常会通过建立模型来模拟和抽象现实世界中某个对象的特征,如地图、楼盘沙盘、航空模型、汽车模型等。数据模型(data model)也是一种模型,它是现实世界数据特征的抽象。在数据库中用数据模型这个工具来抽象、表示和处理现实世界中的数据和信息。通俗地讲,数据模型就是现实世界的模拟。

由于计算机不能直接处理现实世界中的具体事物,因此人们必须事先将具体事物转换为计算机能够处理的数据。也就是说,首先将现实世界的客观事物及联系抽象成信息世界的概念模型,然后抽象成计算机世界的数据模型。从客观事物到信息、再到数据,是人们

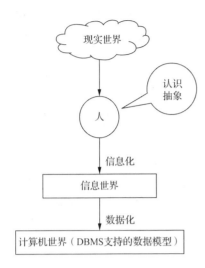

图 7-9 现实世界的抽象过程

对现实世界认识和描述的过程，这个过程经历了 3 个世界，即现实世界、信息世界和计算机世界，如图 7-9 所示。

（1）现实世界

现实世界是由各种客观事物组成的，事物与事物之间存在着一定的联系，这种联系是客观存在的。例如，图书和读者之间存在读者借阅图书的联系；教师、学生和课程之间存在着教师为学生授课、学生选修课程并取得成绩的联系。

（2）信息世界

信息世界又称为概念世界，是现实世界在人们头脑中的反映，是对现实世界中客观事物及事物之间联系的抽象描述。例如，一个教师可以用教师号、姓名、性别、职称等来表征；一门课程可以用课程号、课程名、学分等来表征。

（3）计算机世界

计算机世界又称为数据世界、机器世界，是将信息世界中的信息数据化后存入计算机系统。

数据模型应满足 3 方面的要求：能比较真实地模拟现实世界；容易为人所理解；便于在计算机上实现。根据模型应用的不同目的，可以将模型分为概念模型、逻辑模型和物理模型。

概念模型又称为信息模型，它是按用户的观点来对数据和信息进行建模，主要用于数据库设计。逻辑模型主要包括层次模型、网状模型和关系模型，它是按照计算机系统的观点对数据建模，主要用于 DBMS 的实现。物理模型是对数据最底层的抽象，它描述数据在系统内部的表示方式和存取方法，在磁盘上的存储方式和存取方法是面向计算机系统的，物理模型的具体实现是 DBMS 的任务，一般用户不必考虑物理级的细节。

7.2.1 概念模型

概念模型是现实世界到计算机世界的一个中间层次，是对现实世界中事物及事物之间联系的抽象描述，与具体的 DBMS 无关，它是数据库设计人员进行数据库设计的有力工具，也是数据库设计人员与用户之间交流的语言。概念模型应该具有较强的语义表达能力，能够方便、直接地表达应用中的各种语义知识，并且易于用户理解。

1. 基本概念

概念模型主要所涉及如下基本概念。

（1）实体

客观存在并可相互区别的事物称为实体。实体可以是具体的人、事、物，也可以是抽象的概念或联系。例如，一个教师、一个学生、一门课程、学生的一次选课等都是实体。

（2）属性

实体所具有的某一特性称为属性。一个实体可以由若干个属性值来描述。例如，学生实体可以由学号、姓名、性别、年龄和专业等属性组成。例如，(2019001，王芳，女，19，计算机）这些属性值组合起来表征了一个学生。

（3）码

能唯一标识实体的属性集称为码。例如，学号属性是学生实体的码。

（4）域

属性的取值范围称为该属性的域。例如，性别的域为（男、女）。

（5）实体型

实体型是指具有相同属性的实体所具有的共同特性，用实体名及其属性名集合来表示。例如，学生实体型可以表示为学生（学号，姓名，性别，年龄，专业）。

（6）实体集

同一个实体型的实体集合称为实体集。例如，每一个学生是一个学生实体，全体学生就构成了学生实体集。

（7）联系

现实世界中事物之间的联系在信息世界中反映为实体之间的联系。实体之间的联系通常是指实体集之间的联系。两个实体之间的联系可分为以下 3 种。

1）一对一联系（1：1）。如果对于实体集 A 中的每一个实体，实体集 B 中有且只有一个实体与之联系，反之亦然，则称实体集 A 与实体集 B 具有一对一联系。例如，若一个班级只有一个班主任，一个班主任只能管理一个班级，则班主任与班级之间的联系就是一对一的联系。

2）一对多联系（1：m）。如果对于实体集 A 中的每一个实体，实体集 B 中有多个实体与之联系，反之，对于实体集 B 中的每一个实体，实体集 A 中至多只有一个实体与之联系，则称实体集 A 与实体集 B 具有一对多联系。例如，若一个教师可以讲授多门课程，一门课程只能由一个教师讲授，则教师与课程之间的联系就是一对多的联系。

3）多对多联系（m：n）。如果对于实体集 A 中的每一个实体，实体集 B 中有多个实体与之联系，而对于实体集 B 中的每一个实体，实体集 A 中也有多个实体与之联系，则称实体集 A 与实体集 B 具有多对多联系。例如，若一个学生可选修多门课程，一门课程可由多个学生选修，则学生与课程之间的联系就是多对多的联系。

2. E-R 模型

概念模型的表示方法很多，其中最为著名、最为常用的就是实体-联系方法（entity relationship approach），该方法用 E-R 图来描述概念模型，E-R 方法也称为 E-R 模型。E-R 模型有 3 个要素：实体、属性和联系。

1）实体：用矩形框表示，框内标注实体的名称。

2）属性：用椭圆形表示，并用无向边将实体和属性连接起来。

3）联系：用菱形框表示，框内标注联系的名称，并用无向边将菱形框分别与有关实体相连，并在无向边旁标注联系的类型（1：1、1：m、m：n）。如果实体间的联系也有属性，则把属性和菱形框用无向边连接起来。

例 7-1 有一个简单的选课管理系统，包含学生和课程两个实体，其中一个学生可以选修多门课程，每门课程可以由多个学生选修，选修的每门课有一个成绩。该系统的 E-R

模型如图 7-10 所示。

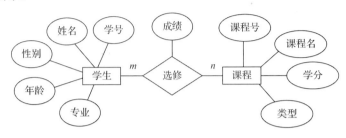

图 7-10　选课管理系统的 E-R 图

7.2.2　逻辑模型

概念模型是对现实世界中事物及事物之间联系的抽象描述，是一个独立于计算机的概念级的模型。逻辑模型（也称为数据模型）是将信息世界中的实体及实体间的联系进一步抽象为便于计算机处理的方式。任何一个 DBMS 都是基于某种数据模型的，常用的数据模型有层次模型、网状模型和关系模型。

1．层次模型

层次模型是数据库系统中最早出现的数据模型，层次数据库系统采用层次模型作为数据的组织方式。层次模型用树形结构来表示各类实体及实体间的联系。现实世界中的许多实体之间的联系本来就呈现出一种很自然的层次关系，如组织机构、家族关系等。

在层次模型中有且只有一个结点没有双亲结点，称为根结点；根以外的其他结点有且只有一个双亲结点。每个结点表示一个记录类型，记录之间的联系用结点之间的连线（有向边）表示，这种联系是父子之间的一对多的联系，这使层次数据库系统只能处理一对多的实体联系。每个记录类型可包含若干个字段，记录类型描述的是实体，字段描述的是实体的属性。

例 7-2　高校各学院包括多个系，每个系有多个教研室和许多学生，每个教研室有多个教师，用层次模型（树形结构）表示实体和实体间的联系，如图 7-11 所示。

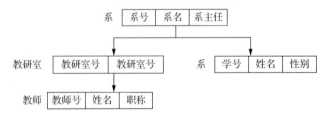

图 7-11　院系层次模型

2．网状模型

网状数据库系统采用网状模型作为数据的组织方式。网状数据模型的典型代表是 DBTG 系统，也称 CODASYL 系统。网状模型是用图形结构来表示各类实体及实体间的联系。网状模型比层次模型更具有普遍性，它允许多个结点没有双亲结点，并允许结点有多个双亲结点，此外，还允许两个结点之间有多种联系（称为复合联系）。

与层次模型一样，网状模型中的每个结点表示一个记录类型（实体），每个记录类型可以包含多个字段（实体的属性），结点间的连线（有向边）表示记录类型（实体）之间的一对多的父子联系。

例 7-3　一个学生可以选修多门课程，每门课程可由多个学生选修，学生与课程之间是多对多的联系，用网状模型表示如图 7-12 所示。

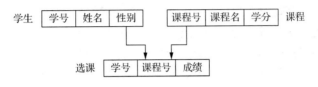

图 7-12　学生选课网状模型

3. 关系模型

关系数据库系统采用关系模型作为数据的组织方式。关系模型使用二维表格来表示各类实体及实体间的联系。关系模型是建立在严格的数学概念基础上的，是目前最重要的一种数据模型。20 世纪 80 年代以来，计算机厂商推出的 DBMS 都支持关系模型。

下面以表 7-1 和表 7-2 为例介绍关系模型中的一些术语，以及关系模型的完整性约束。

表 7-1　学生

学号	姓名	性别	年龄	专业
201910001	王敏	女	18	数学
201910002	黄一鸣	男	19	数学
201920001	周琳	女	18	电信
201930001	卢玉川	男	19	计算机

表 7-2　选课

学号	课程号	成绩
201910001	C0001	60
201910001	C0002	90
201910002	C0001	95
201920001	C0003	85

（1）基本术语

1）关系：一个关系就是一个二维表格，每个关系都有一个关系名。例如，表 7-1 就是一个关系，关系名是学生；表 7-2 也是一个关系，关系名是选课。

2）元组：表中的一行为一个元组。例如，学生关系共有 4 个元组。

3）属性：也称为字段，表中的一列为一个属性，给每一个属性起一个名称，即属性名。例如，学生关系有学号、姓名、性别、年龄和专业 5 个属性。

4）分量：元组中的一个属性值。例如，学生关系中，属性值"黄一鸣"是一个分量，属性值"数学"也是一个分量。

5）域：属性的取值范围。例如，学生关系中性别属性的域是（男，女），专业属性的域是该学校所有专业的集合。

6）关系模式：是对关系的描述，一般表示为关系名（属性1，属性2，…，属性n）。例如，学生关系的关系模式是学生（学号，姓名，性别，年龄，专业）。

7）候选码：若关系中的某个属性（或属性组合）的值能唯一地标识每个元组，则称该属性（或属性组合）为候选码。候选码可以有多个。例如，在学生关系中，如果没有重名的学生，则学号和姓名都是候选码。在选课关系中，（学号，课程号）为候选码。

8）主码或主键：若一个关系有多个候选码，则选定其中一个为主码或主键（primary key）。例如，在学生关系中，可以选择学号作为主码，当然，在姓名也是候选码的情况下，也可以选择姓名作为主码。但是，一个关系的主码只能有一个。在选课关系中，（学号，课程号）为主码。

9）主属性和非主属性：在一个关系中，包含在任何候选码中的各个属性称为主属性；不包含在任何候选码中的属性称为非主属性。例如，在学生关系中，学号和姓名是主属性，性别、年龄和专业是非主属性。在选课关系中，学号和课程号是主属性，成绩是非主属性。

10）外码或外键：有两个关系 R 和 S，若某个属性（或属性组合）F 不是关系 R 的主码或只是主码的一部分，但它却是关系 S 的主码，则称属性（或属性组合）F 为关系 R 的外码或外键（foreign key）。关系 R 为参照关系，关系 S 为被参照关系。例如，选课关系中的学号属性不是该关系的主码（该关系的主码是学号和课程号的组合），只是主码的一部分，但它却是学生关系的主码，因此，学号是选课关系的外码，选课关系为参照关系，学生关系为被参照关系，通过学号属性可以使学生关系与选课关系建立联系。

（2）关系的完整性

数据完整性是指关系模型中数据的正确性和一致性。关系模型允许定义 3 类数据约束，即实体完整性约束、参照完整性约束和用户自定义完整性约束。其中，实体完整性和参照完整性是关系模型必须满足的完整性约束条件，应该由关系系统自动支持。

1）实体完整性。实体完整性规则：若属性 A 是关系 R 的主属性，则 A 不能取空值。空值不是 0，也不是空字符串，而是"不知道"或"不确定"，是一个未知值。

一个关系通常对应现实世界中的一个实体集，如学生关系对应学生实体集，学生关系中的每个元组对应现实世界中的每个学生。现实世界中的每个实体是可区分的，即它们具有某种唯一性标识，如现实世界中的每个学生都是独立的个体，是可区分的。关系模型以主码来标识每个元组，如果主码中的属性（即主属性）取空值，就说明存在某个不可标识的实体，即存在不可区分的实体，这与现实世界中的每个实体是可区分的矛盾，因此这个规则称为实体完整性规则。

例如，学生关系的主码是学号，则学号属性不能取空值。

如果主码由多个属性组成，则主码中的每个属性（即主属性）都不能取空值。

例如，选课关系的主码是（学号，课程号），则学号和课程号都不能取空值。

2）参照完整性。参照完整性规则：若属性（或属性组）F 是关系 R 的外码，它与关系 S 的主码 K 相对应（关系 R 和 S 不一定是不同的关系），则对于 R 中的每个元组在 F 上的取值，或等于 S 中某个元组的主码值，或取空值。

参照完整性规则定义了外码与主码之间的引用规则。

例 7-4　有学生关系和专业关系，其中主码用下划线标识。

学生（<u>学号</u>，姓名，性别，年龄，专业号）和专业（<u>专业号</u>，专业名）。

"专业号"属性是学生关系的外码，它与专业关系的主码"专业号"相对应，专业关系是被参照关系，学生关系为参照关系。学生关系中的每个元组在"专业号"属性上的取值必须为空值（表示尚未给该学生分配专业）或专业关系中"专业号"已经存在的值（表示该学生不可能分配到一个不存在的专业中）。

3）用户自定义完整性。用户自定义完整性反映某一具体应用所涉及的数据必须满足的语义要求。例如，限定属性的取值范围，如学生的选课成绩取值必须在 0～100 范围内，学生性别的取值只能取男或女；限定属性的取值必须唯一，如课程关系（课程号，课程名，学分，教师号）的课程名取值要求不能重复。

7.3　关　系　运　算

关系模型是建立在集合代数的基础上的，关系是由元组构成的集合，可以通过关系的运算来表达查询要求，而关系运算是关系数据操纵语言的一种传统表达方式，是一种抽象的查询语言。关系运算的运算对象和运算结果都是关系。

关系代数的运算分为两大类：传统的集合运算和专门的关系运算。其中，传统的集合运算包括并（∪）、交（∩）、差（–）和笛卡儿积（×），专门的关系运算包括选择（σ）、投影（∏）和连接（⋈）。

7.3.1　传统的集合运算

传统的集合运算包括并（∪）、交（∩）、差（–）和笛卡儿积（×）4 种运算。其中，并、交、差运算要求参与运算的两个关系具有相同的属性个数，且相应的属性取自同一个域。

假设关系 R 和 S 均为 n 目关系（即属性个数为 n），且相应的属性取自同一个域，则并、交、差运算如下。

（1）并运算

关系 R 与 S 的并运算记为 $R \cup S$，运算结果仍是 n 目关系，由属于 R 或属于 S 的元组组成，但要删除重复的元组。

（2）交运算

关系 R 与 S 的交运算记为 $R \cap S$，运算结果仍是 n 目关系，由属于 R 且属于 S 的元组组成。

（3）差运算

关系 R 与 S 的差运算记为 $R–S$，运算结果仍是 n 目关系，由属于 R 但不属于 S 的元组组成。

例 7-5　已知关系 R 和关系 S，如表 7-3 和表 7-4 所示，求 $R \cup S$、$R \cap S$ 和 $R–S$。

表 7-3　关系 R

A	B	C
a	c	2
c	d	3
d	E	4

表 7-4　关系 S

A	B	C
a	b	1
c	d	3
b	d	5

关系 R 与关系 S 的并、交、差运算结果分别如表 7-5～表 7-7 所示。

表 7-5　R∪S

A	B	C
a	c	2
c	d	3
d	e	4
a	b	1
b	d	5

表 7-6　R∩S

A	B	C
c	d	3

表 7-7　R-S

A	B	C
a	c	2
d	e	4

（4）广义笛卡儿积

广义笛卡儿积不要求参与运算的两个关系具有相同的属性个数。

设关系 R 有 r 个属性，m 个元组；关系 S 有 s 个属性，n 个元组，则关系 R 与 S 的笛卡儿积运算记为 R×S，运算结果有 r+s 个属性，m×n 个元组，其中元组的前 r 列是关系 R 的一个元组，后 s 列是关系 S 的一个元组。

实际操作时，可以从 R 的第一个元组开始，依次与 S 的每一个元组组合，然后对 R 的下一个元组进行同样的操作，直到 R 的最后一个元组也进行完同样的操作为止，即可得到 R×S 的全部元组。

例 7-6　已知关系 R 和关系 S，分别如表 7-8 和表 7-9 所示，求 R×S。

表 7-8　关系 R

C	D	E
a	b	1
c	d	2
e	f	3

表 7-9　关系 S

A	B
a	d
c	e

关系 R 与关系 S 的笛卡儿积 R×S 运算的结果如表 7-10 表示。

表 7-10　R×S

C	D	E	A	B
a	b	1	a	d
a	b	1	c	e
c	d	2	a	d
c	d	2	c	e
e	f	3	a	d
e	f	3	c	e

7.3.2　专门的关系运算

专门的关系运算包括选择（σ）、投影（$\prod$）和连接（$\bowtie$）。

（1）选择

选择运算就是从指定的关系中挑选出满足给定条件的元组构成新的关系，是从行的角度进行的运算。

例 7-7　对于表 7-1 所示的学生关系，利用选择运算将性别为"女"、专业为"数学"的元组筛选出来，组成新的关系，则关系代数表达式为 $\sigma_{性别='女'\wedge专业='计算机'}$(学生)，运算结果如表 7-11 所示。

表 7-11　选择运算结果

学号	姓名	性别	年龄	专业
201910001	王敏	女	18	数学

（2）投影

投影运算就是从指定的关系中挑选出若干属性列构成新的关系（注意要删除重复的元组），是从列的角度进行的运算。

例 7-8　对于表 7-1 所示的学生关系，利用投影运算将学号、姓名和专业属性提取出来，组成新的关系，则关系代数表达式为 $\prod_{学号,姓名,专业}$(学生)，运算结果如表 7-12 所示。

表 7-12　投影运算结果

学号	姓名	专业
201910001	王敏	数学
201910002	黄一鸣	数学
201920001	周琳	电信
201930001	卢玉川	计算机

（3）连接

连接运算就是从两个关系的笛卡儿积中选取满足给定条件的元组，形成一个新的关系。常用的连接运算有等值连接和自然连接。

等值连接是从关系 R 和关系 S 的笛卡儿积中选择 A、B 属性值相等的那些元组，关系代数表达式为 $R\underset{A=B}{\bowtie}S$。其中，$A$ 和 B 分别为关系 R 和关系 S 上个数相等且可比的属性组。

自然连接是一种特殊的等值连接，它要求两个关系中进行比较的分量必须是相同的属性组，并且要在结果中把重复的属性去掉。

关系 R 和关系 S 的自然连接的关系代数表达式为 $R\bowtie S$。

例 7-9　对于表 7-1 所示的学生关系和表 7-2 所示的选课关系，学生关系和选课关系的等值连接（连接条件是学生关系的学号属性与选课关系的学号属性相同）关系代数表达式为 $\underset{\text{学生.学号=选课.学号}}{\text{学生}\bowtie\text{选课}}$，等值连接结果如表 7-13 所示。

表 7-13　等值连接结果

学号	姓名	性别	年龄	专业	学号	课程号	成绩
201910001	王敏	女	18	数学	201910001	C0001	60
201910001	王敏	女	18	数学	201910001	C0002	90
201910002	黄一鸣	男	19	数学	201910002	C0001	95
201920001	周琳	女	18	电信	201920001	C0003	85

例 7-10　对于表 7-1 所示的学生关系和表 7-2 所示的选课关系，学生关系和选课关系的自然连接关系代数表达式为学生 $\bowtie$ 选课，自然连接结果如表 7-14 所示。

表 7-14　自然连接结果

学号	姓名	性别	年龄	专业	课程号	成绩
201910001	王敏	女	18	数学	C0001	60
201910001	王敏	女	18	数学	C0002	90
201910002	黄一鸣	男	19	数学	C0001	95
201920001	周琳	女	18	电信	C0003	85

7.4　数据库系统的开发过程

在数据库领域，常把使用了数据库技术的各类系统统称为数据库应用系统。例如，图书管理系统、办公自动化系统、教务管理系统等都可以称为数据库应用系统。

　　数据库设计是数据库应用系统开发的核心，一个好的数据库结构是应用程序的基础。数据库设计是指对于一个给定的应用环境，结合具体的用户需求，构造合适的数据库模式，建立数据库及其应用系统，使之能够有效地存储和管理数据、满足用户的信息管理需求（在数据库中应该存储和管理哪些数据）和数据操作要求（对数据进行哪些操作，如增加、修改、删除、查询和统计等，对操作的响应时间、处理方式是批处理还是联机处理）。

　　数据库设计是一项涉及诸多学科的综合性技术，要求数据库设计人员具备计算机基础知识、数据库基础知识、数据库设计方法、软件工程思想、程序设计方法及应用领域的知识。

　　按照规范化设计的方法，可以将数据库设计分为 6 个阶段：需求分析、概念结构设计、逻辑结构设计、物理结构设计、数据库的实施、数据库的运行和维护。设计一个完善的数据库应用系统往往是这 6 个阶段的不断反复。

　　下面以教学管理系统为例，讲述数据库设计过程中各阶段的任务。

7.4.1　需求分析

　　需求分析是数据库设计的第一步，也是整个设计过程中最困难、最耗时的一步。需求分析若做得不好，可能会导致整个数据库设计返工重做。

　　（1）需求分析的任务

　　需求分析的主要任务是通过详细调查现实世界要处理的对象（组织、部门、企业等），充分了解原系统的运行情况，明确用户的各种需求，在此基础上确定新系统的功能。

　　调查的重点包括用户的信息管理需求、数据处理需求、安全性与完整性需求等。

　　（2）需求分析的方法

　　调查的过程中，在用户的积极参与和配合下，可以根据不同的问题和条件，采用不同的调查方法。常用的调查方法有跟班作业、开调查会、请专人介绍、找专人询问、设计调查表并请用户填写、查阅与原系统有关的记录等。

　　调查了解了用户的需求之后，还需要进一步分析和表达用户的需求。用于描述需求分析的方法很多，其中结构化分析方法（structured analysis，SA）是最简单实用的方法。该方法从最上层的系统组织机构入手，采用自顶向下、逐层分解的方式分析系统，使用数据流图（data flow diagram，DFD）和数据字典（data dictionary，DD）来描述系统需求。

　　（3）数据流图

　　数据流图用于描述数据和处理的关系。数据流图的基本符号有 4 种，如图 7-13 所示。

外部实体　　　　处理　　　　数据流　　　　数据存储

图 7-13　数据流图的基本符号

　　1）外部实体：是指系统外部环境中的实体，可以是人员、组织或其他系统等。

　　2）处理：是对数据进行的操作或处理。

　　3）数据流：被处理的数据及其流向。

　　4）数据存储：数据暂时存储或永久保存的地方。

例 7-11 教学管理系统的数据流图如图 7-14 所示。学生可以选课，也可以查看自己所选修课程的成绩；教务员可以安排老师授课；教师可以输入学生的考试成绩。

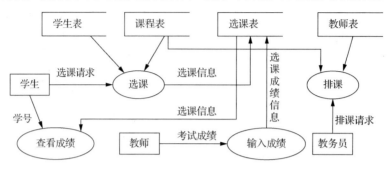

图 7-14 教学管理系统的数据流图

（4）数据字典

数据流图描述了数据和处理的关系，数据字典则是对数据流图的注释和重要补充，用于描述数据流图中的数据流、处理和数据存储等。数据字典通常包括数据项、数据结构、数据流、数据存储和处理过程 5 个部分。

例 7-12 以图 7-14 所示的数据流图为例，下面分别介绍数据项、数据结构、数据流、数据存储和处理过程。

1）数据项是指不可再分解的数据单位，如"学号"数据项。

① 数据项：学号。

② 含义说明：唯一标识每个学生。

③ 别名：学生编号。

④ 数据类型：字符型。

⑤ 长度：9。

⑥ 取值含义：前 4 位表示入学年份，第 5～第 7 位表示班级编号，最后两位表示班内序号。

2）数据结构是由若干个数据项组成的。例如，"学生"数据结构由学号、姓名、性别、年龄和专业 5 个数据项组成。

① 数据结构：学生。

② 含义说明：定义了一个学生的有关信息。

③ 组成：学号、姓名、性别、年龄、专业。

3）数据流可以是数据项，也可以是数据结构，它表示某一处理过程中数据在系统内传输的路径。例如，"选课信息"数据流。

① 数据流名：选课信息。

② 含义说明：哪些学生选修了哪些课程。

③ 数据流来源："选课"处理。

④ 数据流去向："选课表"数据存储。

⑤ 组成：学号、课程号。

⑥ 平均流量：每天 20 个。

⑦ 高峰期流量：每天 300 个。

4）数据存储是处理过程中数据存放的地方，也是数据流的来源和去向之一。例如，"选课表"数据存储。

① 数据存储名：选课表。

② 含义说明：记录选课学生的学号、所选课程的课程号及成绩。

③ 流入的数据流：选课信息、选课成绩信息。

④ 流出的数据流：选课信息。

5）处理过程是数据流图中功能块的说明。例如，"选课"处理。

① 处理过程名：选课。

② 含义说明：学生选修课程。

③ 输入数据流：选课请求（包括学号和课程号）。

④ 输出数据流：选课信息。

⑤ 处理：学生可从公布的选修课程单中选修自己想要选课的课程，要求保证选修课的上课时间不能与该生其他课的时间冲突。

7.4.2　概念结构设计

概念结构设计的任务是将需求分析得到的用户需求抽象为信息世界（即概念模型）的过程，是整个数据库设计的关键。概念模型常用 E-R 图来描述。

例 7-13　通过分析教学管理系统的需求（用数据流图和数据字典描述）可知，该系统涉及的实体有学生、课程和教师。其中，每个学生可选修多门课程，每门课程可被多个学生选修，学生选修的每门课程有一个成绩；每个教师可以讲授多门课程，每门课程只能由一个教师讲授。该系统的 E-R 模型如图 7-15 所示。

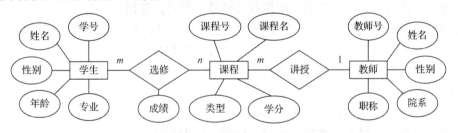

图 7-15　教学管理系统的 E-R 图

7.4.3　逻辑结构设计

逻辑结构设计的任务是将概念结构阶段产生的 E-R 图转换为某个具体的 DBMS 所支持的数据模型，如网状模型、层次模型和关系模型。目前数据库应用系统大多采用支持关系模型的 DBMS，所以这里只讨论如何将 E-R 图转换为关系模型。

E-R 图向关系模型的转换实际上就是将实体、实体的属性和实体之间的联系转换为关系模式，同时确定这些关系模式的属性和码。转换规则如下。

1）一个实体转换为一个关系模式。实体的属性就是关系的属性，实体的码就是关系的码。

例 7-14 如图 7-15 所示的 E-R 图中共有 3 个实体，每个实体转换为一个关系模式。例如，可以将学生实体转换为学生关系，关系模式为学生（<u>学号</u>，姓名，性别，年龄，专业）。同理，课程实体可以转换为课程关系，教师实体可以转换为教师关系。

2）一个 1∶1 联系可以转换为一个独立的关系模式，也可以与任意一端实体对应的关系模式合并。

① 转换为一个独立的关系模式。转换后的关系模式的属性包括与该联系相连的各实体的码及联系本身的属性，每个实体的码均是该关系的候选码。

② 与某一端实体对应的关系模式合并。合并后的关系模式的属性包括该关系模式自身的属性和另一个关系模式的码及联系本身的属性，合并后关系的主码不变。

例 7-15 如图 7-16 所示的 E-R 图中，班级实体与班长实体之间是 1∶1 的联系，请将该 E-R 图转换为关系模式。

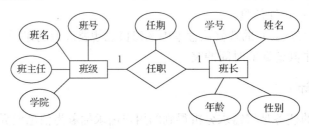

图 7-16 1∶1 联系的 E-R 图

① 若将 1∶1 联系转为一个独立的关系模式，则可转为如下 3 个关系模式。

a. 班级（<u>班号</u>，班名，班主任，学院）。

b. 班长（<u>学号</u>，姓名，性别，年龄）。

c. 任职（<u>班号</u>，学号，任期）或任职（班号，<u>学号</u>，任期）。

② 若将 1∶1 联系与某一端实体对应的关系模式合并，则可转为如下 2 个关系模式。

a. 班级（<u>班号</u>，班名，班主任，学院，学号，任期）。

b. 班长（<u>学号</u>，姓名，性别，年龄）。

或者转为如下 2 个关系模式。

a. 班级（<u>班号</u>，班名，班主任，学院）。

b. 班长（<u>学号</u>，姓名，性别，年龄，班号，任期）。

3）一个 1∶m 联系可以转换为一个独立的关系模式，也可以与 m 端实体对应的关系模式合并。

① 转换为一个独立的关系模式。转换后的关系模式的属性包括与该联系相连的各实体的主码及联系本身的属性，关系的主码为 m 端实体的主码。

② 与 m 端实体对应的关系模式合并。合并后的关系模式的属性包括 m 端关系模式自身的属性加上 1 端关系的主码及联系本身的属性，合并后关系的主码不变。

例 7-16 如图 7-15 所示的 E-R 图中，教师实体和课程实体是 1∶m 的联系。

① 若将 1∶m 联系转换为一个独立的关系模式，则教师实体、课程实体及两者间 1∶m 的联系可转换为如下 3 个关系模式。

a. 教师（<u>教师号</u>，姓名，性别，院系，职称）。

b. 课程（<u>课程号</u>，课程名，学分，类型）。

c. 讲授（<u>教师号</u>，<u>课程号</u>）。

② 若将 1∶m 联系与 m 端实体对应的关系模式合并，则教师实体、课程实体及两者间 1∶m 的联系可转换为如下 2 个关系模式。

a. 教师（<u>教师号</u>，姓名，性别，院系，职称）。

b. 课程（<u>课程号</u>，课程名，学分，类型，教师号）。其中，"教师号"是外码，通常用波浪线标识。

4）一个 m∶n 联系必须独立转换为一个关系模式。转换后的关系模式的属性包括与该联系相连的各实体的主码及联系本身的属性，关系的主码为各实体的主码的组合。

例 7-17　如图 7-15 所示的 E-R 图中，学生实体和课程实体是 m∶n 的联系，则学生实体、课程实体及两者间 m∶n 的联系可转换为如下 3 个关系模式。

a. 学生（<u>学号</u>，姓名，性别，年龄，专业）。

b. 课程（<u>课程号</u>，课程名，学分，类型）。

c. 选修（<u>学号</u>，<u>课程号</u>，成绩），其中，"学号"是外码，"课程号"也是外码。

综上所述，根据 E-R 图向关系模型的转换规则可知，图 7-15 所示的教学管理系统的 E-R 图可以转换为如下 4 个关系模式。

1）学生（<u>学号</u>，姓名，性别，年龄，专业）。

2）教师（<u>教师号</u>，姓名，性别，院系，职称）。

3）课程（<u>课程号</u>，课程名，学分，类型，教师号）。

4）选修（<u>学号</u>，课程号，成绩）。

7.4.4　物理结构设计

数据库在物理设备上的存取方法与存储结构称为数据库的物理结构，它依赖于指定的 DBMS。物理结构设计的任务是设计出优化的物理结构，使数据库上运行的各种事务响应时间短、存储空间利用率高。

存取方法是指快速获取数据库中数据的技术。常用的存取方法有 B+树索引方法、聚簇方法和 hash 方法。例如，在教学管理系统中，如果学生经常需要按照课程名来查询课程信息，则设计数据库的物理结构时可以考虑在课程表上按课程名属性建立索引。

存储结构设计的目的是确定如何在磁盘上存储数据文件、索引文件等，使空间利用率最大、数据操作的开销最小。例如，对于有多个磁盘的计算机，可以考虑将表和索引存放在不同的磁盘上，当查询数据时，由于多个磁盘驱动器可以并行工作，从而提高了查询效率。此外，DBMS 一般提供一些系统配置变量和存储分配参数（如数据块的大小、缓冲区的大小等），可供设计人员和数据库管理员对数据库进行物理优化。

7.4.5　数据库的实施

数据库实施的任务是根据逻辑结构设计和物理结构设计的结果，在计算机上建立起实际的数据库结构、加载数据、应用程序的调试和试运行。

（1）建立数据库的结构

利用给定的 DBMS 提供的数据定义语言建立数据库的模式、外模式和内模式。对于关系数据库来说，就是要创建数据库、表、视图等对象。例如，利用 Access 创建数据库，在数据库中创建学生表、教师表、课程表和选课表及查询对象。

（2）载入数据、应用程序的编码和调试

数据库应用程序的设计应该与数据库设计同时进行，一般地，应用程序的设计应该包括数据加载功能的设计。在数据载入前，必须建立严格的数据输入和校验规范，排除不合格的数据。例如，在向选课表中输入学生成绩时，规定成绩的取值只能是 0～100。

先载入测试数据对数据库应用程序进行调试，以确定其功能和性能是否满足设计要求，然后方可载入实际数据。

（3）数据库试运行

试运行数据库应用程序，测试数据库的设计及应用程序的功能是否满足用户的要求。如果不满足，则需要对数据库和应用程序进行修改、调整，直到达到设计要求为止。

7.4.6　数据库的运行和维护

数据库试运行的结果符合设计目标后就可以投入实际运行了，与此同时，数据库的维护工作也就开始了。随着应用环境的不断变化，数据库运行过程中物理存储也会不断变化，对数据库设计进行评价、调整、修改等维护工作是一项长期的任务，也是设计工作的继续和提高。数据库的维护工作主要由数据库管理员来完成。维护工作主要包括数据库的转储和恢复，性能监控、分析和改造，重组织和重构、安全性与完整性控制。

（1）数据库的转储和恢复

数据库管理员要制订转储计划，定期对数据库进行备份，以保证一旦发生故障，能利用数据库备份尽快恢复数据库，尽可能地减少对数据库的破坏。

（2）数据库的性能监控、分析和改造

DBMS 一般提供检测系统性能参数的工具。数据库管理员可以利用这些工具获得数据库的性能参数的值，通过分析这些值，判断系统运行是否处于最佳状态，是否需要改进。

（3）数据库的重组织和重构

数据库运行一段时间后，由于数据库中的数据不断增加、修改和删除，因此数据库的物理存储情况变化，数据存取效率降低，数据库管理员需要对数据库进行重组织（重新安排存储位置、回收垃圾等），提高系统性能。DBMS 一般提供数据重组织的实用程序。

当数据库的应用环境发生变化时，如取消了某些应用，增加了新应用或新实体，需要重构数据库的模式和内模式。例如，在数据库中增加或删除某个表，在表中增加或删除某个属性、修改数据库的容量等。

（4）数据库的安全性与完整性控制

随着应用环境的变化，数据的安全性要求、数据的完整性约束也会发生变化，数据库管理员要根据用户的实际需要授予用户不同的操作权限，修改数据的完整性约束，以满足用户的要求。

7.5　Access 简介

Access 是微软公司推出的一个小型的关系型 DBMS，它与 Word、Excel、PowerPoint

一样，也是 Office 系列办公软件的重要组成部分之一。Access 功能强大、操作简单，为用户提供了一个数据管理工具集和数据库应用程序的开发环境，主要适用于小型数据库系统的开发，是目前流行的桌面 DBMS 之一。

本节将简要介绍 Access 2016 的基本功能及简单应用。

1. 创建 Access 数据库

Access 提供了两种创建数据库的方法：一种是创建空白数据库，另一种是利用模板创建数据库。

例 7-18　下面以创建"教学管理"数据库为例，创建一个空白数据库。

1）打开 Access 2016，可以看到默认的启动窗口，如图 7-17 所示。在该窗口中可以打开已有的 Access 数据库，也可以创建新的数据库；可以创建空白桌面数据库，也可以使用现有的模板创建数据库。

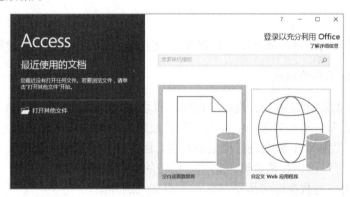

图 7-17　Access 启动窗口

2）单击"空白桌面数据库"按钮，弹出如图 7-18 所示的对话框，在该对话框中可以指定数据库的名称和存放位置。

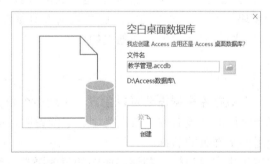

图 7-18　创建空白桌面数据库

新建数据库的默认位置是 Documents 文件夹，可以通过单击"文件名"文本框右侧的"浏览到某个位置存放数据库"按钮，选择数据库存放的位置及保存类型。

Access 2016 数据库可保存为 3 种类型：Access 2007-2016 数据库（.accdb）、Access 2000 格式（.mdb）和 Access 2002-2003 格式（.mdb），其默认的保存类型是 Access 2007-2016 数

据库（.accdb）。

3）指定文件名、位置和保存类型后，单击"创建"按钮，Access 会自动打开新建的"教学管理"数据库，如图 7-19 所示。

图 7-19　新建的"教学管理"数据库

Access 数据库创建后，就可以在数据库中创建表、查询、窗体等各种数据库对象了。

2. Access 数据库的构成

Access 2016 数据库是由表、查询、窗体、报表、宏和模块 6 个数据库对象构成的。

1）表是数据库的基本对象，主要用于存储数据库中的数据，故又称为数据表。

2）查询是对数据库中数据进行检索的对象，用于从一个或多个表或查询中查找用户需要的数据。查询可以作为其他查询、窗体、报表的数据来源。

3）窗体是用户与数据库应用系统进行人机交互的界面。

4）报表可以将数据以指定的格式进行显示和打印。

5）宏是一个或多个操作的集合，每个操作实现特定的功能。

6）模块是由 VBA 通用声明和一个或多个过程组成的集合。

Access 数据库是一个独立的文件，默认扩展名是.accdb。用户创建的数据库由表、查询、窗体、报表、宏和模块等数据库对象构成，这些数据库对象都存储在同一个以.accdb 为扩展名的数据库文件中，即数据库对象不是独立的文件。

3. 创建表

表用于存储数据，一个数据库根据需要可以包含一个或多个表。创建表就是要在数据库中定义表名、表中每个字段的字段名称、数据类型、字段说明（可选）和字段属性。

表名和字段名要使用便于理解的名称。

字段的数据类型决定了用户可以输入到该字段中的值的类型。例如，数据类型为"短文本"的字段可以存储字母、字母和数字组合及不需要进行计算的数字，如电话号码。数据类型为"数字"的字段只能存储数字数据。Access 2016 可用的字段数据类型有短文本、长文本、数字、日期/时间、货币、自动编号、是/否、OLE 对象、超链接、附件、计算和查阅向导。

字段说明用于帮助用户了解字段的用途。

字段属性用于设置字段的长度、有效性规则、格式、默认值和验证规则等。

　　Access 2016 提供两种创建表的方法：一种是创建空表，另一种是使用设计视图创建表。使用设计视图创建表是最常用，也是最灵活的方法。

　　例 7-19　7.4 节所述的教学管理系统的数据库中包含学生表、教师表、课程表和选课表 4 个表，表结构分别如表 7-15～表 7-18 所示。现以学生表为例，使用设计视图在"教学管理"数据库中创建学生表。

表 7-15　学生表

字段名称	数据类型	长度	备注
学号	短文本	9	主码
姓名	短文本	8	
性别	短文本	2	取值：男、女
年龄	数字		
专业	短文本	20	

表 7-16　教师表

字段名称	数据类型	长度	备注
教师号	短文本	5	主码
姓名	短文本	8	
性别	短文本	2	
学院	短文本	20	
职称	短文本	20	

表 7-17　课程表

字段名称	数据类型	长度	备注
课程号	短文本	5	主码
课程名	短文本	30	
学分	数字		
类型	短文本	4	
教师号	短文本	6	外码

表 7-18　选课表

字段名称	数据类型	长度	备注
学号	短文本	9	主码
课程号	短文本	5	主码
成绩	数字		取值：0～100

　　（1）打开设计视图

　　打开"教学管理"数据库，在数据库窗口中选择"创建"选项卡，单击"表格"选项组中的"表设计"按钮，打开设计视图窗口。

　　（2）创建表结构

　　在"字段名称"列中输入"学号"，在"数据类型"列中选择"短文本"，在"字段属性"中的"常规"选项卡中将"字段大小"改为8,"必需"选择"是"。

采用同样的方法,定义"姓名"字段。

在"字段名称"列中输入"性别",在"数据类型"列中选择"短文本",在"字段属性"中的"常规"选项卡中将"字段大小"改为2,"验证规则"设置为""男" Or "女""。

采用同样的方法,定义"年龄"字段和"专业"字段。

(3)设置主码

定义了表的所有字段之后,应该为表建立主码。右击"学号"字段所在的行,在弹出的快捷菜单中选择"主码"选项,将"学号"字段设置为主码。"学号"字段的前面会出现一个关键字图标🔑。

创建完成后的学生表结构如图7-20所示。

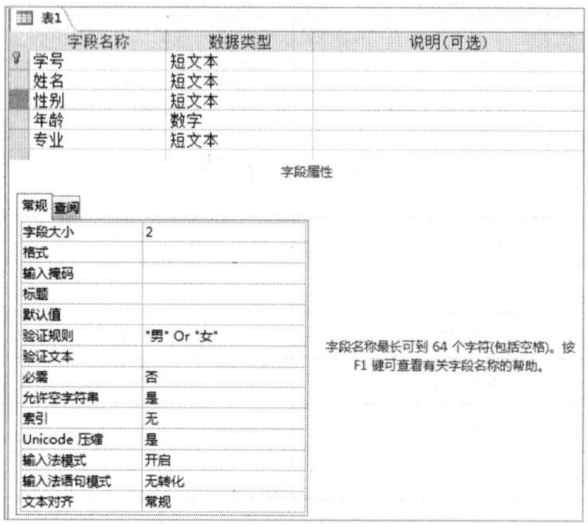

图7-20　使用设计视图创建学生表结构

(4)保存表

单击快速访问工具栏上的"保存"按钮,或者选择"文件"菜单中的"保存"选项,在弹出的"另存为"对话框中输入表名称"学生",单击"确定"按钮。至此,"教学管理"数据库中的学生表就创建好了。

采用同样的方法创建教师表、课程表和选课表,创建完成后的数据库窗口如图7-21所示。

图7-21　"教学管理"数据库中的4个表已创建

4. 创建表间关系

例7-20　为"教学管理"数据库中的学生表、教师表、课程表和选课表设置表间的关系。

1）打开"教务管理"数据库，单击"数据库工具"选项卡"关系"选项组中的"关系"按钮，弹出"显示表"对话框，如图 7-22 所示。

图 7-22 "显示表"对话框

2）选中"教师"、"课程"、"选课"和"学生"4 个表，单击"添加"按钮，将这 4 个表添加到"关系"窗口后关闭"显示表"对话框，如图 7-23 所示。

图 7-23 "关系"窗口

3）在"关系"窗口中，将"教师"表中的"教师号"字段拖到"课程"表中的"教师号"字段上，释放鼠标左键，弹出"编辑关系"对话框，如图 7-24 所示。

图 7-24 "编辑关系"对话框

4）选中"实施参照完整性"复选框，单击"创建"按钮，此时"关系"窗口如图 7-25 所示。"教师"表和"学生"表之间有一条连线，连线的"1"端指向的表称为主表（父表），是关系中的"一"方；连线的"∞"端指向的表称为子表，是关系中的"多"方。连线连接的是主表与子表的同值域字段。

图 7-25 "教师"与"课程"间的一对多的关系

5）采用同样的方法，创建"课程"表与"选课"表之间的一对多联系，以及"学生"表和"选课"表之间的一对多联系，如图 7-26 所示。单击快速访问工具栏中的"保存"按钮，保存该关系。

图 7-26 4 个表之间的关系

5. 向表中输入数据

数据表创建完成后，就可以向表中输入数据了。要向表中输入数据，需要打开表的数据表视图。

例 7-21 向"教学管理"数据库中的学生表、教师表、课程表和选课表中输入数据。各表的数据分别如表 7-19～表 7-22 所示。现以学生表为例，向学生表中输入数据。

表 7-19 学生表中的数据

学号	姓名	性别	年龄	专业
201910001	王敏	女	18	数学
201910002	黄一鸣	男	19	数学
201920001	周琳	女	18	电信
201930001	卢玉川	男	19	计算机
201930002	张子墨	男	20	计算机
201930003	陈娟	女	18	计算机

表 7-20 教师表中的数据

教师号	姓名	性别	学院	职称
T0001	张琴	女	数学	教授
T0002	王涛	男	数学	副教授
T0003	冯笑笑	女	电信	讲师
T0004	刘凯	男	英语	副教授
T0005	罗晓军	男	计算机	副教授
T0006	何霞	女	计算机	副教授

表 7-21　课程表中的数据

课程号	课程号	学分	类型	教师号
C0001	计算机基础	2	必修	T0005
C0002	C 语言程序设计	3	必修	T0005
C0003	人工智能基础	4	选修	T0006
C0004	计算机应用实习	2	实践	T0006
C0005	高等数学	4	必修	T0001
C0006	线性代数	4	必修	T0002
C0007	数字电子技术	3	必修	T0003
C0008	大学英语	4	必修	T0004

表 7-22　选课表中的数据

学号	课程号	成绩
201910001	C0005	65
201910001	C0006	90
201910002	C0005	95
201920001	C0007	85
201920001	C0008	80
201930001	C0001	90
201930001	C0002	85
201930002	C0003	70

1）打开"教学管理"数据库，双击数据库窗口左侧"所有 Access 对象"列表中的"学生"表，打开数据表视图。

右击"学生"表的数据表视图标题栏，在弹出的快捷菜单中选择"设计视图"选项，可切换到"学生"表的设计视图。同样地，右击"学生"表的设计视图标题栏，在弹出的快捷菜单中选择"数据表视图"选项，可切换到"学生"表的数据表视图。

2）在"学生"表的数据表视图中输入学生表中的数据，如图 7-27 所示。

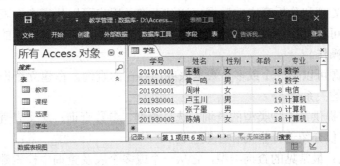

图 7-27　在"学生"表的数据表视图中输入数据

在向"学生"表中输入数据时，如果"学号"字段空着不输数据，系统会弹出如图 7-28 所示的对话框。由于"学号"是"学生"表的主码，根据关系的实体完整性规则，主码"学号"不能取空值。

图 7-28 关系的实体完整性（主码不能取空值）

如果向"性别"字段中输入"男"和"女"之外的汉字，系统会弹出如图 7-29 所示的对话框。这是因为在创建"学生"表结构时，用户自定义了数据的完整性，规定"性别"字段的取值只能是"男"或"女"。

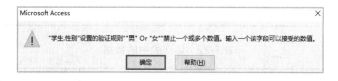

图 7-29 用户自定义完整性（性别只能取"男"或"女"）

3）采用同样的方法依次向教师表、课程表和选课表中输入数据。

由于对"教师"表和"课程"表间的关系实施参照完整性规则，在课程表中输入数据时，教师号的取值必须是"教师"表中"教师号"已经存在的值，否则会弹出如图 7-30 所示的对话框，这正体现了关系的参照完整性规则。

图 7-30 关系的参照完整性

6. 查询

表创建好后，就可以在数据库中创建查询对象了。查询是 Access 数据库的一个重要对象，用来查看、处理和分析表中的数据。通过查询，用户可以从指定的表中查找满足给定条件的记录，也可以从指定表中查找记录以生成一个新表，或者对指定的表执行记录的添加、修改和删除操作。

查询的数据源可以是一个或多个数据表或已存在的查询。在建立查询之前，一定要先建立表与表之间的关系。

Access 2016 提供了 5 种类型的查询：选择查询、参数查询、交叉表查询、操作查询和 SQL 查询。本节仅介绍选择查询和参数查询。

1）选择查询：最常见的查询类型，它从一个或多个表及查询中检索数据，并以数据表的形式显示结果。

2）参数查询：在执行参数查询时，系统会弹出对话框，提示用户输入相应的查询条件，根据这些查询条件找出符合条件的数据。

下面以"教学管理"数据库为例，演示选择查询和参数查询的创建。

创建选择查询的方法有两种：一种是使用"查询向导"，另一种是使用"查询设计"。这里重点介绍使用"查询设计"来创建查询。

例 7-22 创建一个选择查询。查询"计算机"专业每个学生的学号、姓名、所修课程的课程名和成绩。

1）打开"教学管理"数据库，选择"创建"选项卡，单击"查询"选项组中的"查询设计"按钮，弹出"显示表"对话框。

2）选择"学生"、"课程"和"选课" 3 个表，单击"添加"按钮，这 3 个表就添加到查询设计窗口中了。单击"关闭"按钮关闭"显示表"对话框。

3）查询设计窗口分为两部分，上半部分显示查询要使用的表或其他查询，下半部分为设计网络。双击查询设计上部分"学生"表中的字段"学号"、"姓名"和"专业"，双击"课程"表中的字段"课程名"，双击"选课"表中的字段"成绩"。取消选中下半部分"专业"字段所在列的"显示"单元格中的复选框，在"条件"单元格中输入"计算机"，如图 7-31 所示。

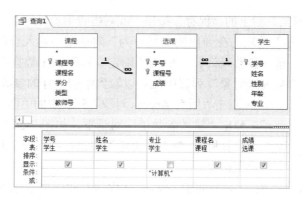

图 7-31 查询设计器（选择查询）

4）单击快速访问工具栏上的"保存"按钮，或右击查询设计窗口的标题栏，在弹出的快捷菜单中选择"保存"选项，在弹出的"另存为"对话框中输入查询名称"学生选课信息（选择查询）"，单击"确定"按钮。至此，选择查询就创建好了，在数据库窗口左侧的"所有 Access 对象"列表中就可以看到刚创建好的选择查询了。

5）双击"所有 Access 对象"列表中的"学生选课信息（选择查询）"，查询将以数据表的形式显示查询结果，如图 7-32 所示。

图 7-32 选择查询结果

例 7-23 创建一个参数查询。提示用户输入专业，然后查询这个专业每个学生的学号、姓名、所修课程的课程名和成绩。

1）操作过程与例 7-22 类似，仅查询设计窗口的下半部分设置稍有不同。本例的查询设计视图窗口如图 7-33 所示。在查询设计下半部分"专业"字段所在列的"条件"单元格中输入"[输入专业]"。

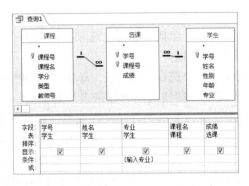

图 7-33　查询设计器（参数查询）

2）单击快速访问工具栏上的"保存"按钮，或右击查询设计窗口的标题栏，在弹出的快捷菜单中选择"保存"选项，在弹出的"另存为"对话框中输入查询名称"学生选课信息（参数查询）"，单击"确定"按钮。在数据库窗口左侧的"所有 Access 对象"列表中就可以看到刚创建好的参数查询了。

图 7-34　输入参数的值

3）双击"所有 Access 对象"列表中的"学生选课信息（参数查询）"，弹出"输入参数值"对话框，如图 7-34 所示。若在文本框中输入"计算机"，单击"确定"按钮，则可查看到所有计算机专业学生的选课信息。

若在文本框中输入"数学"，则可查看到所有数学专业学生的选课信息，查询结果如图 7-35 所示。

图 7-35　参数查询结果

本 章 小 结

本章主要讲述了以下内容。

（1）数据、数据库、数据库管理系统、数据库系统、数据库管理员等基本概念

数据是描述客观事物的符号记录，文本、图形、图像、音频、视频等都是数据；数据库是指长期存储在计算机内、有组织的、可共享的大量数据的集合；数据库管理系统是位于用户与操作系统之间的一层管理数据的软件；数据库系统是指在计算机系统中引入数据

库后的系统；数据库管理员全面负责管理、控制和维护数据库。

（2）数据管理技术的发展

数据管理经历了人工管理、文件系统和数据库系统 3 个阶段。

人工管理阶段：数据不保存，数据由应用程序管理，数据不共享，不具有独立性；文件系统阶段：数据可以长期保存，由文件系统管理数据，数据共享性差、冗余度大、独立性差；数据库系统阶段：数据结构化，共享性高、冗余度低、独立性高。

（3）数据库系统的三级模式和两级映像

数据库系统由外模式、模式和内模式三级构成。模式是数据库中全体数据的逻辑结构和特征的描述；外模式是模式的子集；内模式是数据在数据库内部的表示方式。

数据库管理系统在三级模式之间提供了两级映像：外模式/模式映像和模式/内模式映像。外模式/模式映像保证了数据的逻辑独立性，模式/内模式映像保证了数据的物理独立性。

（4）数据模型

概念模型是对现实世界中事物及事物之间联系的抽象描述，通常采用 E-R 图来描述。常用的数据模型有层次模型、网状模型和关系模型，分别使用树形结构、图形结构和二维表格来表示各类实体及实体间的联系。

关系模型允许定义 3 类数据约束：实体完整性约束、参照完整性约束和用户自定义完整性约束。

（5）关系运算

关系运算分为传统的集合运算和专门的关系运算。传统的集合运算包括并、交、差和笛卡儿积，专门的关系运算包括选择、投影和连接。

（6）数据库系统的开发过程

数据库设计分为需求分析、概念结构设计、逻辑结构设计、物理结构设计、数据库的实施、数据库的运行和维护 6 个阶段。

（7）Access 简介

Access 是微软公司推出的一个小型的关系型数据库管理系统。Access 数据库由表、查询、窗体、报表、宏和模块 6 个数据库对象构成。

习题 7

一、填空题

1. 数据管理技术的发展经历了人工管理阶段、文件系统阶段和_____。
2. 数据库系统的三级模式结构是指数据库系统由模式、_____和内模式三级构成。
3. 外模式是_____的子集。
4. 在数据库体系结构中，两级映像是指外模式/模式映像和_____映像。
5. 外模式/模式映像保证了数据的_____独立性。
6. 两个实体集之间的联系类型有 3 种，分别是一多一、一对多和_____。
7. 常见的数据模型有层次模型、网状模型和_____。
8. 层次模型采用_____结构来表示实体及实体间的联系。

9. 关系模型采用_____来表示实体及实体间的联系。

10. 在关系模型中，数据的完整性约束是指实体完整性、_____和用户自定义完整性。

11. 在关系模型中，二维表中的每一列称为属性，每一行称为_____。

12. 在一个关系中，任何候选码中所包含的属性都称为_____。

13. 关系代数是一种关系操纵语言，它的操作对象和操作结果均为_____。

14. 设关系 R 和关系 S 分别有 r 和 s 个属性，则关系运算 $R×S$ 有_____个属性。

15. 设关系 R 和关系 S 分别有 m 和 n 个元组，则关系运算 $R×S$ 有_____个元组。

16. 取出关系中满足指定条件的行的关系运算称为_____运算。

17. 取出关系中的某些列，并消去重复元组的关系运算称为_____运算。

18. 如果两个实体之间具有 $m:n$ 联系，则将它们转换为关系模式的结果是_____个表。

19. 将 E-R 图转换为关系模式，这是数据库设计过程中_____阶段的主要任务。

20. 在 Access 中，数据表有两种常用的视图：设计视图和_____。

二、选择题

1. 下列叙述中，说法不正确的是（　　）。
   A．数据库减少了数据冗余
   B．数据库避免了一切数据的重复
   C．数据库中的数据可以共享
   D．数据库具有较高的数据独立性

2. 在数据库的三级模式结构中，用来描述数据库中全体数据库的全局逻辑结构和特征的是（　　）。
   A．外模式　　　　B．内模式　　　　C．存储模式　　　　D．模式

3. 数据库三级模式间引入二级映像的主要作用是（　　）。
   A．提高数据与程序的独立性
   B．提高数据与程序的安全性
   C．提高数据与程序的一致性
   D．提高数据与程序的可移植性

4. 数据库系统的数据独立性是指（　　）。
   A．数据之间相互独立，互不影响
   B．数据的逻辑结构与物理结构相互独立
   C．数据的物理结构或逻辑结构发生变化时，不影响应用程序
   D．数据与存储设备之间相互独立

5. 概念模型最常用的描述方法是（　　）。
   A．E-R 模型　　　B．关系模型　　　C．层次模型　　　D．网状模型

6. 在数据库的概念结构设计阶段，概念模型常用 E-R 图来描述，其中矩形框表示实体，（　　）表示实体间的联系。
   A．圆形框　　　　B．椭圆形框　　　C．箭头　　　　D．菱形框

7. 公司中有多个部门和多个职员，每个职员只属于一个部门，一个部门可以有多个职

员，从部门到职员的联系类型是（   ）。

A．一对一的联   B．一对多的联系

C．多对多的联系   D．多对一的联系

8．有一"列车运营"的实体，含有车次、日期、实际发车时间、实际抵达时间、情况摘要等属性，该实体的主码是（   ）。

A．车次   B．日期

C．（车次，日期）   D．（车次，情况摘要）

9．如果在一个关系中，存在某个属性（或属性组）不是该关系的主码或只是主码的一部分，但却是另一个关系的主码时，则称该属性（或属性组）为这个关系的（   ）。

A．候选码   B．主码   C．外码   D．连接码

10．有关系：学生（学号，姓名，性别，年龄，专业），规定学号的值域是 9 个数字组成的字符串，这一规则属于（   ）。

A．实体完整性约束   B．参照完整性约束

C．用户自定义完整性约束   D．关键字完整性约束

11．设有关系 SC（Sno，Cno，Grade），主码是（Sno，Cno）。遵照实体完整性规则，下面说法正确的是（   ）。

A．只有 Sno 不能取空值   B．只有 Cno 不能取空值

C．只有 Grade 不能取空值   D．Sno 与 Cno 都不能取空值

12．下列关系运算中，不属于专门的关系运算的是（   ）。

A．选择   B．连接   C．投影   D．广义笛卡儿积

13．有关系：教师（教师号，姓名，学院，职称），从该关系中查询所有教师的姓名和职称，应使用（   ）关系运算。

A．选择   B．投影   C．连接   D．笛卡儿积

14．有关系：课程（课程号，课程名，学分，类型），从该关系中查询学分大于 3 的课程，应使用（   ）关系运算。

A．选择   B．投影   C．连接   D．笛卡儿积

15．一般情况下，当对两个关系进行自然连接时，要求这两个关系含有一个或多个相同的（   ）。

A．记录   B．行   C．属性   D．元组

16．在关系数据库设计中，数据流图和数据字典是在（   ）阶段制定的。

A．逻辑结构设计   B．概念结构设计

C．可行性分析   D．需求分析

17．将一个 $m:n$ 联系转换为关系模式时，该关系模式的码应该是（   ）。

A．m 端实体的码

B．n 端实体的码

C．m 端实体码与 n 端实体码的组合

D．重新选取其他属性

18．如果两个实体之间的联系是 $1:m$，则实现 $1:m$ 联系的方法是（   ）。

A．将两个实体转换成一个关系

B．将两个实体转换的关系中，分别加入另一个关系的主码

C．将"1"端实体转换的关系的主码，放入"m"端实体转换的关系中

D．将"m"端实体转换的关系的主码，放入"1"端实体转换的关系中

19．Access 数据库中的查询对象的数据源可以是（　　　）。

    A．一个表　　　　B．多个表　　　　C．查询　　　　D．以上说法都正确

20．Access 数据库中的表和数据库的关系是（　　　）。

    A．一个数据库可以包含多个表　　　　B．一个表只能包含一个数据库

    C．一个表可以包含多个数据库　　　　D．一个数据库只能包含一个表

三、简答题

1．简述数据、数据库、数据库管理系统、数据库系统的含义。

2．解释关系的实体完整性的含义并举例说明。

3．解释关系的参照完整性的含义并举例说明。

4．简述等值连接与自然连接的联系和区别。

5．数据库系统设计需要经过哪几个阶段？

四、设计题

某企业集团有若干个工厂，每个工厂生产多种产品，且每一种产品可以在多个工厂生产，每个工厂按照固定的计划数量生产产品；每个工厂聘用多名职工，每名职工只能在一个工厂工作，工厂聘用职工有聘期和工资。工厂的属性有工厂编号、厂名、地址，产品的属性有产品编号、产品名、规格，职工的属性有职工号和姓名。

1）根据以上叙述，建立 E-R 模型。

2）根据转换规则，将 E-R 模型转换成关系模型，要求标注每个关系模型的主码和外码（如果存在）。

习题 7 参考答案

第8章　计算机热点技术

8.1　云　计　算

8.1.1　云计算的概念

1983 年，Sun 公司（Sun Microsystems，在 2009 年被甲骨文公司收购）开发了著名的 Java 语言，提出"The Network is the Computer"。从这个提法可以看出，尽管在当年网络还远没有现在发达，但当时的人们已经意识到网络对计算的重要性，这也是后来云计算概念的最初启发。其后，在 1996 年，康柏公司（2002 年康柏公司被惠普公司收购）设计了 IBM 的第一个版本的便携式兼容个人计算机，在其公司内部文件中使用了"cloud computing"这个词。

云计算（cloud computing）一般指一种基于互联网的计算方式，通过这种方式，租赁或共享的软硬件资源和信息可以按需求提供给计算机各种终端和其他设备，使用服务商提供的计算机作为计算资源。

云计算是继 20 世纪 80 年代大型计算机到客户端-服务器的大转变之后的又一种巨变。用户不再需要了解"云"中基础设施的细节，不必具有相应的专业知识，也无须直接进行控制。云计算描述了一种基于互联网的新的信息技术（information technology，IT）服务增加、使用和交付模式，通常涉及通过互联网来提供动态易扩展而且经常是虚拟化的资源。

第一个商业上的云计算服务是 2006 年 3 月亚马逊上线的 EC2，在这个产品中，有一个简单存储服务（simple storage service，S3）。这种服务类似于现在的网盘，这种存储按租金进行服务付费，也可以按网络使用流量付费，同时在用户到期或不用时，它们所占用的资源可以释放出来归还到资源池中以供其他用户使用。

8.1.2　云计算的体系结构

云计算一般分为 3 层结构，如图 8-1 所示。最上层是 Software as a Service（SaaS，软件即服务），在 SaaS 服务模式中，用户能够访问服务软件及数据。服务提供者则维护基础设施及平台，以维持服务正常运作。SaaS 常被称为"随选软件"，如使用在线的 Office 的办公软件、GMail 等。例如，Google 公司在 2003 年推出的 Chrome 浏览器中就可以集成很多常见的应用，打开只要能运行这个浏览器的任意计算机（有可能它是银行的一个终端机或酒店临时提供的一台计算机），上面就会有你经常使用的常见文档编辑等插件，就像在使用你自己的计算机一样；但当你离开并关闭浏览器时，这些服务也会从这些临时计算机上消失，同时数据已经被同步上传到了你的远程云端，以期待你的下一次使用。如图 8-2 所示，打开浏览器并编辑一个简历，其使用方式与运行在本地计算机的 Word 软件类似。

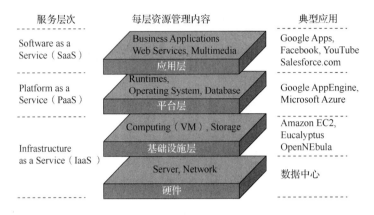

图 8-1　云计算的 3 层体系结构图

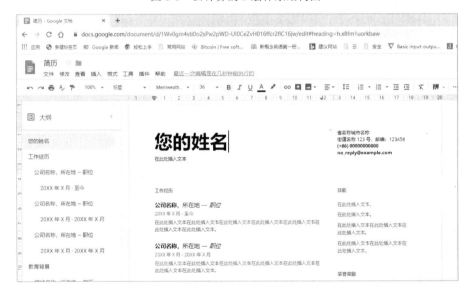

图 8-2　Google 公司提供的在线 Office 软件

SaaS 使企业能够借由外包硬件、软件维护及支持服务给服务提供者，从而降低 IT 营运费用。另外，由于应用程序是集中供应的，更新可以及时发布，无须用户手动更新或安装新的软件。

SaaS 对于商业用户的一个顾虑是，数据存放在服务提供者的服务器上，他们担心服务提供者可能对这些数据进行未经授权的访问。

中间层是 Platform as a Service（PaaS，平台即服务）。在这一层中，一般云计算供应商提供一些公共的基础平台，如操作系统、运行环境、数据库或 Web 服务器，客户根据自己的业务特点再部署自己的应用程序，客户不用再购买昂贵的基础平台软件，也不用维护庞大的硬件服务器，只是根据自己的需要菜单式地选择想要的基础平台，在不需要时释放即可。

从图 8-3 和图 8-4 可以看出，PaaS 服务提供商提供了灵活方便的可选服务，客户可以根据自己的需求选择。

图 8-3 阿里云的 PaaS 平台类产品目录

图 8-4 客户可以根据使用情况定制服务

最下层的 Infrastructure as a Service（IaaS，基础设施即服务）提供的是虚拟机、存储、安全、网络负载均衡等网络资源服务，用户需要维护操作系统与自己的应用程序，云计算供应商按使用的基础设施使用情况进行计费，显然这个层次的用户一般也应当具有 IT 专业的研发能力，他们使用这个层次的服务主要避免自己搭建与维护基础服务器，而这方面的成本一般是巨大的。

云计算的核心是为客户提供可靠的计算资源分配，为了保证客户数据不被丢失，云计算供应商一般会采用多地备份，同时在每个数据中心冗余电源、数据通信备份连接、环境控制设备（空调、防火等）及安全装置。

单个云计算中心的投资一般是巨大的，供应商为了不亏损或盈利，必须想办法让更多的用户共享，以达成规模经济，所以，云计算的发展目标有点类似基础设施（如电力网）。服务提供者集成大量的资源供多个用户使用，用户可以轻易地请求（租借）更多资源，并随时调整使用量，将不需要的资源释放回整个架构，因此用户不需要因为短暂尖峰的需求就购买大量的资源，仅需提升租借量，需求降低时便退租。服务提供者得以将当前无人租用的资源重新租给其他用户，甚至依照整体的需求量调整租金。

8.2　边　缘　计　算

随着物联网、人工智能、大数据等的发展，边缘设备采集的数据呈指数级增长，给云计算带来了极大的挑战，边缘计算的出现极大地缓解了云计算数据处理的压力。

边缘计算最早可以追溯到 1998 年阿卡迈公司提出的内容分发网络（content delivery network，CDN）。CDN 是一种基于互联网的缓存网络，它的核心思想是把用户需要访问的数据放在距离用户较近的网络结点上。2005 年，美国韦恩州立大学施巍松教授团队提出了功能缓存的概念，并将其用在邮箱管理服务中以用来节省带宽和减少延迟。2009 年卡内基梅隆大学的萨提亚拉亚南和巴尔等人提出了 Cloudlet 的概念，Cloudlet 是一个可信且资源丰富的主机，部署在网络边缘，与互联网连接，可以被移动设备访问，为其提供服务，Cloudlet 可以像云一样为用户提供服务，又被称为"小朵云"。此时的边缘计算强调下行，即将云服务器上的功能下行至边缘服务器，以减少带宽和时延。

边缘计算（edge computing，又译为边缘运算）是一种分散式运算的架构，它将应用程序、数据资料与服务的运算，由网络中心结点移往网络逻辑上的边缘结点来处理。边缘计算将原本完全由中心结点处理的大型服务加以分解，切割成更小与更容易管理的部分，分散到边缘结点去处理。边缘结点更接近于用户终端装置，可以加快资料的处理与传送速度，减少延迟。在这种架构下，资料的分析与知识的产生，更接近于数据资料的来源，因此更适合处理大数据。

如图 8-5 所示为计算机辅助处理发送请求，边缘侧则响应云计算中心的相应请求并返回结果。在边缘计算模型中，终端用户既是数据消费者也是数据生产者。边缘计算将云计算处理的大型服务加以分解，分解为小的、容易管理的部分，并将这些分解后的部分分散到边缘结点去处理。

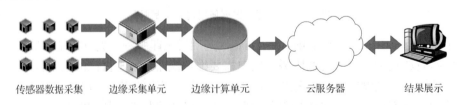

传感器数据采集　　边缘采集单元　　边缘计算单元　　云服务器　　结果展示

图 8-5　边缘计算框架

在中国，边缘计算联盟（ECC）正在努力推动 3 种技术的融合，也就是 OICT（运营 operational、信息 information、通信 communication technology）的融合。而其计算对象，则主要定义了以下 4 个领域。

第一个是设备域。对于出现的纯粹的 IoT（internet of things，物联网）设备，与自动化的 I/O 采集相比，有不同也有重叠部分。那些可以直接在顶层优化，而并不参与控制本身的数据，是可以直接放在边缘侧完成处理的。

第二个是网络域。在传输层面，直接的末端 IoT 数据与自动化产线的数据相比，其传输方式、机制、协议都会有不同，因此，这里要解决传输的数据标准问题。当然，在 OPCUA 架构下可以直接访问底层自动化数据，但是，对于 Web 数据的交互而言，这里会存在 IT 与 OT 之间的协调问题。尽管有一些领先的自动化企业已经提供了针对 Web 方式数据传输的机制，但是，大部分现场的数据仍然存在这些问题。

第三个是数据域。数据传输后的数据存储、格式等这些数据域需要解决的问题，以及数据的查询与数据交互的机制和策略问题都是在这个领域中需要考虑的问题。

第四个是应用域。这个可能是最难以解决的问题，针对这一领域的应用模型尚未有较多的实际应用。

对于物联网而言，边缘计算技术取得突破，意味着许多控制将通过本地设备实现而无须交由云端，处理过程将在本地边缘计算层完成。这无疑将大大提升处理效率，减轻云端的负荷。由于更加靠近用户，还可为用户提供更快的响应，将需求在边缘端解决。边缘计算在云计算任务迁移、边缘视觉分析、车联网、智能家居、智能制造（工业互联网）、智能水务、智能物流等方面有着重要的应用价值和广阔的应用前途。

8.3　大　数　据

1. 大数据发展的现状与定义

随着"大数据"这个词被越来越多地提及，人们惊呼大数据时代已经到来了。2012 年，《纽约时报》的一篇专栏中写道，"大数据"时代已经降临，在商业、经济及其他领域中，决策将日益基于数据和分析做出，而并非基于经验和直觉。但是也并不是所有人都对大数据感兴趣，有些人甚至认为这是商学院或咨询公司用来哗众取宠的时髦术语（buzzword），看起来很新颖，但只是把传统重新包装。最早提出大数据时代到来的是全球知名咨询公司麦肯锡，麦肯锡称："数据，已经渗透到当今每一个行业和业务职能领域，成为重要的生产因素。人们对于海量数据的挖掘和运用，预示着新一波生产率增长和消费者盈余浪潮的到来。"沃尔玛 1h 内处理百万条以上的顾客消费数据，相当于美国图书馆所藏全部书籍之和的 167 倍情报量。

大数据可以定义为来自各种来源的大量结构化或非结构化数据。

对于结构化数据，在人们通常接触的，包括生产、业务、交易、客户信息等方面的记录都属于结构化信息。结构化数据简单来说就是存储在结构化数据库中的数据，可以用二维关系表结构表现的数据，结合到典型场景中更容易理解。例如，学生的选课系统、高考招生系统、企业管理系统、财务系统、医院信息系统（hospital information system，HIS）数据库、政府行政审批系统等。

计算机一般对结构化数据处理比较迅速，但对非结构化数据存储与处理比较费时。非结构化数据一般不方便使用数据库来存储，如带格式的 **Office** 文档、图片、音频、视频等。所谓非结构化数据库，是指数据库的变长记录由若干不可重复和可重复的字段组成，而每个字段又可由若干不可重复和可重复的子字段组成。

从学术角度而言，大数据的出现促成广泛主题的新颖研究。这也导致各种大数据统计方法的发展。大数据并没有统计学的抽样方法，它只是观察和追踪发生的事情。因此，大数据的数据大小远远超出了传统数据库（基于二维关系表结构）软件在可接受的时间内处理的数据。由于近期的技术进步，发布新数据的便捷性及全球大多数政府对高透明度的要求，大数据分析在现代研究中越来越突出。在一份 2001 年的研究与相关的演讲中，麦塔集团（META Group，现为高德纳）分析员道格·莱尼指出数据增长的挑战和机遇有 3 个方向：量（volume，数据大小）、速（velocity，数据输入、输出的速度）与多变（variety，多样性），合称"3V"或"3Vs"。高德纳于 2012 年修改了对大数据的定义："大数据是大量、高速、多变的信息资产，它需要新型的处理方式去促成更强的决策能力、洞察力与最优化处理。"使用 3V 来描述大数据的观点已被高德纳及现在大部分的大数据公司所接受。另外，有机构在 3V 之外定义第 4 个 V：真实性（veracity）。

2. 大数据的处理内容

阿里巴巴在 2019 年 11 月 11 日的购物节上，每秒处理的订单数达到了 28 万笔；视频网站土豆网，每分钟大约有 1000h 的视频被上传，该网站 1 天接收的全部视频需要一个人约 30 年或更长的时间才可以看完；据全球知名研究机构 IDC（international data corporation，国际数据中心）估计，到 2025 年全球创建与复制的数据将达到 163ZB，是 2016 年的 10 倍，如图 8-6 所示。

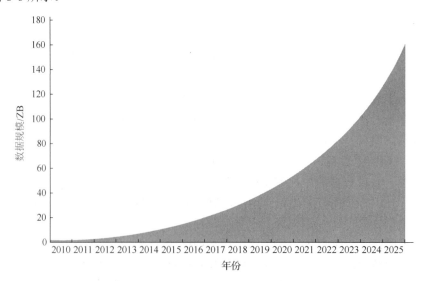

图 8-6　全球数据圈近年发展规模及预测

在 1980 年以前，由于计算机终端设备性能低下，大型计算机价格昂贵，数据基本都存储在专门的科研或商业数据中心，也是以科研或商业应用为主。1980~2000 年间，计算机在摩尔定律的指引下飞速发展，使数据开始广泛存储在性能优异的终端设备中，同时也出现了音乐、电影等娱乐产业，数据和计算都渐渐分布化，数据中心也开始除了部分存储功能外再加上数据管理功能。2000 年之后，随着无线宽带和移动互联网的普及，以及社交媒体的加入，同时个人数据设备及嵌入式设备的爆发性增长，同时在云计算的支持下，数据存储本身也扩展至云基础设施，使数据中心更多承担着管理、分析的功能。

当今人类活动产生的数据，使用传统数据库或处理方法是无法在短时间内处理的，这些数据中包括了大量的结构化和非结构化数据，利用大数据的相关技术不仅可以处理结构化数据（如数字、符号等信息），而且更适合处理非结构化数据（全文文本、图像、声音、影视、超媒体等信息）。

大数据的出现提升了对信息管理专家的需求，Software AG、Oracle、IBM、微软、SAP、易安信、惠普和戴尔已在多家专业的数据管理分析公司花费超过了 150 亿美元。在 2010 年，数据管理分析产业市值超过 1000 亿美元，并以每年将近 10%的速度增长，是整个软件产业成长速度的 2 倍。

3. 大数据的隐忧

大数据时代的来临带来无数的机遇，与此同时，由于大数据包含各种个人信息数据，个人或机构的隐私权也极有可能受到冲击。有人提出，大数据时代，个人是否拥有"被遗忘权"，被遗忘权即是否有权利要求数据商不保留自己的某些信息，大数据时代信息为某些互联网巨头所控制，但是数据商收集任何数据未必都获得用户的许可，其对数据的控制权不具有合法性。2014 年 5 月 13 日，欧盟法院就"被遗忘权"（right to be forgotten）一案做出裁定，判决谷歌应根据用户请求删除不完整的、无关紧要的、不相关的数据以保证数据不出现在搜索结果中。这说明在大数据时代，加强对用户个人权利的尊重才是时势所趋。

8.4　区　块　链

1. 区块链的概念

区块链（blockchain 或 block chain）是借由密码学串接并保护内容的串连文字记录（又称区块）。

每一个区块包含了前一个区块的加密散列、相应时间戳记及交易数据（通常用默克尔树算法计算的散列值表示），这样的设计使区块内容具有难以篡改的特性。用区块链技术所串接的分布式账本能让两方有效记录交易，且可永久查验此交易。

当前区块链技术最大的应用是数字货币，如比特币的发明。因为支付的本质是"将账户 A 中减少的金额增加到账户 B 中"。如果人们有一本公共账簿，记录了所有的账户至今为止的所有交易，那么对于任何一个账户，人们都可以计算出它当前拥有的金额数量。而区块链恰恰是用于实现这个目的的公共账簿，其保存了全部交易记录。在比特币体系中，比特币地址相当于账户，比特币数量相当于金额。

中本聪在 2008 年于《比特币白皮书》中提出"区块链"概念，并在 2009 年创立了比特币网络，开发出第一个区块，即创世区块，如图 8-7 所示。

图 8-7　比特币的创世区块

区块链共享价值体系首先被众多的加密货币效仿，并在工作量证明和算法上进行了改进，如采用权益证明和 Scrypt 算法。随后，区块链生态系统在全球不断进化，出现了首次代币发售 ICO、智能合约区块链以太坊、"轻所有权、重使用权"的资产代币化共享经济及区块链国家。当前人们正在利用这一共享价值体系，在各行各业开发去中心化计算机程序（decentralized applications，DApp），在全球各地构建去中心化自主组织和去中心化自主社区（decentralized autonomous society，DAS）。

常常和区块链一起提到的一个词是"智能合约"，这个术语是由一位法律学者 Nick Szabo 提出来的，他对智能合约的定义是，一个智能合约是一套以数据形式定义的承诺，包括合约参与方可以在上面执行这些承诺的协议。也就是说，智能合约是指在一定条件下，可以在计算机系统上自动被执行的合约。

按照上述定义，智能合约其实不一定非要在区块链上实现的，如我们确认在支付宝上每个月缴纳某音乐网站的会员费后，阿里巴巴公司的计算机系统会在每个月约定的时间自动完成这个交易，而这个也是运行在计算机系统之上的。

2. 区块链的应用

现实世界中，人们在签署合约（合同）时，比较强调纸质可查，而普遍对数字世界中的合约抱有强烈的不信任感。毕竟，从技术角度来讲，相比纸质证据而言，电子证据更易伪造、更易销毁、更难查证。例如，对应集中式的电子合约管理，如果公司违约或作弊，普通人是很难查证的，也就是说在面对自身权益被侵害时，很难向第三方（法官）出示有效的损害证据，因为所有证据都可能在集中式的公司里或已经被销毁。

在应对此类场景时，区块链将是一个很有价值的应用方案。它可以为智能合约提供一个去中心化、不可篡改的基础平台。去中心化意味着所有的结点都是合约存储结点，没有一个组织或个人可以同时控制全部结点的一半以上并修改某个特定的合约内容，这种修改的代价极高，这也是不可篡改的一个体现。

基于区块链的这些应用价值和应用前景，2016 年公布的《"十三五"国家信息化规划》中，国务院明确将区块链写入"十三五"国家信息化；早在 2016 年就曾有新闻显示，平安集团、招商银行、微众银行等 40 多家金融机构共同成立首个中国深圳 FinTech 数字货币联盟；2019 年 8 月 10 日，在第三届中国金融四十人伊春论坛上，中国人民银行支付结算司副司长穆长春介绍央行法定数字货币的实践"DC/EP"（digital currency，DC，数字货币；electronic payment，EP，电子支付）时揭露央行 DC/EP 研究已进行 5 年，这表明可能存在被称为"央行数字货币"的制度。

8.5　人工智能

1. 人工智能的概念

人工智能作为计算机学科的一个研究方向，由来已久，但广为普通大众所热议和关注要得益于如下一系列的新闻及其相关报道：2016 年 3 月，Google 设计的 AlphaGo 以 4∶1 打败了当时世界最顶尖的韩国围棋选手李世石，这是人机围棋赛中，机器第一次战胜了人类选手。当时 AlphaGo 与李世石的比赛场景如图 8-8 所示，右边是李世石，左边是负责帮机器落子的人类，下棋的指令来自他左手边的 AlphaGo 机器给的提示。其后，Google 公司不断地改进程序并升级到了 Alpha Zero，它仅进行 21 天的自我练习，就于 2017 年 5 月 23～27 日在中国乌镇的人机围棋赛中，以 3∶0 的战绩战胜了当时世界排名第一的中国顶尖棋手柯杰。之后，Google 宣布不再进一步改进它，因为在当时已经没有人类围棋选手可以打败它了。这一系列的围棋对战也让人们广泛认识到机器智能的进步迅速，因为在这之前，由于围棋的复杂性，人们一直认为机器无法在围棋上战胜人类。

图 8-8　AlphaGo 与李世石的比赛

人工智能（artificial intelligence，AI）亦称智械、机器智能，指由人制造出来的机器所表现出来的智能。通常人工智能是指通过普通计算机程序来呈现人类智能的技术。该词也指出研究这样的智能系统是否能够实现，以及如何实现。

关于什么是"智能"，较有争议性。这涉及其他诸如意识（consciousness）、自我（self）、心灵（mind），包括无意识的精神（unconscious mind）等问题。人唯一了解的智能是人本身的智能，这是普遍认同的观点。但是我们对自身智能的理解都非常有限，对构成人的智能必要元素的了解也很有限，所以就很难定义什么是"人工"制造的"智能"了。因此人工智能的研究往往涉及对人智能本身的研究。其他关于动物或其他人造系统的智能也普遍被认为是人工智能相关的研究课题。

人工智能的一个比较流行的定义，也是该领域较早的定义，是由当时麻省理工学院的约翰·麦卡锡在1956年的达特矛斯会议上提出的：人工智能就是要让机器的行为看起来就像是人所表现出的智能行为一样。但是这个定义似乎忽略了强人工智能的可能性。另一个定义指人工智能是人造机器所表现出来的智能。总体来讲，当前对人工智能的定义大多可划分为4类，即机器"像人一样思考"、"像人一样行动"、"理性地思考"和"理性地行动"。这里的"行动"应广义地理解为采取行动或制定行动的决策，而不是肢体动作。

2. 人工智能的应用

清华大学发布的《人工智能发展报告》指出，"人工智能处于第四次科技革命的核心地位，在该领域的竞争意味着一个国家未来综合国力的较量"。

目前，人工智能发展处于应用的爆发期，国内外也涌现出一大批相关的公司，在各个行业也有比较深入的应用，如美国的谷歌、脸书，中国的阿里、腾讯，它们把人工智能用于广告、无人驾驶、语音识别、自动翻译等各个领域，极大地加快了相关领域的研究及应用进展，取得了良好的经济与社会效应。

同时，随着医学、神经科学、机器人学及统计学等的不断进步，有些预测认为人类的无数职业将逐渐被人工智能取代。人工智能的核心问题包括建构能够与人类似甚至超越人类的推理、知识、规划、学习、交流、感知、移物、使用工具和操控机械的能力等。当前强人工智能已经有了初步成果，甚至在一些影像识别、语言分析、棋类游戏等单方面的能力达到了超越人类的水平，而且人工智能的通用性代表着能解决上述问题的是相同的 AI 程序，无须重新开发算法就可以直接使用现有的 AI 完成任务，与人类的处理能力相同，但达到具备思考能力的综合强人工智能还需要时间研究，比较流行的方法包括统计方法、计算智能和传统意义的 AI。当前有大量的工具应用了人工智能，其中包括搜索和数学优化、逻辑推演。而基于仿生学、认知心理学，以及基于概率论和经济学的算法等也在逐步探索当中。思维来源于大脑，而思维控制行为，行为需要意志去实现，而思维又是对所有数据采集的整理，相当于数据库，所以人工智能在某些领域最后会演变为机器替代人类。

3. 人工智能的分类

（1）强人工智能

强人工智能（strong artificial intelligence，AGI）又称通用人工智能（artificial general intelligence），一般指具备与人类同等或超越人类智慧的人工智能，它也是人工智能这个领域研究的主要目标之一。

强人工智能常见于各种科幻电影等艺术作品中的智能机器人角色，如电影《流浪地球》中的 Moss 机器人，就是想象中的强人工智能的一个体现。

在20世纪50年代中期，最早的一批研究人工智能的专家们相信强人工智能一定会研究出来。著名的人工智能研究者司马贺早在1965年就预言"在20年之内，机器就可以做一个人可以做的任何事情"，但实际情况却比较悲观。直到1970年之后，人们才意识到早期研究者远远低估了其中的难度，也经历了一些研究的低谷。直到20世纪80年代后，日本的第五代计算机的研究人员重新对人工智能产生兴趣，但好景不长，随着日本第五代计算机设计的失败，人工智能的研究又陷入低谷。甚至在 20 世纪 90 年代的一段时间被其他领域的专家嘲笑为"白日梦"项目。

"强人工智能"一词最初是约翰·罗杰斯·希尔勒针对计算机和其他信息处理机器创造的，其定义为，强人工智能观点认为计算机不仅是用来研究人的思维的一种工具；相反，只要运行适当的程序，计算机本身就是有思维的。

（2）弱人工智能

弱人工智能观点认为"不可能"制造出能"真正"地推理和解决问题的智能机器，这些机器只不过"看起来"像是智能的，但是并不真正拥有智能，也不会有自主意识。

弱人工智能是对比强人工智能才出现的，因为人工智能的研究一度处于停滞不前的状态，直到类神经网络有了强大的运算能力加以模拟后，才开始改变并大幅超前。但人工智能研究者不一定同意弱人工智能，也不一定在乎或了解强人工智能和弱人工智能的内容与差别，对其定义的争论也从未休止。

就当下的人工智能研究领域来看，研究者已大量制造出"看起来"像是智能的机器，获取相当丰硕的理论上和实质上的成果。例如，2009 年康乃尔大学教授 Hod Lipson 和其博士研究生 Michael Schmidt 研发出的 Eureqa 计算机程序，只要给予一些数据，它自己只需用几十个小时计算就推论出牛顿花费多年研究才发现的牛顿力学公式，等于只用几十个小时就自己重新发现牛顿力学公式，同理，它也能用来研究很多其他领域的科学问题。这些所谓的弱人工智能在神经网络发展下已经有了巨大的进步，但如何集成强人工智能，现在还没有明确的定论。

关于强人工智能的争论，不同于更广义的一元论和二元论的争论。其争论要点是，如果一台机器的唯一工作原理就是转换编码数据，那么这台机器是不是有思维的？

希尔勒认为这是不可能的。他举了个中文房间的例子来说明，如果机器仅仅是转换数据，而数据本身是对某些事情的一种编码表现，那么在不理解这一编码和实际事情之间的对应关系的前提下，机器不可能对其处理的数据有任何理解。基于这一论点，希尔勒认为即使有机器通过了图灵测试，也不一定说明机器就真的像人一样有自我思维和自由意识。

也有哲学家持不同的观点。丹尼尔·丹尼特在其著作《意识的解释》（*consciousness explained*）中认为，人也不过是一台有灵魂的机器而已，为什么我们认为："人可以有智能，而普通机器就不能呢？"他认为像上述的数据转换机器是有可能有思维和意识的。

有的哲学家认为如果弱人工智能是可实现的，那么强人工智能也是可实现的。例如，西蒙·布莱克本在其哲学入门教材 *Think* 中说过，一个人看起来是"智能"的行动并不能真正说明这个人就真的是智能的。我永远不可能知道另一个人是否真的像我一样是智能的，还是说她/他仅仅是"看起来"是智能的。基于这个论点，既然弱人工智能认为可以令机器"看起来"像是智能的，那就不能完全否定这机器是真的有智能的。西蒙·布莱克本认为这是一个主观认定的问题。

需要指出的是，弱人工智能并非和强人工智能完全对立，也就是说，即使强人工智能是可能的，弱人工智能仍然是有意义的。至少，今日的计算机能做的事，如算术运算等，在 100 多年前被认为是很需要智能的。并且，即使强人工智能被证明是可能的，也不代表强人工智能必定能被研制出来。

本 章 小 结

　　本章介绍的是目前计算机发展的几个比较热门的方向，但这些方面的应用点都还在不断地与其他行业进行融合；其他行业也在借助计算机的这些技术，更新原有的研究方法，加快本行业的研究进展，这种发展态势一定会随着所有行业的发展催生出对计算机更高的要求。这种互相促进的发展过程，也对未来所有行业的从业者提出了更高的要求，即除了本专业的专业知识外，还应有从计算机视角审视本行业的发展特点，以跟上时代需求。

习题 8

一、简答题

　　1．云计算架构分为哪几层？每层的作用是什么？

　　2．大数据的特点有哪些？为何要用大数据技术？当今大数据的必要性有哪些？

　　3．思考人工智能与你所学专业的可能结合点。

二、调研题

　　1．调研国内主流的云计算服务提供商，比较他们类似产品的价格、服务差异、性能指标等。

　　2．搜索主流大数据的技术产品。

　　3．搜索 1956、1957 年达特茅斯会议的相关内容，找到当时会议对人工智能的相关论述。

习题 8 参考答案

参 考 文 献

创客诚品，2017．Office 2016 高效办公实战技巧辞典[M]．北京：北京希望电子出版社．

刘建，2008．多媒体技术基础及应用[M]．北京：机械工业出版社．

王志军，柳彩志，2016．多媒体技术及应用[M]．2 版．北京：高等教育出版社．

谢华，冉洪艳，2017．Office 2016 高效办公应用标准教程[M]．北京：清华大学出版社．

谢希仁，2017．计算机网络[M]．7 版．北京：电子工业出版社．

严蔚敏，吴伟民，2007．数据结构（C 语言版）[M]．北京：清华大学出版社．

郁红英，等，2018．计算机操作系统[M]．2 版．北京：清华大学出版社．

赵杰，2015．大学计算机基础（含实训）[M]．北京：科学出版社．

赵萍，2018．Excel 数据处理与分析[M]．北京：清华大学出版社．

ALEXANDER M，KUSLEIKA D，2016．中文版 Access 2016 宝典[M]．张洪波，译．8 版．北京：清华大学出版社．

GOURLEY D，et al.，2012．HTTP 权威指南[M]．陈涓，赵振平，译．北京：人民邮电出版社．